水利工程设计与研究丛书

中小型水闸除险加固研究与处理措施

本书编委会 编著

中国水利水电出版社
www.waterpub.com.cn

内 容 提 要

　　本书为《水利工程设计与研究丛书》之一，主要论述了中小型水闸存在的常见病险问题，探讨了如何进行中小型水库除险加固措施，介绍了中小型水库除险加固的研究、设计标准及处理措施，研究涉及到众多专业，提供了便于在设计中使用的公式、计算方法、技术资料。介绍了在水闸加固处理中采用的新技术、新方法、新材料、新工艺。

　　本书内容翔实，实用性强，并经工程实践证明，具有很高的参考价值。可供从事水利水电工程工作的规划设计、施工、运行、科研、教学等科技人员参考，也可作为大专院校师生的参考资料和工程案例读物。

图书在版编目（ＣＩＰ）数据

中小型水闸除险加固研究与处理措施 ／ 《中小型水闸除险加固研究与处理措施》编委会编著. -- 北京 ： 中国水利水电出版社，2014.6
　（水利工程设计与研究丛书）
　ISBN 978-7-5170-2174-2

　Ⅰ. ①中… Ⅱ. ①中… Ⅲ. ①水闸－加固 Ⅳ. ①TV698.2

　　中国版本图书馆CIP数据核字(2014)第136921号

书　　名	水利工程设计与研究丛书 **中小型水闸除险加固研究与处理措施**
作　　者	本书编委会　编著
出版发行	中国水利水电出版社 （北京市海淀区玉渊潭南路1号Ｄ座　100038） 网址：www.waterpub.com.cn E-mail：sales@waterpub.com.cn 电话：(010) 68367658（发行部）
经　　售	北京科水图书销售中心（零售） 电话：(010) 88383994、63202643、68545874 全国各地新华书店和相关出版物销售网点
排　　版	中国水利水电出版社微机排版中心
印　　刷	北京纪元彩艺印刷有限公司
规　　格	184mm×260mm　16开本　17.75印张　420千字
版　　次	2014年6月第1版　2014年6月第1次印刷
印　　数	0001—1000册
定　　价	**68.00元**

《中小型水闸除险加固研究与处理措施》
编 写 委 员 会

成笑路　王　因　周　皞　付思峰　王　春
石庆省　郑微微　陈友平　李旭辉　姜苏阳

前　言

　　水闸工程是国民经济和社会发展的重要基础设施，在防洪、防潮、排涝、供水、灌溉、发电、养殖、生态保护等方面发挥着重要的作用。我国现有的水闸大部分运行已达 30～50 年，建筑物接近使用年限，金属结构和机电设备早已超过使用年限。经长期运行，工程老化严重，其安全性及使用功能日益衰退。加上工程管理手段落后，许多水闸的管理经费不足，运行、观测设施简陋，给水闸日常管理工作带来很大困难，无法根本解决病险水闸安全运行问题。另外水体污染加快了水闸结构的老化过程，危及闸体结构安全。目前我国水闸存在的病险种类繁多，从水闸的作用及结构组成来说，主要可分为下列 9 种病险问题。①防洪标准偏低。防洪标准（挡潮标准）偏低，主要体现在宣泄洪水时，水闸过流能力不足或闸室顶高程不足，单宽流量超过下游河床土质的耐冲能力。②闸室和翼墙存在整体稳定问题。闸室及翼墙的抗滑、抗倾、抗浮安全系数以及基底应力不均匀系数不满足规范要求，沉降、不均匀沉陷超标，导致承载能力不足、基础破坏，影响整体稳定。③闸下消能防冲设施损坏。闸下消能防冲设施损毁严重，不适应设计过闸流量的要求，或闸下未设消能防冲设施，危及主体工程安全。④闸基和两岸渗流破坏。闸基和两岸产生管涌、流土、基础淘空等现象，发生渗透破坏。⑤建筑物结构老化损害严重。混凝土结构设计强度等级低，配筋量不足，碳化、开裂严重，浆砌石砂浆标号低，风化脱落，致使建筑物结构老化破损。⑥闸门锈蚀，启闭设施和电气设施老化。金属闸门和金属结构锈蚀，启闭设施和电气设施老化、失灵或超过安全使用年限，无法正常使用。⑦上下游淤积及闸室磨蚀严重。多泥沙河流上的部分水闸因选址欠佳或引水冲沙设施设计不当，引起水闸上下游河道严重淤积，影响泄水和引水，闸室结构磨蚀现象突出。⑧水闸抗震不满足规范要求。水闸抗震安全不满足规范要求，地震情况下地基可能发生震陷、液化问题，建筑物结构型式和构件不满足抗震要求。⑨管理设施问题。大多数病险水闸存在安全监测设施缺失、管理房年久失修或成为危房、防汛道路损坏、缺乏备用电源和通讯工具等问题，难以满足运行管理需求。

　　大量病险水闸的存在，已成为防汛工作的心腹之患，只有尽快除险加固，才能保证水闸安全，保障防洪保护区人民生命财产安全，减免洪涝水害给国民经济造成损失。

鉴于目前我国水闸的现状，引起了国家的高度重视。在 2009 年 1 月 6 日召开的全国水利工作会议上，第一件事情即为"病险水库除险加固工程：确保 2010 年年底完成 6240 座大中型和重点小型病险水库除险加固任务，因此，大中型病险水闸的除险加固工作将是水利行业今后一段时间内的一项重点工作。

《水闸安全鉴定规定》(SL 214—98) 将水闸安全类别划分为 4 类，水闸除险加固的重点主要是三类、四类闸。影响病险水闸除险加固效果的关键因素是水闸安全鉴定结论的准确性和病险水闸除险加固设计方案对恢复水闸设计功能的可行性、有效性和经济性。

三义寨闸安全鉴定为四类闸，需拆除重建；韩墩闸安全鉴定为三类闸，需除险加固。因其功能、结构不同，以及建设年代不同，这两座水闸各有特点，其加固内容和加固方法宜各有特色。两个水闸除险加固的设计方法及处理措施研究，其主要内容包括：洪水标准、工程地质勘察、工程任务和规模、水闸加固处理措施、机电及金属结构、施工组织设计、占地处理及移民安置、水土保持设计、环境影响评价、设计概算等方面。

通过对两个不同类型的中小型病险水闸工程进行了几个方面内容的研究：一是根据新的水文资料，复核水闸规模；二是达标完建尚缺工程设施；三是维修加固已遭破坏工程设施。采取不同方法的除险加固措施设计与处理，通过新技术在大中型水闸除险加固中的应用，使得病险水闸加固工作加固与提高、加固与技术进一步相结合，广泛采用新技术、新方法、新材料、新工艺，力求体现先进性、科学性和经济性，力求在病险水闸治理的工程设计技术方面有所突破。为水闸除险加固改造的设计和施工提供有价值的参考，促进设计水平和工程质量的提高，高效、经济、安全、合理地开展水闸除险加固工作。

本书编制的目的在于适应水闸除险加固改造实践的需要，针对水闸除险加固工程的特点，介绍除险加固处理措施，为水闸除险加固改造的设计和施工提供有价值的参考，促进设计水平和工程质量的提高，高效、经济、安全、合理地开展水闸除险加固工作。

本书由成笑路编写了前言、第 4 章、第 5 章、第 10 章，王因编写了第 11 章～第 15 章、第 25 章，周暐编写了第 16 章、第 19 章、第 27 章，付思峰编写了第 3 章、第 9 章、第 17 章，王春编写了第 7 章、第 20 章、第 21 章、第 26 章，石庆省编写了第 6 章、第 10 章，郑微微编写了第 1 章、第 2 章、第 18 章，陈友平编写了内容提要、第 8 章，李旭辉编写了第 22 章～第 24 章，全书由姜苏阳统稿。

为总结探讨中小型水闸除险加固的经验，兹撰写本书，以期与同行进行技术交流。本书得到了多位专家的大力支持，在此表示衷心的感谢！由于本书涉及专业众多，撰写时间仓促，错误和不当之处，敬请同行专家和广大读者赐教指正。

作　者

2014 年 2 月

目　　录

1 三义寨引黄闸特色介绍

三义寨引黄闸安全鉴定为四类闸，需拆除重建。拆除重建水闸需要进行下列方面的工作：洪水标准及河道冲淤研究、工程地质勘察研究、工程任务和规模确定、工程布置及主要建筑物设计、电气与金属结构、施工组织设计、占地处理及移民安置评价、水土保持评价、环境保护评价、工程管理设计、节能设计、设计概算等方面；除险加固闸除上述内容外，还包括水闸混凝土表面缺陷处理、闸身裂缝修复、止水加固处理、观测设施修复等内容。

兰考河段属典型的游荡性河段，河势宽、浅、散、乱、游荡多变，素有"豆腐腰"之称。大洪水时主流居中，落水时主流位置变化无常，时常造成河道工程出现重大险情。近年来黄河下游来水偏枯，泥沙集中淤积在主槽内，"槽高滩低堤根洼"的险恶局面逐年加剧，临黄大堤存在顺堤行洪威胁。

三义寨引黄闸位于兰考县境内黄河右岸大堤上，相应大堤桩号 130＋000 处。该闸于1958 年建成，为大型开敞式水闸，属 1 级水工建筑物。闸室为钢筋混凝土结构，安装弧形钢闸门，共分三联 6 孔，每 2 孔为一联，每孔净宽 12m，闸总宽 84.6m。闸底板长21.5m，闸前防冲槽长 11m，其后设有 59.5m 长的防渗黏土铺盖；下游消力池长 16m，浆砌石海漫长 40m，干砌石海漫长 35m，防冲槽长 15m。引黄闸设计正常引水流量520m³/s，设计效益为：灌溉豫东、鲁西南的开封、商丘、菏泽 2 省 3 市 20 个县农田1980 万亩，放淤改造盐碱沙荒地 15.6 万亩。

由于三义寨引黄闸在多年运用过程中，闸身强烈振动，导致闸墩、闸底板、机架桥大梁裂缝，特别是闸底板严重裂缝，遂于 1974 年和 1990 年进行了两次改建：第一次改建主要是改中联两孔弧形钢闸门为 4 孔平板钢闸门，闸门宽 4.8m，高 4.5m，两边联闸底板加高 2.5m，中联闸底板加高 2.0m，设计流量300m³/s；第二次改建主要是保留中联 4 孔平板钢闸门，拆除边联 4 孔弧形闸门，在原叠梁闸门槽处修建钢筋混凝土挡水墙。二次改建后的设计流量为 141m³/s，担负着开封、商丘 2 市 10 县的农业用水任务。

三义寨引黄闸建成至今已有 50 多年，在长期使用后出现的诸多问题，如闸身强烈振动和不均匀沉陷，导致闸墩、闸底板、机架桥大梁、交通桥严重裂缝；钢闸门板锈蚀、漏水，没有导向装置和行走轮不转动等问题将会造成闸的抗洪能力降低；闸前、闸后渠道的严重淤积，导致引水效益下降；闸的运行能力、防洪能力的降低，对该闸今后的防汛也产生一定的威胁。

依据《水闸安全鉴定规定》（SL 214—98）以及《黄河下游水闸安全鉴定规定》（黄建管〔2002〕9 号）的要求，根据河南开封三义寨引黄闸工程现状调查分析、现状检测成果分析及复核稳定计算成果分析，认为该闸运用指标无法达到设计标准，存在严重的安全问题，不能满足正常使用要求，评定为四类闸。

三义寨引黄渠首闸位于国务院明确的黄河重点固守堤段，承担着黄河大洪水的压力，其安全运用与否，事关黄河防洪安全大局，鉴于该闸为四类闸，按照《水闸安全鉴定规定》（SL 214—98），同意报废重建。

三义寨引黄闸两侧弯道段的堤防（三义寨闸渠堤）是右岸郑州至兰考三义寨重点确保段唯一没有进行堤防加固的堤段。堤防深入临河侧渠堤桩号为 0＋000（对应黄河大堤桩号 129＋300）～3＋480（对应黄河大堤桩号 130＋831），其中三义寨引黄闸上游侧渠堤范围为 0＋000～1＋475，渠堤长 1475m，下游侧渠堤范围为 1＋560～3＋480，渠堤长 1920m。需要根据三义寨引黄闸改建的工程布置确定渠堤堤防加固的范围。

2 三义寨引黄闸洪水标准及河道冲淤研究

2.1 流域概况

黄河是我国第二条大河，位于东经 96°～119°，北纬 32°～42°之间，西起青藏高原的巴颜喀拉山，东临渤海，北抵阴山，南至秦岭，流域面积 75.2 万 km² （包括内流区为 79.5 万 km²）。黄河发源于青藏高原巴颜喀拉山北麓的约古宗列盆地，流经青海、四川、甘肃、宁夏、内蒙古、陕西、山西、河南、山东九省（自治区），在山东垦利县注入渤海。干流全长 5464km。流域地势大体是西高东低，约可分为三个阶梯，西部在青藏高原东侧，海拔在 3000.00m 以上，中部属黄土高原，海拔为 1000.00～2000.00m，东部属华北平原，海拔在 100.00m 以下。自河源至内蒙古托克托县的河口镇为上游，河口镇至河南郑州桃花峪为中游，桃花峪至入海口为下游。

黄河上游兰州以上河段，河长 2119km，流域面积 222551km²。该河段植被较好，河源区多湖泊、沼泽，对洪水的调蓄作用较大。兰州至河口镇河段，流域面积 163415km²，河长 1352.6km，河道大部穿行于宁蒙河套地区，河床宽阔，纵坡平缓，两岸为干旱半干旱黄土丘陵及沙漠地区，洪水行经此河段有较大的削减。

中游河口镇至龙门河段（以下简称河龙间），河长 725.1km，流域面积 111591km²，河道穿行于山、陕峡谷之间。流域内黄土区占 68%，植被较差，沟壑纵横，支流众多，呈羽毛状汇入黄河。

龙门至三门峡河段（以下简称龙三间），流域面积 190864km²，其中黄土区占 59%，其间有泾、渭、北洛河和汾河汇入。干流河长 242.1km，其中龙门至潼关河段长 125.8km，河道宽度 10km 左右，对来自龙门以上的陡峻洪峰一般可削减 20%～30%。

三门峡至小浪底河段（以下简称三小间），河长 130km，为峡谷河段，比降为 1‰ 左右，流域面积 5734km²，流域内为土石山区，小支流众多，流域面积大于 100km² 的有 16 条，北岸支流分布较多，面积较大，河道较长，且比降较大；南岸支流较少，面积较小，河道较短，且比降较小。两岸支流大体上呈羽毛状汇入黄河。

小浪底至花园口河段（以下简称小花间），河长 128km，自孟津以下河道出峡谷，宽 3000～9000m，有较大的滞洪削峰作用。区间面积 35881km²，有伊洛河与沁河两大支流汇入。

下游花园口至入海口，河长 768km，河道高悬于地面之上，为举世闻名的地上"悬河"，全靠大堤束水行洪。上段流经河南境内，河道宽阔，一般堤距 10km 左右，河道槽蓄作用较大。下段流经山东境内，河道狭窄，堤距 1～3km。该区流域面积 22407km²，有金堤河和大汶河两支较大支流汇入。

目前黄河干流上已建的大型水利工程有龙羊峡、刘家峡、三门峡、小浪底水库等，其中龙羊峡水库设计总库容 247 亿 m^3，对黄河上游的洪水有较大的调节作用。小浪底水库设计总库容 126.5 亿 m^3，是黄河下游防洪工程体系的骨干工程之一。

2.2 气象

工程区的气象特征选择开封气象站 1961～1990 年资料统计分析，该地区多年平均气温 14.1℃，最高气温 42.9℃（1966 年 7 月 19 日），最低气温 -16℃（1971 年 12 月 27 日）。多年平均地温 16.1℃，最高地温 69.7℃（1986 年 6 月 28 日），最低地温 -20.4℃（1990 年 1 月 31 日）。多年平均降水量 619.3mm。多年平均蒸发量 1937mm。最大风速达 20m/s 以上，最大风速的风向多为北风或北偏东风。对工程最不利的风向是北风，据 1961～1990 年资料统计，北风最大风速均值为 12.6m/s。开封气象站 1961～1990 年开封气象站气象资料统计见表 2.2-1。

表 2.2-1　　　　　　　　　　　开封气象站气象资料统计表

项　　目		单位	资料年份	月　　份												全年
				1	2	3	4	5	6	7	8	9	10	11	12	
气温	平均气温	℃	1961～1990	-0.3	1.9	7.8	14.9	20.9	25.6	27.0	26.0	20.8	15.0	7.8	1.5	14.1
	平均最高	℃	1951～1980	4.8	7.6	13.8	21.1	27.3	32.3	32.1	30.9	26.7	21.3	13.7	6.9	19.9
	平均最低	℃	1951～1980	-4.6	-2.5	2.4	8.9	14.5	19.7	22.9	22.0	16.1	9.7	3.0	-2.8	9.1
	极端最高	℃	1961～1990	19.2	23.3	31.0	35.4	38.7	42.5	42.9	38.5	36.7	32.5	25.8	22.2	42.9
	极端最低	℃	1961～1990	-15.0	-14.2	-8.5	-1.6	5.0	11.3	15.2	13.5	5.0	-1.0	-9.1	-16.0	-16.0
平均相对湿度		%	1961～1990	62	63	63	63	63	63	79	80	77	74	70	65	68
地温	平均地温	℃	1961～1990	0	2.9	9.5	17.4	24.6	29.8	30.4	29.4	23.4	16.2	8.0	1.5	16.1
	平均最高	℃	1958～1980	11.3	16.5	25.1	33.2	43.2	29.9	45.7	45.1	38.5	30.9	20.7	12.9	31.1
	平均最低	℃	1954～1980	-6.4	-4.0	0.5	7.2	12.9	18.4	22.4	21.5	15.3	7.9	0.6	-4.9	7.6
	极端最高	℃	1961～1990	27.1	41.0	45.8	60.8	64.0	69.7	67.5	65.0	59.4	51.8	39.3	27.1	69.7
	极端最低	℃	1961～1990	-20.4	-17.8	-11.9	-6.3	1.5	8.1	14.3	12.2	3.4	-4.3	-11.9	-19.7	-20.4
最大冻土深度		cm	1964～1980	26	20	11							8	23		26
平均降水量		mm	1961～1990	7.5	11.2	23.9	41.1	50.1	72.0	151.4	109.7	80.8	40.6	22.4	8.8	619.3
≥0.1mm 天数		天	1961～1990	2.6	3.2	5.5	7.7	6.6	7.6	12.1	9.6	9.0	7.1	4.5	2.8	79.3
≥5mm 天数		天	1951～1980	0.4	0.6	1.6	2.6	2.2	3.0	5.8	4.9	3.1	2.2	1.8	0.6	28.8
蒸发量		mm	1961～1990	61.4	81.2	147.1	206.9	269.2	311.3	227.7	194.4	154.4	126.6	88.0	68.3	1937
最大风速		m/s	1961～1990	18.0	20.0	16.0	17.3	14.7	18.0	15.0	18.7	15.0	20.0	16.0	17.0	20.0
最大风速的风			1961～1990	NNE	NNE	2G	NNE	2G	N	ESE	NW	SSW	NNE	W	2G	NNE
最多风向			1961～1990	NNE	NNE	NNE	NNE	SSW	S	S	NNE	NNEc	NNEc	NNE	NNE	NNE
频率		%	1961～1990	17	16	14	13	13	12	11	15	13, 17	12, 15	15	15	13

注　c 表示静风；G 表示个。

2.3　水文基本资料

黄河自 1919 年就开始设站观测。新中国成立前测站较少,新中国成立后,在干流各河段及较大支流上都设有水文观测站,雨量站更是遍及全流域,基本上能控制黄河各河段的水情和雨情。与黄河下游防洪工程建设有关的水文测站有黄河干流的花园口(秦厂)、小浪底、三门峡(潼关),伊洛河的东湾(嵩县)、陆浑、龙门镇、长水(故县)、宜阳、白马寺(洛阳)、黑石关,沁河的山路平、五龙口、小董(武陟),大汶河的戴村坝等,以上各站均为黄河干支流的一等水文站,测验精度较高,其实测水文资料均经过黄河水利委员会和各省有关单位的系统整编和多次复核审查,其精度可以满足黄河下游及大汶河设计洪水分析计算的要求。

从历次资料复核和审查情况看,认为新中国成立前特别是抗日战争期间水文资料的观测精度较差,新中国成立后水文资料的观测精度较高。

2.4　洪水

2.4.1　洪水特性

黄河下游开封市河段洪水主要由中游地区暴雨形成,洪水发生时间为 6~10 月。黄河中游的洪水,分别来自河龙间、龙三间和三花间这三个地区。各区洪水特性分述如下。

(1)河龙间和龙三间。河龙间属于干旱或半干旱地区,暴雨强度大(点暴雨一般可达400~600mm/d,最大点暴雨达 1400mm/d),历时较短(一般不超过 20h,持续性降雨可达 1~2d),日暴雨 50mm 以上的笼罩面积达 20000~30000km²,最大可达 50000~60000km²。一次洪水历时,主峰过程为 1d,持续历时一般可达 3~5d,形成了峰高量小的尖瘦型洪水过程。区间发生的较大洪水,洪峰流量可达 11000~15000m³/s,实测区间最大为 18500m³/s(1967 年),日平均最大含沙量可达 800~900kg/m³。该区间是黄河粗泥沙的主要来源区。

龙三间的暴雨特性与河龙间相似,但由于受到秦岭的影响,暴雨发生的频次较多,历时较长,一般为 5~10d,秋季连阴雨的历时可达 18d 之久(1981 年 9 月)。日降雨强度为100mm 左右,中强降雨历时约 5d,大于 50mm 雨区范围达 70000km²。该区间所发生的洪水为矮胖型,洪峰流量为 7000~10000m³/s。该区间除泾河支流马莲河外,为黄河细泥沙的主要来源区,渭河华县站的日平均最大含沙量为 400~600kg/m³。

以上两个区间洪水常常相遭遇,如 1933 年和 1843 年洪水。这类洪水主要是由西南东北向切变线带低涡天气系统产生的暴雨所形成,其特点是洪峰高、洪量大,含沙量也大,对黄河下游防洪威胁严重。下游防洪中把这类洪水简称为"上大洪水"。

(2)三花间。三花间属于湿润或半湿润地区,暴雨强度大,最大点雨量达 734.3mm/d(1982 年 7 月),一般为 400~500mm/d,日暴雨面积为 20000~30000km²。一次暴雨的历时一般为 2~3d,最长历时达 5d。该区间所发生的洪水,多为峰高量大的单峰型洪水过程,历时为 5d(1958 年洪水);也发生过多峰型洪水过程,历时可达 10~12d(1954 年洪水)。区间洪水的洪峰流量一般为 10000m³/s 左右,实测区间最大洪峰流量为 15780m³/s,洪水期的含沙量不大,伊洛河黑石关站日平均最大含沙量为 80~90kg/m³。三花间的较大洪水，主要是由南北向切变线加上低涡或台风间接影响而产生的暴雨所形成，具有洪水涨势猛、洪峰高、洪量集中、含沙量不大、洪水预见期短等特点，对黄河下游防洪威胁最为严重。这类洪水称为"下大洪水"。

小浪底水库建成后，威胁黄河下游防洪安全的主要是小花间洪水，据实测资料统计，小花间的年最大洪峰流量从5～10月均有出现，而较大洪峰主要集中在7月、8月。值得注意的是，小花间的大洪水，如223年、1761年、1931年、1935年、1954年、1958年、1982年等，洪峰流量均发生在7月上旬至8月中旬之间，时间更为集中。

由于小花间暴雨强度大、历时长，主要产洪地区河网密集，有利于汇流，故形成的洪水峰高量大。一次洪水历时约5d，连续洪水历时可达12d。

2.4.2 洪水遭遇与组成

由于黄河流域面积大，上中下游各区的气候特性和暴雨特性各不相同，故各区所发生的洪水并不同时遭遇。从实测和调查资料统计分析，花园口站大于8000m³/s的洪峰流量，都是以中游地区来水为主所造成的；兰州站相应来水流量一般仅2000～3000m³/s，组成花园口洪水的部分基流。下游为地上河，汇入水流较少。花园口站各类较大洪峰流量、洪水流量组成见表2.4-1。

表2.4-1 花园口站各类较大洪峰流量、洪水流量组成表

单位：流量 m³/s；洪量亿 m³

洪水组成	洪水发生年份	花 园 口		三 门 峡			三 花 间			三门峡占花园口的比重/%	
		洪峰流量	12d洪量	洪峰流量	相应洪水流量	12d洪量	洪峰流量	相应洪水流量	12d洪量	洪峰流量	12d洪量
三门峡以上来水为主，三花间为相应洪水	1843	33000	136.0	36000		119.0	2200		17.0	93.3	87.5
	1933	20400	100.5	22000		91.90	1900		8.60	90.7	91.4
三花间来水为主，三门峡以上为相应洪水	1761	32000	120.0		6000	50.0	26000		70.0	18.8	41.7
	1954	15000	76.98		4460	36.12	10540		40.86	29.73	46.92
	1958	22300	88.85		6520	50.79	15780		38.06	29.24	57.16
	1982	15300	65.25		4710	28.01	10590		37.24	30.78	37.3
三门峡与三花间同时发生洪水	1957	13000	66.3		5700	43.1	7300		23.2	43.8	65.0

注 相应洪水流量系指组成花园口洪峰流量的相应来水流量，1761年和1843年洪水系调查推算值。

表2.4-1中可以看出，以三门峡以上来水为主的洪水，三门峡洪峰流量占花园口的90%以上，12天洪量占花园口的85%以上。以三花间来水为主的洪水，三门峡洪峰流量占花园口的20%～30%，12天洪量占花园口的40%～60%。

从表2.4-1中还可看出，以三门峡以上来水为主的"上大洪水"和以三花间来水为主的"下大洪水"一般不相遭遇。

2.4.3 干流有关站及区间设计洪水

（1）设计洪水峰、量值。与黄河下游防洪工程建设设计洪水有关的干流站及区间有三

门峡、花园口、三花间。以上各站及区间的设计洪水，曾进行过多次频率分析。在1975年，为满足黄河下游防洪规划的需要，曾对三门峡、花园口、三花间等站及区间的洪水进行了比较全面的频率分析（采用洪水系列截止1969年），其中主要站及区间的成果经水电部1976年审查核定。

在小浪底水利枢纽初步设计和西霞院水利枢纽可行性研究中，分别于1980年、1985年、1994年三次对以上各站及区间的设计洪水进行了分析计算，设计洪水成果与1976年审定成果相比减小5%～10%，根据水利部规划设计总院审查意见，仍采用1976年审定成果。各有关站及区间设计洪峰流量、洪水流量值见表2.4-2。

表2.4-2　　　　　　　　三门峡、花园口、三花间天然设计洪水成果表

单位：洪峰流量 m³/s；洪量亿 m³

站名	集水面积 /km²	项　　目	系　　列			统　计　参　数			频率为 P/%，设计值		
			N	n	a	均值	C_v	C_s/C_v	0.01	0.1	1.0
三门峡	688421	洪峰流量	210	47	1	8880	0.56	4	52300	40000	27500
		5d 洪量		54		21.60	0.50	3.5	104	81.50	59.10
		12d 洪量		47		43.50	0.43	3	168	136	104
		45d 洪量		47		126	0.35	2	360	308	251
花园口	730036	洪峰流量	215	39	1	9770	0.54	4	55000	42300	29200
		5d 洪量		51		26.50	0.49	3.5	125	98.40	71.30
		12d 洪量		44		53.50	0.42	3	201	164	125
		45d 洪量		44		153	0.33	2	417	358	294
三花间	41615	洪峰流量	215	34	1	5100	0.92	2.5	45000	34600	22700
		5d 洪量		34		9.80	0.90	2.5	87.00	64.70	42.80
		12d 洪量		34		15.03	0.84	2.5	122	91.00	61.00

近期完成的《黄河下游长远防洪形势和对策研究报告》中，将三门峡、花园口站的洪水系列延长至1997年，对其设计洪水成果又进行了复核。复核后的三门峡、花园口两站设计洪水成果较原审定成果略有减小，但变化不大。三门峡洪峰流量减小10%左右，时段洪量减小5%左右；花园口各频率洪峰、洪量减少5%以内；三花间设计洪峰流量减小10%左右，设计洪量变化不大；小花间设计洪峰流量减小10%左右，设计洪量减小5%左右。洪水成果尚未审查，从安全考虑，本次仍推荐采用1976年审定成果。

（2）设计洪水过程线。黄河下游大堤的设防标准是以花园口断面的洪水为准，按放大典型洪水的方法计算设计洪水过程。

根据黄河下游洪水的来源及特性，以三门峡以上来水为主的"上大洪水"，选1933年8月洪水为典型。以三花间来水为主的"下大洪水"，选1954年8月、1958年7月、1982年8月洪水作为典型。各典型洪水地区组成情况见表2.4-3。

表 2.4 - 3 　　　　　　　　　　各典型洪水花园口断面洪水地区组成表

单位: Q_m m³/s; W_5、W_{12} 亿 m³

典型洪水年份	项目	花园口	三门峡相应	三门峡占花园口/%	三花间	小陆故花间	小陆故花间占三花间/%
1954	Q_m	15000	4460	29.73	10540	6760	64.10
	W_5	38.50	14.10	36.60	24.40	11.98	49.10
	W_{12}	76.98	36.12	46.92	40.86	19.93	48.8
1958	Q_m	22300	6520	29.24	15780	8000	50.7
	W_5	57.02	25.70	45.10	31.34	13.30	42.40
	W_{12}	88.85	50.79	57.16	38.06	16.03	42.80
1982	Q_m	15300	4710	30.78	10590	5130	48.40
	W_5	51.24	13.60	26.60	37.64	21.90	58.20
	W_{12}	75.07	28.01	37.30	47.06	27.50	58.40
1933	Q_m	20400	19060	93.43	1340		
	W_5	56.69	51.46	90.77	5.23		
	W_{12}	100.30	91.63	91.37	8.66		

从表 2.4 - 3 中可知,"下大洪水"的三个典型小陆故花间(无控制区)洪水占三花间的比例在 40% 以上, 12d 洪量的最大比例可达 58%, 与无控制区占三花间的面积比 (62.8%) 接近,因此,三个典型年可以代表无控制区来水为主的洪水,对黄河下游防洪是安全的。

设计洪水的地区组成:对不同来源区的洪水采用不同的地区组成,对三门峡以上来水为主的"上大洪水",地区组成为三门峡、花园口同频率,三花间相应;对三门峡至花园口区间来水为主的"下大洪水",地区组成为三花间、花园口同频率,三门峡相应。设计洪水过程组成:按峰、量同频率控制放大。

2.4.4 工程运用后黄河下游的设计洪水

小浪底水库建成后,黄河下游防洪工程体系的上拦工程有三门峡、小浪底、陆浑、故县四座水库;下排工程为两岸大堤,设防标准为花园口流量 22000m³/s;两岸分滞工程为东平湖滞洪水库,进入黄河下游的洪水须经过防洪工程体系的联合调度。

(1) 水库联合防洪运用方式。

1) 小浪底水库防洪运用方式。当五站(龙门镇、白马寺、小浪底、五龙口、山路平)预报(预见期 8h)花园口洪水流量小于 8000m³/s,控制汛限水位,按入库流量泄洪;预报花园口洪水流量大于 8000m³/s,含沙量小于 50kg/m³,小花间来洪流量小于 7000m³/s,小浪底水库控制花园口 8000m³/s。此后,小浪底水库须根据小花间洪水流量的大小和水库蓄洪量的多少来确定不同的泄洪方式。

①水库在控制花园口 8000m³/s 运用过程中,当蓄水量达到 7.9 亿 m³ 时,反映了该次洪水为"上大洪水"且已超过了 5 年一遇标准,小浪底水库可按控制花园口 10000m³/s 泄洪。此时,如果入库流量小于控制花园口 10000m³/s 的控制流量,可按入库流量泄洪。

当水库蓄洪量达 20 亿 m³，且有增大趋势，说明该次洪水已超过三门峡站 100 年一遇洪水，为了使小浪底水库保留足够的库容拦蓄特大洪水，需控制蓄洪水位不再升高，可相应增大泄洪流量，允许花园口洪水流量超过 10000m³/s，可由东平湖分洪解决。此时，如果入库流量小于水库的泄洪能力，按入库流量泄洪；入库流量大于水库的泄洪能力，按敞泄滞洪运用。当预报花园口 10000m³/s 以上洪量达 20 亿 m³，说明东平湖水库将达到可能承担黄河分洪量 17.5 亿 m³。此后，小浪底水库仍需按控制花园口 10000m³/s 泄洪，水库继续蓄洪。当预报花园口洪水流量小于 10000m³/s，仍按控制花园口 10000m³/s 泄流，直至泄空蓄水。

②水库按控制花园口 8000m³/s 运用的过程中，水库蓄洪量虽未到 7.9 亿 m³，而小花间的洪水流量已达 7000m³/s，且有上涨趋势，反映了该次洪水为"下大洪水"。此时，小浪底水库按下泄发电流量 1000m³/s 控制运用；当水库蓄洪量达 7.9 亿 m³ 后，开始按控制花园口 10000m³/s 泄洪。但在控制过程中，水库下泄流量不小于发电流量 1000m³/s。

2）三门峡水库的调洪运用方式。

①对三门峡以上来水为主的"上大洪水"，水库按"先敞后控"方式运用，即水库先按敞泄方式运用；达本次洪水的最高蓄水位后，按入库流量泄洪；当预报花园口洪水流量小于 10000m³/s 时，水库按控制花园口 10000m³/s 退水。

②对三花间来水为主的"下大洪水"，三门峡水库的运用方式为：小浪底水库未达到花园口百年一遇洪水的蓄洪量 26 亿 m³ 前，三门峡水库不承担蓄洪任务，按敞泄运用。小浪底水库蓄洪量达 26 亿 m³，且有增大趋势，三门峡水库开始投入控制运用，并按小浪底水库的泄洪流量控制泄流，直到蓄洪量达本次洪水的最大蓄量。此后，控制已蓄洪量，按入库流量泄洪；直到小浪底水库按控制花园口 10000m³/s 投入泄洪运用时，三门峡水库可按小浪底水库的泄洪流量控制泄流，在小浪底水库之前退水。

3）陆浑、故县水库调洪运用方式。当预报花园口洪水流量达到 12000m³/s 且有上涨趋势时，水库关闸停泄。当水库蓄洪水位达到蓄洪限制水位时，按入库流量泄洪。当预报花园口洪水流量小于 10000m³/s，按控制花园口 10000m³/s 泄洪。

（2）工程运用后黄河下游洪水情况及设防流量。按照以上水库联合调度运用方式，对各级各典型设计洪水进行防洪调度计算，经过河道洪水演进，黄河下游开封市附近控制断面的各级洪水流量见表 2.4-4。根据《黄河近期重点治理开发规划》近期应确保防御花园口站洪峰流量 22000m³/s 堤防不决口。从该表中可以看出，花园口 22000m³/s 设防流量相应的重现期为近 1000 年。

表 2.4-4　　　　　　工程运用后黄河下游各级洪水流量表　　　　　　　单位：m³/s

断面名称 \ 洪水重现期	30 年	100 年	300 年	1000 年	设防流量
花园口	13100	15700	19600	22600	22000
柳园口	11700	15120	18800	21900	21800
夹河滩	11200	15070	18100	21000	21500
石头庄	11100	14900	18000	20700	21200
高村	11000	14400	17550	20300	20000

2.5 径流、泥沙

2.5.1 黄河下游水沙特性及近期变化特点分析

小浪底水库投入运用之前，进入下游的水沙量用三门峡、黑石关和武陟（小董）三站之和来表示；小浪底水库投入运用之后，进入下游的水沙量用小浪底、黑石关和武陟三站之和来表示。

（1）来水来沙异源。黄河中下游干支流主要控制站的水沙特征值见表 2.5-1。1950年7月～1999年6月，多年平均进入黄河下游（三黑武）的水量、沙量分别为 407.1 亿 m³、12.05 亿 t。黄河具有水沙异源的特性。进入黄河下游的水沙主要来自 3 个区间：一是河口镇以上，来水多来沙少，水流较清，河口镇多年平均水量占三黑武的 56.2%，而年沙量仅占 9.8%；二是河口镇至三门峡区间（以下简称河三区间），来水少来沙多，水流含沙量高；三是伊洛河和沁河，为黄河又一清水来源区，两条支流合计，多年平均年水量占三黑小的 9.6% 左右，而年沙量仅占 1.9%。表明进入下游的水量大部分来自河口镇以上，沙量则主要来自河口镇以下的河三区间。

（2）水沙量年际、年内分布不均。水沙量年际间分布不均。进入下游的最大年沙量为 1933 年的 37.63 亿 t，为最小年沙量 1.85 亿 t（1961 年）的 20.3 倍；最大年水量为 753.7 亿 m³（1964 年），为最小年水量 178.7 亿 m³（1991 年）的 4.2 倍。

水沙量年内分布不均，主要集中于汛期。三黑武多年平均汛期水量占全年水量的 55.9%，汛期沙量占全年沙量的 87.7%。

（3）近期水沙变化特点。20 世纪 80 年代中后期以来，进入下游的年平均水量为 275.2 亿 m³，仅占长系列来水量的 67.6%，汛期水量减少尤其突出，仅为长系列的 56.6%；20 世纪 80 年代和 90 年代沙量分别为 8.0 亿 t、9.52 亿 t，也比长系列减少。水量减少主要是由于黄河处于相对枯水期，同时工农业用水也迅速增加；沙量减少主要是由于中游地区暴雨强度和频次减少，同时水土保持也起一定作用。由于龙羊峡水库调节，进入黄河下游水沙量及年内分配变化和三门峡入库水沙变化类似，汛期来水比例减少。

表 2.5-1 黄河中游干支流主要站水沙特征值表

站名	时段/年	水 量/亿 m³			沙 量/亿 t		
		汛期	全年	汛/年/%	汛期	全年	汛/年/%
河口镇	1950～1985	149.1	253.8	58.7	1.17	1.45	80.7
	1986～1999	67.1	165.1	40.6	0.3	0.47	63.8
	1950～1999	126.1	229.0	55.1	0.93	1.18	78.8
龙门	1950～1985	180.0	312.5	57.6	8.56	9.6	89.2
	1986～1999	88.4	204.9	43.1	4.18	5.07	82.4
	1950～1999	154.4	282.4	54.7	7.33	8.33	88.0
龙华河状	1950～1985	243.3	415.4	58.6	13.25	14.75	89.8
	1986～1999	122.9	264.8	46.4	7.25	8.56	84.7
	1950～1999	209.6	373.2	56.2	11.57	13.02	88.9

项目 站名 时段/年	水　量/亿 m³			沙　量/亿 t		
	汛期	全年	汛/年/%	汛期	全年	汛/年/%
三门峡 1950～1985	238.5	414.7	57.5	11.6	13.47	86.1
三门峡 1986～1999	118.3	255.3	46.3	7.29	7.69	94.8
三门峡 1950～1999	204.8	370.1	55.4	10.39	11.85	87.7
三黑武 1950～1985	266.1	458.4	58.0	11.83	13.73	86.2
三黑武 1986～1999	129.0	275.2	46.9	7.31	7.72	94.7
三黑武 1950～1999	227.7	407.1	55.9	10.56	12.05	87.7

1999 年 10 月小浪底水库蓄水运用以来至 2010 年 10 月，进入下游（小黑武）的年平均水沙量分别为 233.7 亿 m³ 和 0.63 亿 t，仅为长系列的 57.4% 和 5.2%，汛期来水比例进一步减少，仅为全年水量的 37.1%，沙量集中在汛期，汛期沙量占全年的 91.3%。

2.5.2　水平年来水来沙条件分析

目前完成的《黄河流域综合规划》采用基准年为 2008 年，规划近期水平年为 2020 年，规划在分析黄河水沙变化特点和未来水沙变化趋势的基础上，研究提出了 2020 年水平流域主要控制站设计水沙条件，并选取 1968～1979 年＋1987～1996 年 22 年系列作为典型水沙代表系列分析预估未来下游河道冲淤演变趋势，该水沙代表系列四站（龙门、河津、华县、状头）及进入下游的水沙条件表 2.5－2。

表 2.5－2　　　　　　　　设计水沙代表系列四站及进入下游水沙特征值表

水文站	时段/年	水　量/亿 m³			沙　量/亿 t		
		汛期	非汛期	全年	汛期	非汛期	全年
四站	2008～2020	146.62	143.54	290.17	10.48	1.00	11.48
四站	2020～2030	124.55	138.91	263.47	8.70	1.23	9.93
四站	2008～2030	136.59	141.44	278.03	9.67	1.10	10.77
进入下游	2008～2020	134.20	155.59	289.79	4.61	0.02	4.63
进入下游	2020～2030	123.97	142.80	266.77	9.63	0.07	9.71
进入下游	2008～2030	129.55	149.78	279.33	6.90	0.04	6.94

由表 2.5－2 可以看出，选取的水沙代表系列四站年均水量为 278.03 亿 m³，年均沙量为 10.77 亿 t，平均含沙量 38.7kg/m³。经河道及水库冲淤调整后，进入下游年平均水量为 279.33 亿 m³，年平均沙量为 6.94 亿 t。2008～2020 年，由于小浪底水库的继续拦沙，进入下游的沙量较少，为 4.63 亿 t，平均含沙量为 16.0kg/m³，2020 年后随着小浪底水库拦沙期的结束，进入下游的沙量及含沙量又有明显增加。

2.6　河道冲淤

2.6.1　河道基本情况

黄河干流在孟津县白鹤镇由山区进入平原，经华北平原，于山东垦利县注入渤海，河长 881km。由于进入黄河下游水少沙多，河床不断淤积抬高，主流摆动频繁，现状下游河床普遍高出两岸地面 4～6m，部分地段达 10m 以上，并且仍在淤积抬高，成为淮河和海河流域的天然分水岭。下游河道基本情况见表 2.6-1。

表 2.6-1　　　　　　　　　　黄河下游河道基本情况统计表

项目 河段	河型	河道长度/km	宽 度/km			河道面积/km²			平均比降/‰
			堤距	河槽	滩地	全河道	河槽	滩地	
白鹤镇—铁桥	游荡型	98	4.1～10.0	3.1～10.0	0.5～5.7	697.7	131.2	566.5	0.256
铁桥—东坝头	游荡型	131	5.5～12.7	1.5～7.2	0.3～7.1	1142.4	169.0	973.4	0.203
东坝头—高村	游荡型	70	5.0～20.0	2.2～6.5	0.4～8.7	673.5	83.2	590.3	0.172
高村—陶城铺	过渡型	165	1.4～8.5	0.7～3.7	0.5～7.5	746.4	106.6	639.8	0.148
陶城铺—宁海	弯曲型	322	0.4～5.0	0.3～1.5	0.4～3.7				0.101
宁海—西河口	弯曲型	39	1.6～5.5	0.5～0.4	0.7～3.0	979.7	222.7	757.0	0.101
西河口以下	弯曲型	56	6.5～15.0						0.119
全下游		881							

从孟津县白鹤镇至河口，除南岸郑州以上的邙山和东平湖至济南为山麓外，其余全靠大堤控制洪水，按其特性可分为四段：高村以上河段，长 299km，河道宽浅，水流散乱，主流摆动频繁，为游荡型河段，两岸大堤之间的距离平均为 8.4km，最宽处 20km；高村至陶城铺河段，长 165km，该河段在近 20 年间修了大量的河道整治工程，主流趋于稳定，属于由游荡型向弯曲型转变的过渡型河段，两岸堤距平均为 4.5km；陶城铺至河口河段，现状为受到工程控制的弯曲型河段，河势比较规顺，长 322km，两岸堤距平均为 2.2km；宁海以下的河口段两岸有胜利油田，随着黄河入海口的淤积、延伸、摆动，流路发生变迁，现状流路为 1976 年改道的清水沟流路，已行河至今，由于进行了一定的治理，1996年改走清 8 汊河以来，河道基本稳定。

黄河下游河道在平面上上宽下窄，河道断面多为复式断面，一般有滩槽之分。主槽部分糙率小、流速大，是排洪的主要通道。主槽过流能力占全断面过流能力的百分数，夹河滩以上大于 80%，夹河滩—孙口为 60%～80%。滩地糙率大、流速低，过流能力小，但对洪水有很大的滞蓄削峰作用，陶城铺以上特别是高村以上河宽滩大，削减洪峰流量的作用十分明显，如 1958 年花园口站最大洪峰流量为 22300m³/s，孙口站的洪峰流量仅为 15900m³/s。1958 年后，沿滩唇修建了生产堤，影响了洪水漫滩，加速了主槽淤积，形成槽高、滩低、堤根洼的二级悬河局面。为了扭转这种情况，1974 年经国务院批准废除生产堤，但是迟迟未能落实，1992 年才按国家防洪要求，破除口门长度达生产堤总长度的 50%。

2.6.2　河道冲淤特性

黄河下游河道的冲淤变化主要取决于来水来沙条件、河床边界条件以及河口侵蚀基准面。其中来水来沙是河道冲淤的决定因素。每遇暴雨，来自黄河中游的大量泥沙随洪水一起进入下游，使下游河道发生严重淤积，尤其是高含沙洪水，下游河道淤积更为严重，河道冲淤年际间变化较大。黄河下游河道呈现"多来、多淤、多排"和"少来、少淤（或冲刷）、少排"的特点。利用多年观测资料分析，天然情况下，黄河下游河道多年平均淤积

3.61 亿 t，河床每年以 0.05～0.1m 的速度抬升。

1950 年以来黄河下游建立了系统的水文观测站，1960 年以来黄河下游进行了系统的大断面统测，为分析黄河下游的冲淤特性提供了重要的科学依据。黄河下游各河段冲淤量统计见表 2.6-2 和表 2.6-3。

表 2.6-2 　　　　黄河下游各河段年平均淤积量及其纵向分布表

时间/(年·月)	冲淤/亿 t					各河段占全下游冲淤量/%			
	铁谢—花园口	花园口—高村	高村—艾山	艾山—利津	铁谢—利津	铁谢—花园口	花园口—高村	高村—艾山	艾山—利津
1950.7～1960.6	0.62	1.37	1.17	0.45	3.61	17.20	38.00	32.40	12.50
1960.9～1964.10	−1.90	−2.31	−1.25	−0.32	−5.78	32.90	40.00	21.60	5.50
1964.11～1973.10	0.95	2.02	0.74	0.68	4.39	21.60	46.00	16.90	15.50
1973.11～1980.10	−0.22	0.87	0.70	0.46	1.81	−12.20	48.10	38.70	25.40
1980.11～1985.10	−0.36	−0.83	0.45	−0.23	−0.97	37.10	85.60	−46.40	23.70
1985.11～1999.10	0.42	1.16	0.35	0.27	2.20	19.10	52.60	16.00	12.30
1973.11～1999.10	0.10	0.70	0.46	0.22	1.48	6.60	47.40	30.90	15.10
1999.11～2010.10	−0.56	−0.71	−0.24	−0.25	−1.76	31.80	40.50	13.70	14.00

表 2.6-3 　　　　黄河下游各河段年平均淤积量及其横向分布表

时间/(年·月)	项目	冲淤量/亿 t					占全断面淤积量的比例/%				
		铁谢—花园口	花园口—高村	高村—艾山	艾山—利津	铁谢—利津	铁谢—花园口	花园口—高村	高村—艾山	艾山—利津	铁谢—利津
1950.7～1960.6	主槽	0.32	0.30	0.19	0.01	0.82	51.60	21.90	16.20	2.20	22.70
	滩地	0.30	1.07	0.98	0.44	2.79	48.40	78.10	83.80	97.80	77.30
	全断面	0.62	1.37	1.17	0.45	3.61	100.00	100.00	100.00	100.00	100.00
1964.11～1973.10	主槽	0.47	1.25	0.58	0.64	2.94	49.50	61.90	78.40	94.10	67.00
	滩地	0.48	0.77	0.16	0.04	1.45	50.50	38.10	21.60	5.90	33.00
	全断面	0.95	2.02	0.74	0.68	4.39	100.00	100.00	100.00	100.00	100.00
1973.11～1980.10	主槽	−0.18	0.04	0.13	0.03	0.02	81.80	4.60	18.60	6.50	1.10
	滩地	−0.04	0.83	0.57	0.43	1.79	18.20	95.40	81.40	93.50	98.90
	全断面	−0.22	0.87	0.70	0.46	1.81	100.00	100.00	100.00	100.00	100.00
1980.11～1985.10	主槽	−0.30	−0.64	−0.14	−0.19	−1.27	83.30	77.10	−31.10	82.60	130.90
	滩地	−0.06	−0.19	0.59	−0.04	0.30	16.70	22.90	131.10	17.40	−30.90
	全断面	−0.36	−0.83	0.45	−0.23	−0.97	100.00	100.00	100.00	100.00	100.00
1985.11～1999.10	主槽	0.26	0.81	0.25	0.26	1.58	62.50	69.50	71.00	96.60	71.60
	滩地	0.16	0.35	0.10	0.01	0.62	37.50	30.50	29.00	3.40	28.40
	全断面	0.42	1.16	0.35	0.27	2.20	100.00	100.00	100.00	100.00	100.00
1973.11～1999.10	主槽	0.04	0.33	0.14	0.11	0.60	40.90	46.50	29.90	48.20	40.40
	滩地	0.06	0.38	0.33	0.12	0.88	59.10	53.50	70.10	51.80	59.60
	全断面	0.10	0.70	0.46	0.22	1.48	100.00	100.00	100.00	100.00	100.00

2.6.2.1　天然情况下河道冲淤特性

1950～1960 年为三门峡水库修建前的情况，年均水沙量约 480 亿 m^3，平均含沙量 37.5 kg/m^3，黄河下游河道年平均淤积量为 3.61 亿 t。随着水沙条件的变化，淤积量年际间变化大。发展趋势是淤积的，但并非是单向的淤积，而是有冲有淤。总的来看，具有下列特性。

（1）沿程分布不均，宽窄河段淤积差异大。从纵向淤积分布看，艾山以上宽河段淤积量明显大于艾山以下窄河段。艾山以下窄河段年均淤积量为 0.45 亿 t，占全下游淤积量 3.61 亿 t 的 12.5%；艾山以上淤积量占全下游淤积量 3.61 亿 t 的 87.5%。

（2）主槽淤积量小，滩地淤积量大，滩槽同步抬升。20 世纪 50 年代发生洪水次数多，大漫滩机遇多，大漫滩洪水一般滩地淤高，主槽刷深，不漫滩洪水、平水和非汛期主槽淤积。受来水来沙条件的影响，滩地年平均淤积量 2.79 亿 t，主槽淤积量 0.82 亿 t。该时期滩地淤积量大于主槽淤积量，但由于滩地面积大，淤积厚度基本相等，滩槽同步抬高。

2.6.2.2　近期河道冲淤特性

1986 年以来，由于龙羊峡水库的投入运用，进入下游的水沙条件发生了较大变化，主要表现在汛期来水比例减少，非汛期来水比例增加，洪峰流量减小，枯水历时增长，下游河道主要演变特性如下。

（1）河道冲淤量年际间变化较大。1985 年 10 月至 1999 年 10 月下游河道总淤积量 30.10 亿 t，年均淤积量 2.15 亿 t。与天然情况和三门峡水库滞洪排沙期相比，年淤积量相对较小，该时段淤积量较大的年份有 1988 年、1992 年、1994 年和 1996 年，年淤积量分别为 5.01 亿 t、5.75 亿 t、3.91 亿 t 和 6.65 亿 t，四年淤积量占时段总淤积量的 74.3%。1989 年来水 400 亿 m^3，沙量仅为长系列的一半，年内河道略有冲刷，河道演变仍遵循丰水少沙年河道冲刷或微淤，枯水多沙年则严重淤积的基本规律。

（2）横向分布不均，主槽淤积严重，河槽萎缩，行洪断面面积减少。该时期由于枯水历时较长，前期河槽较宽，主槽淤积严重。从滩槽淤积分布看，主槽年均淤积量 1.67 亿 t，占全断面淤积量的 69.9%。滩槽淤积分布与 20 世纪 50 年代相比发生了很大变化，该时期全断面年均淤积量为 50 年代下游年均淤积量的 65%，而主槽淤积量却是 50 年代年均淤积量的 2 倍。

（3）漫滩洪水期间，滩槽泥沙发生交换，主槽发生冲刷，对增加河道排洪有利。近期下游低含沙量的中等洪水及大洪水出现几率的减少使黄河下游主河槽淤积加重，河道排洪能力明显降低。1996 年 8 月花园口洪峰流量 7860 m^3/s 的洪水过程中，下游出现了大范围的漫滩，淹没损失大，但从河道演变角度看，发生大漫滩洪水对改善下游河道河势及增加过洪能力是非常有利的。

（4）高含沙量洪水机遇增多，主槽及嫩滩严重淤积，对防洪威胁较大。1986 年以来，黄河下游来沙更为集中，高含沙量洪水频繁发生。高含沙量洪水具有以下演变特性。

1）河道淤积严重，淤积主要集中在高村以上河段的主槽和嫩滩上。

2）洪水水位涨率偏高，易出现高水位。

3）洪水演进速度慢等特性。

2.6.2.3 小浪底水库运用以来下游河道冲淤特性

小浪底水库运用以来,黄河下游各个河段均发生了冲刷,截至2010年10月白鹤至利津河段累计冲刷19.40亿t。下游河道各河段断面法冲淤量见表2.6-4。

表2.6-4　　　　小浪底水库运用以来下游河道累计冲淤量（断面法）　　　　单位：亿t

河段 时段	花园口以上	花园口—高村	高村—艾山	艾山—利津	利津以上
汛期	−3.54	−3.65	−2.56	−3.53	−13.28
非汛期	−2.62	−4.21	−0.10	0.81	−6.12
全年	−6.16	−7.86	−2.66	−2.72	−19.40

从冲刷量的沿程分布来看,高村以上河段冲刷较多,高村以下河段冲刷相对较少。其中高村以上河段冲刷14.02亿t,占冲刷总量的72.3%;高村至艾山河段冲刷2.66亿t,占下游河道冲刷总量的13.7%;艾山至利津河段冲刷2.72亿t,占冲刷总量的14.0%。

从冲刷量的时间分布来看,冲刷主要发生在汛期。汛期下游河道共冲刷13.28亿t,占年总冲刷量的68.5%,河段呈现出全线冲刷;非汛期下游河道共冲刷6.12亿t,占年总冲刷量的31.5%,艾山以上河段呈现出冲刷,其中冲刷主要发生在花园口至高村河段,冲刷量6.83亿t,冲刷向下游逐渐减弱,艾山至利津则淤积0.81亿t。

2.6.3 河道冲淤变化预测

黄河下游河道的冲淤变化极其复杂,主要取决于来水来沙条件和下游河道的边界条件等因素。根据选取的设计水沙代表系列,利用水沙数学模型对2008~2020年下游河道冲淤变化过程进行计算预测,见表2.6-5。

表2.6-5　　　　下游各河段冲淤量及冲淤厚度预测成果（2008~2020年）

项目		花园口以上	花园口—高村	高村—艾山	艾山—利津	利津以上
2008~2020年实测		−4.41	−6.18	−1.85	−2.53	−14.97
冲淤量 /亿t	主槽	−1.43	−1.76	−0.74	−0.57	−4.50
	滩地	0.00	0.00	0.12	0.08	0.20
	全断面	−1.43	−1.76	−0.62	−0.49	−4.30
冲淤厚度 /m	主槽	−0.52	−0.41	−0.38	−0.32	
	滩地	0.00	0.00	0.05	0.02	

2008年7月至2020年6月,由于小浪底水库继续发挥拦沙作用,下游河道持续冲刷,下游利津以上河道累计冲刷量为4.30亿t,年均冲刷0.36亿t,冲刷主要发生在高村以上河段,冲刷量占全下游的74.2%,高村以下河段冲刷量占全下游河段的25.8%。由于该时段处于小浪底水库的主要拦沙期,进入下游的水流含沙量较低,有利于主河槽的冲刷,平滩流量增加,高村以上河段水沙过程基本不漫滩,冲刷主要在主槽;高村以下河段,大洪水漫滩,滩地发生淤积,河槽发生冲刷,高村至艾山、艾山至利津河段滩地淤积量分别为0.12亿t、0.08亿t,主槽冲刷量分别为0.74亿t、0.57亿t。

1961~1964年三门峡水库蓄水拦沙运用时期,年平均水沙量分别为592.7亿m³和7.79亿t,设计水沙量与其相比,水沙量均有所减少;1961~1964年全下游累计冲刷

24.04 亿 t，冲刷主要发生在高村以上河段，占全下游冲刷量的 68%，该次预测的设计成果冲刷量也主要发生在高村以上河段，与实际情况比较相符。

从纵剖面分析，花园口以上河段、花园口—高村、高村—艾山、艾山—利津河段，主槽的冲刷深度分别为 0.52m、0.41m、0.38m、0.32m，主槽冲刷下切，且冲刷量有上大下小的特点。与三门峡蓄水拦沙期相比，1961 年 10 月至 1964 年 10 月，花园口、夹河滩、高村、艾山和利津，主槽的冲刷深度分别为 1.30m、1.32m、1.33m、0.75m 和 0m。

2.7 堤防工程设计水位

水利部审定的《黄河下游防洪"九五"可行性研究报告》，对 2000 年设计洪水位进行了预估，开封市堤段邻近断面成果见表 2.7-1。本次采用水力因子法、流量面积法、冲淤改正法及水位涨率法等方法，按冲淤变化后的 2020 年河道边界，计算出 2020 年沿程设计洪水位（见表 2.7-1）。通过对本次计算的 2020 年水平设计洪水位与《黄河下游防洪"九五"可行性研究报告》2000 年水平设计洪水位对比，可以看出，2020 年设防水位略低于 2000 年水平设防水位。考虑到小浪底水库拦沙完成后，黄河下游河床还要淤积升高，为统一建设标准，仍然采用 2000 年水平设计洪水位，作为堤防工程建设的依据。

表 2.7-1　　　　开封市堤段邻近控制站 2000 年、2020 年水平设计水位成果表　　　单位：m

站名	设防流量 /(m³/s)	《黄河下游防洪"九五"可行性研究报告》2000 年水平设计水位			本次计算的 2020 年水平设计水位		
		3000m³/s	4000m³/s	设防水位	3000m³/s	4000m³/s	设防水位
花园口	22000	92.99	93.13	94.46	90.78	91.40	93.92
柳园口	21800	80.54	80.78	83.03	78.86	79.48	82.20
夹河滩	21500	76.60	76.76	78.31	74.03	74.69	77.68
石头庄	21200	68.21	68.40	70.07	66.04	66.55	68.76
高　村	20000	63.04	63.28	65.12	60.68	61.48	63.97

注　花园口断面水位桩号 13+000，原《黄河下游 2001 年至 2005 年防洪工程建设可研》报告中花园口断面水位桩号为 9+743。

根据《黄河下游防洪"九五"可行性研究报告》推算的 2000 年水平各水文站、水位站及临黄大堤 10km 间距对应桩号的沿程设防水位，按距离直线内插求得开封市右岸堤段每公里桩的设防水位（黄海高程），见表 2.7-2。

表 2.7-2　　　　　　　黄河下游开封市堤段（右岸）设计水位表

堤　　别	堤防桩号（右岸）	2000 年水平设防水位/m
临黄堤	128+000	75.74
	129+000	75.60
	130+000	75.46
	131+000	75.33
	132+000	75.20
	133+000	75.08
	134+000	74.95

2.8 三义寨引黄闸设计水位

2.8.1 设计水平年

根据《黄河下游标准化堤防工程规划设计与管理标准（试行）》（黄建管〔2009〕53号），黄河下游水闸工程（包括新建和改建）防洪标准：以防御花园口站22000m³/s的洪水为设计防洪标准，设计洪水位加1m为校核防洪标准。

工程建成后第30年作为设计水平年。三义寨引黄闸计划2013年建成，设计水平年以工程建成后的第30年作为设计水平年，即2043年为设计水平年。

2.8.2 设计和校核防洪水位

（1）设计防洪水位的起算水位。小浪底水库投入运用以来，水库拦沙和调水调沙运用，黄河下游河道呈现冲刷态势。根据《黄河下游标准化堤防工程规划设计与管理标准（试行）》，设计防洪水位以小浪底水库运用后，黄河下游河道淤积恢复到2000年状态的设防水位作为起算水位。根据黄委会关于印发《黄河下游病险水闸除险加固工程设计水位推算结果》的通知（黄规计〔2011〕148号），小浪底水库运用后下游河道2020年左右冲刷达到最大，2028年左右淤积恢复到2000年状态，即以2028年设防水位作为起算水位。

三义寨引黄闸位于夹河滩水文站与石头庄水位站之间，因此，三义寨引黄闸的设计防洪水位的起算水位可以根据夹河滩、石头庄站的水位按照距离内插求出。夹河滩和石头庄断面2000年水平设防水位分别为78.35m、69.41m，插值计算得三义寨引黄闸处设防水位为75.77m，作为起算水位。

（2）设计防洪水位。根据黄河水利委员会关于印发《黄河下游病险水闸除险加固工程设计水位推算结果》的通知（黄规计〔2011〕148号），黄河下游河道2028年左右淤积恢复到2000年状态后，花园口—高村河段年平均淤积抬升速率为0.062m/年。2028～2043年该河段共淤积抬升0.93m，计算得三义寨引黄闸2043年防洪水位为76.70m。

（3）校核防洪水位。校核防洪水位：$H_{校核} = H_{设防} + \Delta h = 76.70 + 1.00 = 77.70（m）$。

2.8.3 设计引水位

（1）设计引水相应大河流量。设计引水相应大河流量，应遵循上、下游统筹兼顾的原则，按表2.8-1采用。夹河滩和高村站设计引水相应大河流量分别为500m³/s和450m³/s，三义寨引黄闸取水口位于夹河滩（二）水文站（迁站之前）下游仅约4km，距高村水文站较远，因此，引黄闸处设计引水相应大河流量采用夹河滩站流量，即为500m³/s。

表2.8-1　　　　　　　　　　　设计引水相应大河流量表

控制站	花园口	夹河滩	高村	孙口	艾山	泺口	利津
流量/(m³/s)	600	500	450	400	350	200	100

（2）设计引水位。设计引水相应大河流量的水位即为设计引水水位，设计引水水位采用工程修建时前三年平均值。

根据夹河滩、高村站实测流量成果，点绘2009～2011年夹河滩、高村水文断面处水位流量关系，见图2.8-1和图2.8-2。

设计引水位推算采用以下两种方法。

图 2.8-1 夹河滩水文站水位流量关系图

图 2.8-2 高村水文站水位流量关系图

方法一：利用夹河滩 2009~2011 年实测水位流量关系曲线，查出大河流量 500m³/s 时，相应的水位平均值 $\overline{h}_{夹河滩}$＝73.76m，夹河滩至三义寨河段大河比降取 0.163‰，推算至三义寨引黄闸引水口处大河的水位为 71.17m，换算为黄海为 69.96m。

方法二：由 2009~2011 年夹河滩、高村水文站断面处水位流量关系曲线，分别求出当大河流量500m³/s相应的水位平均值$\overline{h}_{夹河滩}=73.89$m、$\overline{h}_{高村}=59.72$m，进而利用直线内插求得三义寨引黄闸引水口处大河的设计引水位71.19m，换算为黄海为69.98m。

两种方法计算结果差别不大，另外，根据三义寨引黄闸附近三义寨断面（闸上游500m）和丁圪垱断面（闸下游500m）2011年4月16日实测大断面测量时的水边点高程70.31m和69.61m，推算三义寨引黄闸处约为70.09m，相应夹河滩水文站日均流量为640m³/s，闸前水位与以上两种方法计算差别不大。

综合以上分析，从引水安全出发，选取三义寨引黄闸引水口处大河流量500m³/s时相应水位69.96m，作为三义寨引黄闸的设计引水位。

2.8.4　引水能力复核水位

小浪底水库运用以来，通过水库拦沙和调水调沙使黄河下游主槽发生持续的冲刷下切，同流量水位明显下降，因此，引水闸底板高程设计时，还应充分考虑水库对下游河槽继续冲刷下切的影响。根据《小浪底水库拦沙后期防洪减淤运用方式研究技术报告》中推荐方案计算成果，从2008年起，黄河下游主槽累计最大冲刷量为7.69亿t，其中花园口至高村冲刷3.14亿t。

考虑到2008～2011年花园口—高村河段实际已冲刷1.75亿t，因此在2011年现状基础上，花园口—高村河段还可以冲刷1.39亿t，根据主河槽面积，求得相应河槽平均降低约0.4m，则相应大河500m³/s流量时的三义寨引黄闸前最低水位为69.56m。

2.8.5　最高运用水位

根据黄河下游河道河势变化分析，当河道洪水流量达5000m³/s时，开闸引水可能引起河道主流变化，将大溜拉至引水口附近，造成大溜顶冲工程的危险局面，因此，在黄河流量达到5000m³/s以上时，不宜开闸引水。

黄河防总颁布的2000年黄河下游各控制站断面水位—流量关系成果，夹河滩和石头庄断面2000年5000m³/s流量相应水位分别为76.69m、67.94m，插值计算得三义寨引黄闸前水位74.16m，2028～2043年河床淤积抬升0.93m，分析得出，设计水平年（2043年）三义寨引水闸前5000m³/s水位抬升至75.09m，以此作为三义寨引黄闸最高运用水位。

3 三义寨引黄闸工程地质勘察研究

　　该次地质勘察的任务主要是查明三义寨引黄闸改建工程的工程地质、水文地质条件，并对其存在的工程地质问题进行分析评价；为工程的施工设计和建设提供所需的地质资料。

　　勘察依据的主要规程、规范如下：

　　(1)《中小型水利水电工程地质勘察规范》(SL 55—2005)。

　　(2)《堤防工程地质勘察规程》(SL 188—2005)。

　　(3)《水利水电工程地质勘察规范》(GB 50287—99)。

　　(4)《水利水电工程地质测绘规程》(SL 299—2004)。

　　(5)《水利水电工程钻探规程》(SL 291—2003)。

　　(6)《土工试验规程》(SL 237—1999)。

　　该阶段地质勘察工作外业从 2007 年 9 月 1 日开始，于 2007 年 10 月 1 日结束。内业至 2007 年 10 月 8 日结束。三义寨引黄闸场址工程地质勘察主要工作量见表 3.0-1。

表 3.0-1　　　　　　　三义寨引黄闸场址工程地质勘察主要工作量表

工 作 类 别	工 作 项 目	单 位	工 作 量
地质测绘	1∶10000	km²	0.5
	1∶1000	km²	0.2
	1∶500 实测剖面	km	0.5
	1∶1000 实测剖面	km	2.2
勘探	钻孔	m/孔	190/6
	竖井	m/个	40/13
	洛阳铲	m/个	45/18
	坑槽探	m³	1100
	扰动样/不扰动样	组	42/32
原位测试	标准贯入	次	24
室内试验	颗分	组	71
	含水率	组	32
	比重	组	41
	密度	组	32
	界限含水率	组	40
	击实试验	组	9

工 作 类 别	工 作 项 目	单 位	工 作 量
室内试验	直剪（饱和快剪）	组	25
	三轴	组	3
	固结	组	35
	渗透	组	32
	水质简分析	组	3

3.1　工程区基本地质条件

3.1.1　地形地貌

工程区地处黄河下游冲积扇平原区，地形平缓开阔。黄河大堤在渠首闸段内，堤顶高程 80.00～81.50m，背河滩面高程 68.80～77.20m。工程区内分布有树林、村庄、耕地。

3.1.2　地层岩性

本次勘探钻孔揭露深度，堤身约 35m，新建闸基位置约 30m，除堤身土为人工堆积（Q_4^s）外，全部为全新统冲积层（Q_4^{al}），自堤顶而下共分为 5 大层，现分述如下：

①层堤身土（Q_4^s）：为人工填土，以褐黄色壤土为主，较干燥，可塑。局部为黄色砂壤土。其中在钻孔 ZK02 揭露深度在 8.3～11.5m 之间含大量砾石，砾径为 5～10cm，局部可达 15cm，磨圆度差，分选性差，砾石主要为灰岩。据当地了解的情况，钻孔 ZK02 处原为一码头。该层厚 2.0～8.2m，层底高程约 72.00m。

②层壤土（Q_4^{al}）：灰褐色，稍湿，可塑。层厚 1.8～4.0m，层底高程 66.50～69.80m，该层分布较稳定，在钻孔 ZK03 未揭露。

③层黏土（Q_4^{al}）：灰褐色，饱和，硬塑，局部有细砂、壤土透镜体夹层。层厚 0.6～3.8m，层底高程 64.00～69.00m。

④层砂壤土（Q_4^{al}）：灰褐色，饱和，稍密。层厚 1.8～3.8m，层底高程 61.50～64.00m，该层分布稳定。

⑤层细砂（Q_4^{al}）：以细砂、极细砂为主，褐黄色，饱和，稍密—中密。局部有粘土、壤土、砂壤土透镜体状夹层。勘探深度内未揭穿，最大揭露厚度为 18m。

3.1.3　区域地质构造与地震

工程区位于华北断块区的华北平原断块拗陷亚区，为新华夏系第二沉降带的一部分，受新华夏的北北东向和北西向构造及纬向构造等的控制，区内无深大断裂通过，断层活动性较弱。地震分区属华北地震区的许昌—淮南地震带，地震活动具有强度较弱，频度较低的特点。根据《中国地震动参数区划图》（GB 18306—2001），工程区的地震动反应谱特征周期为 0.40s，动峰值加速度为 0.10g，地震基本烈度为 7 度。

3.1.4　水文地质条件

与工程相关的地下水主要为第四纪松散岩类孔隙水，为孔隙潜水和黏性土含水带，分布于河床、漫滩。本次勘察区地下水位 69.30～69.80m。

据现场所取的2组地下水样和1组地表水样分析结果，地下水化学类型主要为Cl—HCO$_3$—Na型水，地表水化学类型主要为Cl—Na型水。根据《水利水电工程地质勘察规范》（GB50287—99），环境水对混凝土的腐蚀性评价，工程区地表水、地下水对混凝土不存在分解类、分解结晶复合类、结晶类腐蚀。

3.1.5 土的物理力学性质

场区地层主要由壤土、砂壤土、黏土、砂等组成。为查明各土层的物理力学性质，进行了原位测试、现场试验和室内试验，并对试验数据按岩性特征进行了分层统计。

各层土的主要物理力学性质概述如下。

①层壤土。黏粒含量11.0%～17.9%，平均13.3%；干密度1.44～1.59g/cm^3，平均1.50g/cm^3；液性指数0.30～0.75，平均0.56，属硬塑—可塑状态；压缩系数0.12～0.58，平均0.30，属中等—高压缩性；孔隙率41.17%～46.68%，平均44.47%；渗透系数在6.94×10^{-6}～3.91×10^{-5}cm/s之间，平均2.50×10^{-5}cm/s，属弱透水。

②层壤土。只有一组样品进行了试验。黏粒含量10.5%；干密度1.65g/cm^3；液性指数0.53，属可塑状态；孔隙率38.9%；渗透系数为2.12×10^{-5}cm/s（1组）属弱透水。

③层黏土。黏粒含量43.2%～60.9%，平均51.2%；干密度1.29～1.43g/cm^3，平均1.37g/cm^3；液性指数0.19～0.48，平均0.29，属硬塑—可塑状态；压缩系数0.30～0.65，平均0.53，属中等—高压缩性；孔隙率47.98%～52.96%，平均50.17%；渗透系数在6.52×10^{-7}～6.23×10^{-6}cm/s之间，平均2.35×10^{-6}cm/s，属弱—微透水。

④层砂壤土。黏粒含量5.7%～9.8%，平均8.4%；干密度1.50～1.64g/cm^3，平均1.59g/cm^3；压缩系数0.09～0.12，平均0.10，属低—中等压缩性；孔隙率37.12%～44.41%，平均41.00%；渗透系数在1.39×10^{-5}～3.68×10^{-5}cm/s之间，平均2.36×10^{-5}cm/s，属弱透水。

⑤层细砂。黏粒含量3.0%～10.5%，平均6.7%；干密度1.61～1.90g/cm^3，平均1.71g/cm^3；标准贯入击数8～25，平均17，稍密—中密状态；压缩系数0.05～0.23，平均0.10，属低—中等压缩性；孔隙率29.37%～44.08%，平均36.38%；渗透系数在1.04×10^{-5}～8.74×10^{-5}cm/s之间，平均3.22×10^{-5}cm/s，属弱透水。

⑤—L壤土。黏粒含量16.9%～21.0%，平均19.4%；干密度1.69～1.80g/cm^3，平均1.73g/cm^3；液性指数0.20～0.37，属硬塑状态；压缩系数0.18～0.23，平均0.20，属中等压缩性；孔隙率33.5%～37.5%，平均36.2%。

3.2 工程地质评价

3.2.1 地震液化

工程区地震动峰值加速度为0.10g，相应的地震基本烈度为Ⅶ度，区内广泛分布有松散饱和的壤土、砂壤土及砂层，因此饱和砂土地基的震动液化问题将成为影响工程的主要地质问题之一。三义寨引黄闸改建工程场区土的主要物理力学指标建议值见表3.2-1。

依据《水利水电工程地质勘察规范》（GB 50287—99）对场地土进行地震液化可能性判别。场区地震液化判别结果见表3.2-2。

表 3.2-1

三义寨引黄闸改建工程场区土的主要物理力学指标建议表

地层成因	土层 层号	岩性 名称	天然状态下的物理指标									渗透系数 K_{20} /(cm/s)	压缩系数 a_{v1-2} /MPa^{-1}	压缩模量 E_{s1-2} /MPa	饱和快剪	
			含水量 W/%	湿密度 ρ /(g/cm³)	干密度 ρ_d /(g/cm³)	孔隙比 e	液性指数 I_L	土粒比重 G_s	液限 w_L /%	塑限 w_P /%	塑性指数 I_P				凝聚力 c /kPa	内摩擦角 φ (°)
Q_4^s	①	壤土	23.18	1.85	1.50	0.803	0.56	2.71	30.8	19.3	11.5	5.0×10^{-5}	0.30	8.2	20	18
Q_4^{al}	②	壤土	23.6	2.04	1.50	0.703	0.53	2.70	28.4	18.1	10.3	2.5×10^{-5}	0.25	8.5	10	19
Q_4^{al}	③	黏土	34.1	1.84	1.37	1.000	0.42	2.74	52.1	27.1	24.9	2.0×10^{-6}	0.52	4.1	25	7
Q_4^{al}	③-Sx	细砂	17.8	2.12	1.60	0.600		2.69				4.2×10^{-3}	0.12	10.0	0	26
Q_4^{al}	③-L	壤土	24.1	1.91	1.54	0.767	0.43	2.72	36.5	22.9	13.6	2.0×10^{-5}	0.23	7.5	21	18
Q_4^{al}	④	砂壤土	22.6	1.96	1.56	0.735	0.68	2.70	26.3	17.2	9.1	2.0×10^{-4}	0.24	8.0	16	22
Q_4^{al}	⑤	细砂	19.3	2.04	1.65	0.612	0.35	2.69				3.2×10^{-3}	0.14	12.0	0	28
Q_4^{al}	⑤-L	壤土	22.2	2.09	1.58	0.650	0.35	2.71	33.9	21.7	12.2	3.5×10^{-5}	0.18	9.1	21	18
Q_4^{al}	⑤-SL	砂壤土	28.6	1.89	1.47	0.837	0.69	2.70	32.1	20.7	11.4	3.0×10^{-4}	0.21	8.7	17	21
Q_4^{al}	⑤-Cl	黏土	25.7	1.97	1.57	0.729	0.43	2.71	33.1	20.1	13.0	6.8×10^{-6}	0.33	5.2	24	12

表 3.2-2　　　　　　　　　　　　　场区地震液化判别结果表

层号	钻孔编号	标贯点埋深（m）	黏粒含量	岩性	$N'_{63.5}$	$N_{63.5}$	N_{cr}	判定结果
①	ZK02	2.5	7.3	砂壤土	13	5.4	4.4	不液化
	ZK02	5.0	6.6	砂壤土	16	8.9	5.7	不液化
	ZK02	7.5	4.7	砂壤土	18	18	7.9	不液化
②	ZK06	5.0	17.8	壤土				不液化
	ZK06	10.0	12.2	壤土	13	6.4	5.7	不液化
	ZK06	12.5	11.5	壤土	14	14	6.6	不液化
③	ZK06	15.0	35.3	黏土				不液化
④	ZK02	11.5	5.4	砂壤土	15	15	9.2	不液化
⑤	ZK02	14.0	5.4	细砂	8	8	10.3	液化
	ZK02	16.5	4.6	细砂	11	11	3.6	不液化
	ZK02	19.0	5.1	细砂	14	14	2.3	不液化
	ZK06	17.5	6.7	细砂	15	15	2.6	不液化

从表 3.2-2 中可以看出，该次勘察场区有可能发生液化的土层主要有第⑤层的砂层。

依据《建筑抗震设计规范》（GB 50011—2001）对存在液化土层的地基，按下式计算每个连续标贯试验钻孔的液化指数，并综合划分地基的液化等级：

$$I_{lE} = \sum_{i=1}^{n} \left(1 - \frac{N_i}{N_{cri}}\right) d_i W_i$$

式中　I_{lE}——液化指数；

N_i、N_{cri}——i 点标准贯入锤击数的实测值和临界值，i 的取值范围为 1～n，n 为判别深度范围内每一个钻孔标准贯入试验点的总数；

d_i——i 点所代表的土层厚度，m；

W_i——i 点土层单位土层厚度的层位影响权函数值，m^{-1}。

液化等级判别见表 3.2-3。

表 3.2-3　　　　　　　　　　　　　液 化 等 级 判 别 表

液 化 等 级	轻 微	中 等	严 重
判别深度为 15m 的液化指数	$0 < I_{lE} \leqslant 5$	$5 < I_{lE} \leqslant 15$	$I_{lE} > 15$
判别深度为 20m 的液化指数	$0 < I_{lE} \leqslant 6$	$6 < I_{lE} \leqslant 18$	$I_{lE} > 18$

从表 3.2-3 可看出，根据液化等级的综合划分可以看出，场区地基土共进行 2 个连续标贯孔，其中 ZK02 液化等级为轻微，ZK06 不存在液化土层。

3.2.2　渗透稳定性评价

工程区的地基涉及的土层为①～⑤层的壤土、黏土、砂壤土和砂，其中粉细砂层不均匀系数 C_u 在 7.8～12.5 之间，曲率系数 C_c 在 1～3 之间。根据《堤防工程地质勘察规程》

（SL 188—2005）附录 D 中"关于土的渗透变形判别"，判别如下：

（1）工程区地基涉及到的砂壤土、壤土、黏土为细粒土，若发生渗透变形，其类型为流土型。

（2）不均匀系数 $C_u > 5$ 的粗粒土（细砂）采用计算判别结果见表 3.2 - 4。

表 3.2 - 4 　　　　　　　　**不均匀系数大于 5 的连续级配粗粒土渗透变形判别表**

层号	岩性	d_{70} /mm	d_{10} /mm	d_f /mm	P_c /%	n	$\frac{1}{4(1-n)} \times 100$	判别结果
⑤	细砂	0.1716	0.0391	0.0819	29.4	0.36	39.1	管涌

（3）临界水力比降的确定。根据《堤防工程地质勘察规程》（SL 188—2005）附录 D 中"关于土的渗透变形判别"，采用以下公式确定临界水力比降：

流土型
$$J_{cr} = (G_s - 1)(1 - n)$$

管涌型
$$J_{cr} = 2.2(G_s - 1)(1 - n)2\frac{d_5}{d_{20}}$$

根据上式计算，各土层允许水力坡降值及建议值见表 3.2 - 5。根据《水利水电工程地质勘察规范》（GB 50287—99）中的要求，流土破坏是土体整体破坏，对水工建筑物的危害较大，安全系数取 2.5；管涌比降是土粒在孔隙中开始移动并被带走时的水力比降，一般情况下土体在此水力比降下还有一定的承受水力比降的潜力，取 1.5 的安全系数。

表 3.2 - 5 　　　　　　　　**场区土层允许水力坡降值及建议值表**

层号	岩性	土粒比重 G_s	孔隙率 n/%	d_5 /mm	d_{20} /mm	破坏形式	临界坡降	允许坡降	建议值
①	壤土	2.71	44.47			流土	0.96	0.38	0.35～0.40
②	壤土	2.70	38.9			流土	1.04	0.42	0.35～0.40
③	黏土	2.74	50.17			流土	0.87	0.35	0.35～0.45
④	砂壤土	2.70	41.00			流土	1.00	0.45	0.30～0.35
⑤	细砂	2.69	36.38	0.0115	0.0654	管涌	0.28	0.19	0.15～0.25

注 　d_5 为小于 5% 的相对粒径；d_{20} 为小于 20% 的相对粒径。

3.2.3 地基适宜性评价

（1）闸基承载力。地基承载力标准值采用物理力学指标法、标准贯入试验法综合确定。通过两种方法得出的承载力标准值，经综合分析类比，给出各层土的承载力标准值见表 3.2 - 6。

表 3.2 - 6 　　　　　　　　**闸 基 承 载 力 标 准 值**

地 层	岩 性	物理力学指标法 f_k /kPa	标贯法 f_k /kPa	建议值 f_k /kPa
①	壤土	140		130
②	壤土	130		120

地 层	岩 性	物理力学指标法 f_k /kPa	标贯法 f_k /kPa	建议值 f_k /kPa
③	黏土	90		85
④	砂壤土	140		130
⑤	细砂	220	200	180

（2）抗滑稳定。闸基土上部分布有壤土、黏土、砂壤土，抗剪强度低。因此，闸基土存在滑动破坏的可能，设计时应进行闸基抗滑稳定计算分析，闸基土的 c、φ 建议值见表 3.2-1。

（3）沉降变形。新建闸门地基土上部主要以壤土、黏土为主，局部夹细砂透镜体。由于下伏③层黏土厚度 0.6～3.8m，层底高程 64.00～69.00m，分布不均匀，且其干密度 1.29～1.43g/cm³，压缩系数 0.3～0.65，工程地质特性较差。综合分析，地基土存在产生不均匀沉陷的可能，进而危及闸门安全，应采取适当的工程处理措施。

（4）基础方案建议。综合以上分析，结合工程设计方案，由于下伏③层黏土分布不均匀，且其干密度 1.29～1.43g/cm³，工程地质特性较差，闸基采用天然地基将存在抗滑稳定、不均匀沉陷等工程地质问题，建议采用复合地基，以碎石桩或混凝土搅拌桩等工程措施对地基持力层进行加固。

3.2.4 基坑排水

由于地下水埋深较浅，一般为3m左右，地下水位以下为砂壤土、壤土、黏土、砂层，属弱—强透水层。地基开挖时，为保证基础施工安全，保持边坡稳定，可采用放坡开挖，为避免产生流砂（土）、土体坍塌，应进行基坑排水。

3.3 天然建筑材料

三义寨引黄闸改建工程共需土料有：闸及连接大堤填筑料 9.62 万 m³，新堤填筑及其他土方填筑 22.18 万 m³。根据开封市局的工作安排，料场选在蔡楼村西北部春堤与人民跃进渠之间的耕地上。

3.3.1 料场概况

三义寨引黄闸改建工程土料场位于蔡楼村西北部春堤与人民跃进渠之间的耕地上，临近春堤，运距为 5.5～6.0km。料场地势较为平坦，现均为耕地。地面高程 73.10～73.70m 左右。

料场为新近黄河冲积堆积物（Q_4^{al}），料场勘探深度范围内（1.5m）的地层岩性简单，表层 0.1～0.5m 多为砂壤土，局部夹少量粉砂，其下为浅黄、浅棕红色壤土，稍湿—湿，可塑状，层厚大于 1.5m。

3.3.2 土料物理力学性质

根据现场勘探，料场岩性较为简单，且分布连续、厚度变化不大。同时对料场进行分层取样或混合取样，其中混合击实后的最优含水率 14.5%～17.2%，平均 16.0%；最大干密度 1.64～1.71g/cm³，平均 1.67g/cm³。壤土试验数据 2 组，黏粒含量 15.6%～

13.0%，平均 14.3%；砂壤土和粉砂透镜体试验数据各 1 组，黏粒含量分别为 4.2%、3.2%。

3.3.3 土料质量评价

依据《水利水电工程天然建筑材料勘察规程》（SL 251—2000）中有关筑坝土料质量要求，对 1 号料场的混合土样质量进行综合评价见表 3.3-1，由表 3.3-1 可知，该料场土料的黏粒含量（除砂壤土和粉砂外）、塑性指数可以满足规范要求。壤土的天然含水率偏大，因此在使用时要对土料进行适当的晾晒或洒水，使其含水率达到或接近最优含水率；同时对分布较大砂层透镜体应剔除。

表 3.3-1　　　　　三义寨引黄闸改建工程土料场综合质量评价表

项　　目	试　验　结　果			规程要求（筑坝）	质量评价
	最大值	最小值	平均值		
黏粒含量/%	18.5	3.6	11.4	10～30	符合规程要求
塑性指数 I_P	12.7	8.4	10.3	7～17	符合规程要求
渗透系数/(cm/s)	9.16×10^{-5}	3.64×10^{-6}	2.75×10^{-5}	$<1 \times 10^{-4}$	符合规程要求
制样含水量/%	17.2	14.5	16.0	与最优含水量接近	符合规程要求

3.3.4 储量计算

根据黄河下游一般开采复耕方法，开采深度不易过深，料场的表层 0.2m 作耕土，为非有用层，开采深度按 1.3m，平均有效开采厚度 1.0m，料场面积为 $47.0 \times 10^4 m^2$。按平均厚度法进行储量计算，用平行断面法进行校核，则有效储量约为 50 万 m^3（料场的开采范围还可以向东西两侧扩展），是设计储量的 2 倍，可以满足储量要求。

3.4　结论与建议

（1）工程区属华北平原地震区，据 1/400 万《中国地震动参数区划图》（GB 18306—2001），该区地震动峰值加速度为 0.10g，地震动反应谱特征周期为 0.40s，相应的地震基本烈度为Ⅶ度。

（2）工程区位于黄河冲积平原上，区内地表为第四纪松散堆积物所覆盖，本次勘察工作所揭露的地层主要为全新统冲积层，岩性主要为壤土、砂壤土、黏土和砂层。根据工程地质特性，将区内所揭露地层分为 5 层：由①层壤土；②层壤土；③层黏土；④层砂壤土；⑤层砂层组成。

（3）工程区地下水类型主要为第四系松散岩类孔隙水，赋存于河滩地的壤土、砂壤土、砂层中。地下水化学类型主要为 $Cl-HCO_3-Na$ 型水，地表水化学类型主要为 $Cl-Na$ 型水。工程区环境水对混凝土不存在分解类、分解结晶复合类、结晶类腐蚀。

（4）闸基土地层中的⑤层砂层存在地震液化的可能，液化等级评价为轻微液化地层。地基土存在渗透变形稳定问题，①层壤土的允许水力坡降为 0.35～0.50；②层壤土的允许水力坡降为 0.40～0.55；③层黏土的允许水力坡降为 0.40～0.55；④层砂壤土的允许水力坡降为 0.40～0.50；⑤层砂层的允许水力坡降为 0.15～0.25。

（5）闸基土上部分布有壤土、黏土、砂壤土，抗剪强度低，下伏③层黏土分布不均匀，工程地质特性较差，闸基土存在滑动破坏的可能；同时地基存在不均匀沉陷问题，应采取适当的工程处理措施；建议采用复合地基，以碎石桩或混凝土搅拌桩等工程措施对地基持力层进行加固。

（6）由于地下水埋深较浅，一般在 3.0m 左右，地下水位以下为砂壤土、壤土、黏土、砂层，属弱—强透水层。地基开挖时，为保证基础施工安全，保持边坡稳定，可采用放坡开挖，为避免产生流砂（土）、图体坍塌，应进行基坑排水。

（7）通过对三义寨引黄闸改建工程土料场的勘察、评价，料场储量和质量满足规范要求。

4 三义寨引黄闸工程任务和规模

4.1 工程建设的必要性

4.1.1 工程区自然环境状况

兰考黄河大堤位于黄河下游上端，大堤于古城开封市北侧穿行而过，上端与开封县堤防相接，下端与山东东明县堤防相连。该段堤防始建于金大定六年（1166 年），经历代河道的变迁、冲决堵筑不断修建而成。大堤起止公里桩号分别为 126＋640 和 156＋050。

兰考县属暖温带、半湿润大陆性季风气候。年平均气温为 14.1℃，最冷月为 1 月，月平均气温为－0.3℃，最热月为 7 月，月平均气温 27.0℃。年平均降水量 619.3mm，6～8 月降水量占全年降水量的 57.8％。多年平均蒸发量 1937mm，平均相对湿度为 68％。该区冬季寒冷干燥，春冬干旱多风沙，秋季天高气爽，夏季高温多雨。雨热同季的气候，不仅适宜小麦和水稻等农作物生长，而且对花生、西瓜等经济作物的栽培也极为有利。

4.1.2 洪水灾害情况分析

黄河下游是举世闻名的"地上悬河"，洪水灾害历来为世人所瞩目，历史上被称为中国之忧患。由于黄河下游河道高悬于两岸平原之上，洪水含沙量大，黄河一旦决堤，洪水泥沙俱下，对生态、环境将造成毁灭性的灾害。根据历史洪水灾害情况分析，黄河决堤后水冲沙压，田庐人畜荡然无存者屡见不鲜，泥沙将造成河流淤塞、良田沙化、灌排系统将受到严重破坏，更为严重的是这些影响都不能够在短期内能够恢复的，水沙破坏对自然环境和农业生态的破坏影响将长期存在。

黄河兰考堤防土质复杂、接头多、不密实，存在裂缝、漏洞等问题，堤身质量差。该段堤防历史决口口门有南北庄、四明堂等。近十几年来，该段河道泥沙不断淤积，河床抬高，中小洪水水位偏高，如 1996 年 8 月花园口站发生洪峰流量 7600m³/s 的洪水，开封兰考河段水位表现为水位高、洪水行进慢，给滩区人民的生命财产带来严重危害，对黄河大堤安全构成了很大威胁。

4.1.3 工程现状及存在的主要问题

4.1.3.1 三义寨引黄闸

（1）工程现状。三义寨引黄闸位于开封市兰考县境内，黄河右岸大堤相应大堤桩号 130＋000，原设计正常引水流量为 520m³/s，设计效益为灌溉豫东、鲁西南的开封、商丘、菏泽 2 省 3 市 20 个县农田 1980 亩，放淤改造盐碱沙荒地 15.6 万亩。

三义寨引黄闸为大型开敞式水闸，属一级建筑物。结构型式为钢筋混凝土结构，共分 3 联 6 孔，每 2 孔为 1 联。每孔宽 12m，闸总宽 84.6m。闸墩高 10.5m，最高处 12.8m。闸底板长 21.5m，上游引水渠长 152m，闸前防冲槽长 11m，其后设有 59.5m 防渗黏土铺盖，下游消力池长 16m，浆砌块石海漫长 40m，干砌块石海漫长 35m，防冲槽长 15m，渐变渠长 60m。闸门上游喇叭口左岸为沉排即块石护坡工程，右岸为铅丝石笼护脚及块石护坡工程。墩顶设有装配式闸前修理桥，闸上工作桥，闸后有汽 13t 交通桥，桥两边有 1m 宽的人行道及安全栏杆。该闸闸基土质为极细沙，最大粒径约 0.3mm。考虑闸基砂层震动液化问题，在闸底板下周围打有总长度达 235.1m 的进口钢板桩。开挖基坑时用井点排水，为增加渗径，在铺盖前端和消力池后端加打木板桩。

三义寨引黄闸始建于 1958 年，是大跃进时代的产物，整个工程采取了边勘测边设计边施工的方式，工程质量较差。由于在运用过程中，闸身强烈震动，导致闸墩、闸底板、机架桥大梁裂缝，特别是闸底板严重裂缝，遂于 1974 年和 1990 年进行了两次改建。第一次改建主要是改中联 2 孔弧形钢闸门为四孔平板钢闸门，闸门宽 4.8m，高 4.5m，两边联闸底板加高 2.5m，中联闸底板加高 2m，设计流量 300m³/s；第二次改建主要是保留中联 4 孔平板钢闸门，拆除边联四孔弧形闸门，在原叠梁闸门槽处修建钢筋混凝土挡水墙。两次改建后的设计流量 141m³/s，担负着开封、商丘两市十县的农业用水任务。

（2）存在的主要问题。三义寨引黄闸虽然经过两次改建加固，但根本问题没能得到彻底解决，工程仍存在着许多问题，将直接威胁着闸门的安全和稳定，闸墩、闸底板、机架桥大梁严重裂缝。钢闸门板锈蚀、漏水，没有导向装置和行走轮不转动等问题将会造成闸的抗洪能力降低；闸前、后渠道的严重淤积，导致引水效益下降；闸的运行能力、防洪能力的降低，对该闸今后的防汛也产生一定的威胁。

开封市黄河河务局于 2003 年完成了《三义寨引黄闸工程现状调查分析报告》，并委托河南黄河勘测设计研究院、黄河水利委员会基本建设工程质量检测中心分别对该闸进行了复核计算分析和现场安全检测，完成了《三义寨引黄闸复核计算分析报告》和《三义寨引黄闸现场安全检测报告》。2004 年 1 月在开封市召开了河南开封三义寨引黄闸工程安全鉴定会。与会专家听取了开封市河务局、黄河水利委员会基本建设工程质量检测中心、河南黄河勘测设计研究院的汇报，对各单位提供的有关报告文件，依据《水闸安全鉴定规定》（SL 214—98）以及《黄河下游水闸安全鉴定规定》（黄建管〔2002〕9 号）逐一进行了审查，一致认为成果真实可靠，深度基本满足规范要求，形成鉴定意见如下：

1）经复核计算分析，该闸在不同荷载组合情况下，闸室平均基底应力在 151.3～173.7kN/m² 之间，大于地基允许允许承载力 125kN/m²；最大基底应力在 186.9～213.7kN/m² 之间，大于地基允许承载力的 1.2 倍；不满足《水闸设计规范》（SL265－2001）规定的要求。

闸室的基底应力最大值之比在 2.07～2.40 之间，大于规范规定的允许值 1.5～2.0，不满足要求。计算分析的结果与该闸闸墩、启闭机房等多处裂缝情况相吻合。

2）经复核计算分析，该闸闸室的抗滑稳定、抗浮稳定在各种荷载组合情况下均满足规范要求。

3）三义寨引黄闸上游铺盖、下游消力池、海漫存在多处贯穿性裂缝，消力池、海漫存在多处孔洞，漏水严重，部分裂缝、孔洞还喷水带沙，结构整体性破坏严重。

边联混凝土挡水墙及左右岸连接建筑物均有不同程度的破坏，不满足现行有关规范的规定。

4）经复核计算，该闸引水规模为 86.34m³/s，已满足不了设计 141m³/s 的要求。

5）闸墩表面均有麻面、局部混凝土脱落现象；除两边墩和两次改建时中联加的两中墩外，其余闸墩均有严重的贯穿性裂缝。中联四孔闸底板冲刷受损严重，部分表层混凝土脱落；闸底板裂缝继续发展，2003 年 12 月清淤检查时又发现 3 条新裂缝。胸墙混凝土碳化严重，有 41.4% 的钢筋已失去混凝土的碱性保护作用，处于易锈蚀状态；两边联胸墙各有一条横向裂缝，最大缝宽 2.5mm。闸室混凝土老化破坏严重，结构受损，已不能正常运行。

6）闸门门体及门槽埋件锈蚀严重，结构受损；闸门支撑、导向结构失效，已不能正常挡水和启闭。

混凝土叠梁闸门老化，钢筋锈蚀，起吊绞车多处损坏，已无法使用。

启闭机已运行 27 年，属于老型号产品，已超过其折旧年限。

7）三义寨引黄闸闸上交通桥原设计标准为汽 13t、挂 60t。经过检查发现两边拱波上均有贯穿性裂缝，最大缝宽 2.0mm，且有白色钙质析出物；两端引桥产生断裂错位，已不能正常使用。

机架桥桥梁初期运用产生裂缝，运行过程中裂缝继续发展，已不能正常使用。

根据三义寨引黄闸现状调查分析、现场检测成果分析及复核稳定计算成果分析，认为三义寨引黄闸运用指标无法达到设计标准，存在严重的安全问题，不能满足正常使用要求，评定为四类闸。

2004 年 4 月黄河水利委员会以黄建管〔2004〕9 号文对三义寨引黄闸进行了批复：三义寨引黄渠首闸位于国务院明确的黄河重点固守堤段，承担着黄河大洪水的压力，其安全运用与否，事关黄河防洪安全大局，鉴于三义寨引黄闸为四类闸，按照水利部《水闸安全鉴定规定》，同意报废重建。

4.1.3.2　渠堤

三义寨渠堤堤顶宽度 10～12m，高度 5～7m，相应大堤桩号 129＋300～130＋831，堤防全长 3500m。随着河床的抬高，该段防洪能力明显下降，后多次修补抬高，目前，该段工程仍在运行，但在防洪作用上已不能达到应有的防洪标准。目前存在问题：堤防横断面不足，堤身土方残缺；堤防边坡过陡，土方流失严重；兰杞干渠严重侵占堤脚。该段是兰考堤段唯一没有淤背加固的堤段。

4.1.4　工程建设的必要性

4.1.4.1　防洪安全的要求

开封兰考段位于黄河下游上首，该河段河道宽浅，溜势散乱，滩岸变化复杂，是典型的游荡型河道，由于近几年水量偏枯，河槽淤积严重，槽高、滩低、堤根洼的现象进一步加剧，极易造成险情。小浪底水库建成后，下游仍可能发生大洪水；下游河势变化仍然较大，中常洪水还有可能冲决和溃决大堤。该段堤防一旦决口，洪水泛滥范围及淹没影响面积均较大。三义寨引黄闸位于兰考堤段，该堤段决溢可能影响范围 1.33 万 km²，洪泛区边界范围为北界洙赵新河；南界东鱼河，流入南四湖。据初步估算，如果在兰考附近发生决口泛滥，直接经济损失将达到 214 亿元。除直接经济损失外，黄河洪灾还会造成十分严重的后果，铁路、公路及生产生活设施，引黄灌排渠系都将遭受毁灭性破坏，造成群众大量伤亡，泥沙淤塞河渠，良田沙化等，对社会经济发展和环境改善将造成长期的不利影响。

4.1.4.2 新三义寨引黄灌区的需求

三义寨引黄灌区受益范围包括开封市境内的开封、兰考、杞县 3 个县，商丘市境内民权、睢县、虞城、梁园区、睢阳区 6 个县（区），包括 87 个乡镇，1765 个行政村，总人口 303.81 万人，其中农业人口 265.62 万人。随着社会经济的发展，农村人口城镇化的比例将逐步提高，根据预测 2015 年灌区农村人口为 218.82 万人。

三义寨灌区包括开封市的开封、兰考、杞县和商丘市的民权、宁陵、梁园区、睢阳区、睢县和虞城 9 个县区，设计灌溉面积 344 万亩，总干渠设计引水流量 107m³/s，按设计灌溉保证率 75%，灌区设计年引水量 9.68 亿 m³。

灌区主要农作物有小麦、玉米、棉花、大豆、花生等，1998 年该区国民生产总值为 125.26 亿元，农业总产值为 15.13 亿元，粮食总产量 9.07 亿 kg。根据灌区农业发展规划，2015 年作物种植比例为：小麦 75%，玉米 20%，棉花 22.2%，经济作物 20%，复种指数可达到 1.77。预计作物产量 2015 年将达到：小麦亩产 400kg、玉米 400kg、棉花 80kg，粮食总产量达到 240 万～280 万 t。

三义寨引黄灌区的水资源包括黄河水、地表水和地下水，其中黄河水是主要水源。根据灌区水资源供需平衡分析，灌区 2015 年引水设计灌溉保证率为 75% 时，到灌区工农业及生活用水总量将达到 13.53 亿 m³，其中，农业总用水量 10.20 亿 m³，城镇工业及生活总用水量 1.67 亿 m³，乡镇企业用水量 0.71 亿 m³，农村人畜用水量 0.95 亿 m³；地下水可开采量 5.85 亿 m³，当地地表水可利用量 0.33 亿 m³，需引黄河水 7.93 亿 m³。在灌区灌溉保证率 50% 时，全灌区工农业及生活用水总量将达到 11.73 亿 m³，其中，农业总用水量 8.4 亿 m³，城镇工业及生活总用水量 1.67 亿 m³，乡镇企业用水量 0.71 亿 m³，农村人畜用水量 0.95 亿 m³；地下水可开采量 5.85 亿 m³，当地地表水可利用量 0.47 亿 m³，需引黄河水 6.93 亿 m³。

三义寨引黄闸工程建设后，将会为灌区 340 万亩的农田提供充足而优质的黄河水资源，还可以补充地下水，涵养地下水资源，使灌区水资源短缺的矛盾得到缓解，并改良土壤，使土壤水盐运动向良性循环方向发展，使土壤结构向更有利于作物生长的方向转化，提高农田抗御自然灾害的能力；通过引黄补源，可促进农业生态环境的协调发展和自然生态系统的良性循环，为发展区域内绿色农业和创建生态城市提供前提条件，有利于灌区经济社会可持续发展及和谐社会的建设。

总之，三义寨引黄闸和两侧渠堤位置重要，为确保黄河下游防洪安全，消除堤防隐患，保证引黄工程的引水效益，重建三义寨引黄闸和加固两侧渠堤是十分必要的。

4.2 工程建设任务

工程建设的主要任务是废除旧闸，在原闸址与新三义寨引黄工程之间的人民跃进渠上重建新闸，引水水流通过闸后总干渠三分枢纽工程输送至商丘、开封及兰考灌区，满足当地农田灌溉及城镇供水。加固三义寨引黄闸两侧的渠堤，消除险点隐患，保证黄河防洪安全。

4.3 工程规模

4.3.1 三义寨引黄闸

1992 年 9 月河南省政府以〔1992〕29 号文下发了《河南省人民政府常务会议纪要》，批准新三义寨灌区立项改建工程。河南省计划委员会以豫计经规〔1992〕1943 号文同意建设新三义寨引黄灌溉工程，批复总干渠设计引水流量为 107m³/s。

随着社会经济的不断发展，当地对黄河水的总需求正不断扩大，如遭遇特别干旱的年份和短时间加大输水要求等特殊情况，需要设计时留有余地；另外，黄河水含沙量大，引水口门容易淤堵，引水渠道容易发生淤积，这些都将可能导致无法满足设计要求。基于以上原因，在闸门设计时，需要将设计引水流量适当加大。

1995 年建成了总干渠分水枢纽（商丘干渠分水闸、兰考干渠分水闸、兰杞干渠分水闸），设计流量为 129m³/s，原三义寨引黄闸二次改建后的设计流量为 141m³/s，基本满足今后发展的需要。

鉴于目前黄河下游两岸引黄闸的设计引水能力已远大于黄河枯水流量，在黄河水源未大幅度增加以前，一般不应扩大改（重）建旧的引黄涵闸的原来规模。要求扩大规模时，必须经过灌区规划的充分论证，并由地方水利部门报经上级机关批准。

综上所述，三义寨引黄闸本次改建设计引水流量仍维持 141m³/s。

4.3.2 渠堤加固

渠堤加固范围：闸上游侧渠堤桩号 0+000～0+978；闸下游侧渠堤桩号 2+045～3+480，上下游两段总长 2.413km。

5 三义寨引黄闸改建工程布置及建筑物设计

5.1 设计依据

5.1.1 工程等别及建筑物级别

三义寨引黄闸改建工程为引黄灌溉工程，根据工程建设任务，水闸设计引水流量为141m³/s。根据《水闸设计规范》（SL 265—2001）的规定，三义寨引黄闸改建工程为中型三等工程。由于工程位于黄河下游防洪大堤上，根据相关规范及《黄河下游引黄涵闸、虹吸工程设计标准的几项规定》〔黄工字（1980）第5号文颁发〕，将主要建筑物级别提高到防洪大堤级别，最终确定主要建筑物级别为1级。

5.1.2 主要技术规范及标准

（1）《水闸设计规范》（SL 265—2001）。

（2）《水利水电工程等级划分及洪水标准》（SL 252—2000）。

（3）《水工建筑物荷载设计规范》（DL 5077—1997）。

（4）《水工建筑物抗震设计规范》（SL 203—97）。

（5）《水工混凝土结构设计规范》（SL/T 191—96）。

（6）《水电水利工程设计工程量计算规定》（SL 328—2005）。

（7）《水闸工程管理设计规范》（SL 170—96）。

（8）《灌溉与排水工程设计规范》（GB/T 50288—99）。

（9）《公路桥梁设计通用规范》（JJJD 20—2004）。

（10）《建筑地基基础设计规范》（GB 50007—2002）。

（11）《建筑地基处理技术规范》（JGJ 79—2002）。

（12）《堤防工程设计规范》（GB 50286—98）。

（13）《堤防工程施工规范》（SL 260—98）。

（14）《水利水电工程土工合成材料应用技术规范》（SL/T 225—98）。

（15）《黄河下游引黄涵闸、虹吸工程设计标准的几项规定》（黄工字〔1980〕第5号文）。

5.1.3 洪水标准

根据《黄河下游引黄涵闸、虹吸工程设计标准的几项规定》（黄工字〔1980〕第5号文颁发），工程以防御花园口站22000m³/s的洪水为设计防洪标准。

三义寨引黄闸位于黄河大堤右岸上段桩号130＋000处，其设计防洪水位为76.70m，校核防洪水位为77.70m。

5.1.4　设计基本资料

（1）流量及特征水位。

设计引水流量：$141m^3/s$。

设计引水水位：69.96m（大河水位、黄海高程，下同）。

最高运用水位：75.09m。

设计防洪水位：76.70m。

校核防洪水位：77.70m。

（2）水文气象。闸址区多年平均气温为14℃，最大风速为15m/s。

（3）地震烈度。根据地质勘察报告，三义寨引黄闸闸址区抗震设防烈度为7度，设计基本地震加速度值为0.10g。

（4）主要建筑物材料特性及设计参数。根据地质报告，场区地下水对混凝土结构无腐蚀性，水闸等主体混凝土材料采用普通硅酸盐水泥。闸室段混凝土强度等级C30，上下游翼墙、边墩侧空箱挡墙、铺盖、消力池混凝土强度等级C25，无砂混凝土排水体C15，素混凝土垫层C10。交通桥、工作桥、排架混凝土无抗渗要求，其余部位混凝土抗渗标号为W6；混凝土抗冻标号均为F100。素混凝土垫层采用1级配，其余部位混凝土均采用2级配。素混凝土重度为$24kN/m^3$，钢筋混凝土重度为$25kN/m^3$。

（5）其他设计标准。

闸顶交通桥汽车荷载标准：公路-Ⅱ级。

两岸连接堤防：顶宽12m，路面结构参照国家三级公路标准设计。

闸室基底应力最大值与最小值之比允许值见表5.1-1，闸室基底面抗滑稳定安全系数允许值见表5.1-2。

表5.1-1　　　　　土基上闸室基底应力最大值与最小值之比的允许值

地　基　土　质	荷　载　组　合	
	基　本　组　合	特　殊　组　合
松　　软	1.50	2.00

表5.1-2　　　　　土基上沿闸室基底面抗滑稳定安全系数的允许值

荷　载　组　合		水　闸　级　别			
		1	2	3	4、5
基　本　组　合		1.35	1.30	1.25	1.20
特殊组合	Ⅰ	1.20	1.15	1.10	1.05
	Ⅱ	1.10	1.05	1.05	1.00

5.2　工程总体布置

2004年1月在开封市召开了河南开封三义寨引黄闸工程安全鉴定会。与会专家听取了开封市河务局、黄委会基本建设工程质量检测中心、河南黄河勘测设计研究院的汇报，对各单位提供的有关报告文件，依据《水闸安全鉴定规定》（SL 214—98）以及《黄河下游水闸安全鉴定规定》（黄建管〔2002〕9号）逐一进行了审查，一致认为鉴定成果真实可靠，深度基本满足规范要求。与会专家根据河南开封三义寨引黄闸工程现状调查分析、现状检测成果分析及复核稳定计算成果分析，认为该闸运用指标无法达到设计标准，存在严重的安全问题，不能满足正常使用要求，评定为四类闸。应该拆除重建。

5.2.1 闸址比选

闸址选择主要考虑以下几个因素。

（1）本工程属于水闸新建工程，闸址的选择首先要考虑与原分水闸及渠系建筑物的连接问题，新闸址距离老闸址越近则连接越顺，费用越少。

（2）应结合地形条件，使枢纽布置轴线长度尽可能小，工程量尽可能小。

（3）充分考虑与原引渠顺直衔接，引水可靠，放淤顺畅等原则。

5.2.1.1 方案布置

根据现场地形，黄河南岸大堤在桩号130＋000处向大河侧弯进，形成2～3km的弯道，不利于黄河大堤的防洪抢险。本次设计初步选定以下4个闸址进行比选。

方案一：原闸拆除重建方案。

方案二：在老闸和三分闸间建新闸方案。

方案三：在三分闸后建新闸（两座闸）方案，小裁弯。

方案四：在三分闸后建新闸（两座闸）方案，大裁弯。

（1）方案一工程总体布置。

方案一工程布置包括：老闸全部拆除、重建引水闸、上游引渠清淤、左右岸连接堤段、人民跃进渠护砌、放淤固堤等。

老闸全部拆除后，新建闸在老闸位居中布置，闸室横向与上游引渠水流方向垂直，闸室分三联对称布孔，中孔单孔一联，边孔2孔一联，闸体上游连接段与引渠连接，下游末段与人民跃进渠护砌段连接。水闸总长135m，闸底板高程结合老闸及上下游渠道选定为67.56m，闸顶与大堤平齐。

上游引渠清淤长200m，清淤至底高程68.65～67.56m，清淤宽度28m左右，清淤沿引渠主槽方向进行，保持与下游人民跃进渠设计过流断面一致。

左岸连接堤段长55m，右岸连接堤段35m，维持原堤顶高程不变，和老堤平顺衔接。人民跃进渠上游段约200m渠道按现有标准护砌。

放淤固堤段长2830m，淤区结合堤防特点分淤临或淤背两种，淤区布置随堤线走势，平顺自然。

（2）方案二工程总体布置。方案二工程内容与方案一基本相同。新建闸位于人民跃进渠上，距老闸400m，新筑大堤与跃进渠垂直，长286m，两侧与老大堤平顺连接。新建闸在跃进渠道居中布置，闸室横向与引渠水流方向垂直，闸室分3联对称布孔，中孔单孔1联，边孔2孔1联，闸体上、下游连接段与跃进渠护砌段连接。闸底板高程67.56m，闸顶与大堤平齐。

根据需要老闸仅拆除上部结构、中墩及闸门部分。上游引渠清淤长200m，清淤至底高程 68.65～67.56m，清淤宽度 28m 左右，清淤沿引渠主槽方向进行，保持与下游人民跃进渠过流断面一致。

人民跃进渠护砌和放淤固堤同方案一不变。

（3）方案三工程总体布置。方案三内容包括引渠清淤、跃进渠护砌、原三义寨引黄闸部分拆除、三分闸部分拆除、新筑堤防、改建引水闸、淤堤加固等。

引渠清淤、跃进渠护砌同方案一，原三义寨引黄闸、三分闸拆除闸室上部结构、闸门及阻水中墩部分。

方案三堤线位置在三分闸下三义寨村庄之间，将弯进防洪大堤裁弯缩短，大堤布置尽量与水流方向平顺，同时考虑与兰杞干渠、商丘干渠、兰考干渠正交，新布堤线距三分闸 500m 左右，堤线长 1190m。

兰杞闸位距三分闸 613m，3 孔，单孔净宽 4.5m，闸体总长 135m，上、下游浆砌石护砌面与干渠两岸连接，两侧通过空箱式挡土墙与堤防连接。兰考、商丘闸距三分闸 490m，两闸合并布置，边墩间设沉降缝，上下游通过浆砌石扭面分别与已护砌渠道衔接，闸体总长 135m，两闸均为 3 孔，商丘闸单孔净宽 5m，兰考闸单孔净宽 4m，两侧通过空箱式挡土墙与新筑堤防连接。

放淤固堤段长 1880m，淤区结合堤防两侧特点，均为淤背布置，淤区布置随堤线走势。

（4）方案四工程总体布置。方案四将弯进大堤完全取直，恢复三义寨引黄闸修建前老大堤。大堤穿三义寨村庄，与兰杞干渠、商丘干渠、兰考干渠正交。新筑大堤长 1330m，淤背固堤长 1330m。两闸顺水流方向布置，闸室规模、长度与方案三相同，其余工程布置均与方案三基相同。

5.2.1.2 方案布置比较

闸址比选因素有总投资、对黄河行洪的影响、移民迁占难度、引水条件、管理及堤防加固等，主要因素是行洪和经济。从投资来看，方案一的主体建筑工程投资 4192.93 万元，移民迁占投资 2972.68 万元。方案二的主体工程投资 5315.27 万元，移民迁占投资 3640.45 万元。方案三的主体工程投资 4787.16 万元，移民迁占投资 4239.24 万元。方案四的主体工程投资 4759.93 万元，移民迁占投资 5716.09 万元。从投资上看，方案一的投资最小，其次为方案二、方案三和方案四。从是否有利黄河行洪的角度来看，方案四对黄河行洪的影响最小，其次为方案三、方案二和方案一。

从上面的分析可看出，方案一的投资比方案二少，但方案一原址拆除重建，该处黄河大堤深入河滩约 1.9km，因此对黄河行洪的影响相对方案二大；同时，三义寨引黄闸自 10 月到第二年 5 月为施工期，该段时间内月最大平均流量为 17.75m³/s，平均引水量 8750 万 m³，如采用方案一，则影响到正常的取水对该区影响很大，所以初步可以排除方案一。方案四相对投资最大，可以排除。综合比较方案二、方案三，从投资因素分析，方案三相对节省，但是方案三将拆除三分闸，现有三分闸有管理机构，地方上关系协调阻力大，人员安置困难，水闸建成后后期管理遗留问题难以解决，综合考虑各种因素，方案二相对占优。

各闸址优缺点的比较见表 5.2-1。

表 5.2－1	开封三义闸水闸改建工程改建闸址方案比选表	
	优　　点	缺　　点
方案一	1. 不需新修大堤； 2. 无永久征地； 3. 投资最少	1. 老闸结构破坏严重，在原址上建新闸不能加以利用，需全部拆除； 2. 工程侵占河道，对黄河行洪不利； 3. 施工期因老闸拆除，需停止引水农业灌溉受到影响，地方政府不同意
方案二	1. 施工干扰少； 2. 施工期通过导流可满足灌溉要求； 3. 不存在三分闸管所废除问题，地方阻力小，干扰因素少； 4. 投资少	1. 需修建一段新堤，新建工程量较大； 2. 为满足灌溉要求，需做导流； 3. 征地范围较大
方案三	1. 比较有利于黄河行洪； 2. 投资较多	1. 需废除新三义寨引黄工程三分闸，该闸1995年建成，并成立闸管所，废除工作难度大； 2. 需修建一段新堤，新建工程量较大； 3. 闸前引渠长，水头损失大，引水保证率低； 4. 征地范围较大
方案四	1. 因裁弯取直，大堤有利于黄河防洪； 2. 投资最多	1. 需废除新三义寨引黄工程三分闸，该闸1995年建成，并成立闸管所，废除工作难度大； 2. 需修建一段新堤，新建工程量大； 3. 闸前引渠长，水头损失大，引水保证率低； 4. 征地范围大

经综合比选，方案二能够满足原三义寨引黄闸的功能，投资经济合理，引水条件好，受外界因素干扰小，因此确定选用方案二。

该方案闸址位于三分闸以上 150m 处，如闸向上游移动，将增大放淤工程量，水闸进口水流条件变差；如闸向下游移动，将减少放淤工程量，水闸与三分闸过近，影响水闸出口水流条件，确定闸址位于三分闸以上 150m 位置经济合理。

5.2.2　工程总体布置

根据最终选定的方案及闸位，三义寨水闸改建工程包括老闸拆除、引渠疏浚、新建水闸以及与两岸连接堤防建设。

老闸上游引渠长约 200m，老闸与新建水闸间未护砌渠道长约 150m、人民跃进渠长约 250m，由于长年淤积渠底高程不能满足设计引水要求，本次设计对新建水闸上游引渠进行清淤疏浚。

新建水闸位于老闸下游 400m 处，水闸海漫末端距三分闸约 160m。由闸室段、上游连接段及下游消能防冲段组成。

新建水闸两侧修建长 294.7m 的堤防与原大堤连接。

5.3　主要建筑物设计

5.3.1　闸型选择

5.3.1.1　闸底高程确定

大河设计引水位（大河水位）69.96m，大河最低引水位（大河水位）69.56m。考虑老闸前 200m 引渠水头损失 0.02m，老闸过闸水头损失 0.10m，老闸与新闸 400m 渠道水头损失 0.11m，从黄河至新建三义寨引黄闸前总水头损失为 0.23m，新建三义寨水闸闸前设计引水位为 69.73m，闸前最低引水位为 69.33m。

水闸底板高程的确定应结合引水水位、引水量的要求，同时满足闸上游引渠和下游渠道的连接要求，还应结合闸门型式、闸孔尺寸的选择，并考虑泥沙影响和运用条件等因素综合确定。采用较低的底板高程，有利于加大过闸水深和过闸单宽流量、减小闸孔宽度，但过低则会增加水闸的工程量，并增加施工难度；而采用较高的底板高程则会加大闸孔尺寸，同时在 2014 年小浪底水库拦沙库容淤满前黄河水位继续下降，难以引出足够的水量，达不到工程预期的设计引水规模。

综合考虑以上因素，并考虑与老闸底板高程、人民跃进渠渠道高程衔接，确定水闸底板高程 67.56m。

5.3.1.2 闸型选择

水闸底板高程 67.56m，大河设计引水水位 69.96m（以下简称大河水位），设计防洪水位 76.70m，校核防洪水位 77.70m。闸槛高程较低，挡水高度较大，最大达 10.14m。根据《水闸设计规范》（SL265－2001），闸室结构选用以下两个方案进行比选。

胸墙式方案：根据水力设计及结构计算，水闸孔数为 5 孔，单孔净宽 5.8m，总净宽 29m。工作闸门采潜孔式弧形钢闸门，采用液压式启闭机操作。5 孔共设一扇检修闸门，采用单轨移动式启闭机操作。水闸由上游连接段、铺盖段、闸室段、消力池段、海漫段及防冲槽段 6 部分组成，总长 135.3m。闸室设缝墩，分为两个 2 孔联、一个 1 孔联共 3 联，闸室底板厚 1.8m、边墩厚 1.5m、中墩厚 1.3m、缝墩厚均为 1.0m，边墩两侧设挡墙。地基采用水泥土搅拌桩处理。

涵洞式方案：根据水力设计及结构计算，水闸孔数为 7 孔，单孔净宽 4.2m，总净宽 29.4m。工作闸门采潜孔式平面钢闸门，滚动支撑，上游止水，采用固定卷扬式启闭机操作。7 孔共设两扇检修闸门，采用单轨移动式启闭机操作。水闸由上游连接段、铺盖段、闸室段、涵洞段、消力池段、海漫段及防冲槽段 7 部分组成，总长 204.3m。闸室设缝墩，分为 3 联，边联为 2 孔 1 联，中联为 3 孔 1 联。闸室底板厚 2.0m，边墩为变截面厚 1.2～2.4m，中墩厚 1.2m，缝墩厚 1.0m；涵洞底板厚 0.95m、顶板厚 1.05m，边墙、中隔墙厚 0.8m。地基采用水泥粉煤灰碎石桩（CFG 桩）处理。

两个闸型方案主要工程量汇总见表 5.3－1。

表 5.3－1   两个闸型方案主要工程量汇总表

序号	项　　目	胸墙式方案	涵洞式方案
1	渠道清淤/万 m^3	13.43	13.58
2	土方开挖/万 m^3	3.20	2.96
3	土方填筑/万 m^3	11.03	11.23
4	混凝土/万 m^3	1.29	1.68
5	钢筋/t	1092	1547
6	浆砌石/m^3	6245	6501

序号	项　　目	胸墙式方案	涵洞式方案
7	干砌石/m³	775	736
8	水泥土搅拌桩/m	4746	2804
9	水泥粉煤灰碎石桩	8404	11157
10	土工格栅/m²	11550	

由表 5.3-1 可知，胸墙式方案工程量略小于涵洞式方案，主体建筑工程投资：涵洞式 5315.27 万元，胸墙式 4800.97 万元，胸墙式方案较涵洞式方案节省投资 514.3 万元。

水闸坐落在人民跃进渠上，渠道底宽 28.4m，胸墙式方案闸室段宽 35.60m，涵洞式方案闸室段宽 38.2m，河道底宽为 28.4m，胸墙式方案水流流态较好。工程为引黄灌溉工程，根据水闸过流能力及运行方式分析，当黄河水位较高时水闸长期处于局部开启状态，根据工程布置，胸墙式方案采用弧门，涵洞式方案采用平板门，胸墙式方案更利于水闸运行控制。胸墙式方案闸室两侧填土较高，边墩两侧需设挡墙，基底应力较大，基础处理较难；涵洞式方案闸室两侧填土较低，可直接利用边墩挡土，基底应力较小，基础处理较易，闸型方案比选见表 5.3-2。

表 5.3-2　　　　　　　　　　三义寨引黄闸改建工程闸型方案比选表

	优　　点	缺　　点
胸墙式方案	1. 投资较省，主体建筑工程＋材差共 4800.97 万元，比涵洞式少 514.30 万元； 2. 总长较短，征地范围较小	1. 闸室两侧挡土高度大，不适应直接利用边墩挡土，需设挡墙； 2. 基底应力较大，地基处理较难； 3. 闸室底板闸门后侧为斜坡段结构，不利于清淤
涵洞式方案	1. 闸室两侧挡土高度低，可利用边墩直接挡土； 2. 涵洞式结构受力明确，且设计为轻质结构，耐久性好； 3. 闸室基底应力较小，地基处理较易； 4. 涵洞内水流设计为无压流，水流流态好； 5. 涵洞式结构上部填土，有利于抗滑稳定； 6. 闸室采用胸墙式平底板结构，有利于清淤； 7. 有利于现管理单位的运行管理	1. 投资较大； 2. 总长较长，征地范围较大

虽然涵洞式方案投资较大，但从黄河防洪、水闸管理和水闸运用方式等综合考虑本次设计推荐采用涵洞式方案。

5.3.2　工程布置

5.3.2.1　闸室布置

（1）闸孔数量及闸室尺寸。闸孔数量主要根据工程引水指标和运行情况确定。根据水力计算：水闸闸孔数为 7 孔，单孔净宽 4.2m，总净宽 29.4m。闸室长度根据稳定和应力计算成果，确定为 12.0m。闸孔上部为胸墙，胸墙顶与闸墩顶齐平。底板厚 2.0m、边墩厚 1.2～1.4m、中墩厚 1.2m、缝墩厚 1.0m。闸后设 80m 长涵洞。

（2）闸顶高程。根据特征水位，工程水闸闸顶高程应根据挡水情况确定。挡水时，闸顶高程不应低于最高挡水位（77.70m）加波浪计算高度与相应安全超高值之和。按照《水闸设计规范》（SL 265—2001）进行波浪爬高计算。同时，闸顶高程应考虑两侧黄河大堤堤顶高程。两侧黄河大堤堤顶高程最大高程 78.56m。经计算比较，本次设计闸墩顶高程为 76.76m，闸室启闭机平台高程取 82.76m。

5.3.2.2 两岸连接布置

水闸上游翼墙顶高程 77.43～72.63m，上游翼墙渐变段后接圆弧段与上游渠道连接；水闸下游翼墙顶高程 73.91m，下游翼墙直段后接圆弧段与下游铺盖连接；水闸两侧与两侧新建堤防连接。

5.3.2.3 闸后涵洞布置

水闸闸室接引水涵洞，涵洞共设 8 节，每节长 10m，总长 80m。涵洞底板顶高程 67.56～67.40m，边墙及中隔墙军均厚 0.8m，底板厚 0.95m，顶板厚 1.05m，涵洞设有 7 孔，单孔净高 4.87m，单孔净宽 4.2m。两边联为两孔联，中联为 3 孔联。

5.3.2.4 防渗排水布置

水闸防渗排水布置应根据闸基地质条件和水闸上、下游水位差等因素，结合闸室、消能防冲和两岸连接布置进行综合分析确定。

（1）防渗布置。水闸底板坐落在第③- SL 砂壤土层上，渗透系数 $k=6.54×10^{-6}$ cm/s，为微透水土层。根据《水闸设计规范》（SL 265—2001）中的渗径系数法，闸基防渗轮廓线长度（防渗部分水平段和垂直段长度总和）等于上下游水位差与渗径系数的乘积，即 $L=c\Delta H$，砂壤土类地基的允许渗径系数 c 值取 9～5。闸上、下游水位差 ΔH 如表 5.3 - 3。

表 5.3 - 3	水闸上、下游水位差			单位：m
上 游 水 位	下 游 水 位	水 位 差	允许渗径系数	防渗长度
77.70	67.56	10.14	9～5	91.26～50.70

闸室段前设计有混凝土防渗铺盖，闸室前齿下设有垂直防渗体，从铺盖前端至海漫，使地下轮廓线防渗段长度大于需要值，闸基防渗布置见表 5.3 - 4。

表 5.3 - 4	闸 基 防 渗 布 置		单位：m
混凝土铺盖	闸 室 底 板	消 力 池	涵 洞
20	12	22	80

同时，为了防止水闸侧向绕渗引起的渗透破坏，水闸闸前混凝土铺盖与上游翼墙设水平止水，上游翼墙与闸室边墩设竖直止水带。闸室两侧新建连接堤防迎水面设复合土工膜防渗体。三义寨引黄闸防渗布置为水平防渗和垂直防渗，渗径总长为水平、垂直防渗长度的总和，其中，水平防渗长度 134m，计算防渗长度 102.15m，故防渗布置满足要求。

（2）排水布置。为了增加底板的抗浮稳定性，浆砌石海漫段设置无砂混凝土排水体竖向排水。排水体梅花形布置，间距 2.5m，底部平铺两层无纺土工布。

5.3.2.5 消能防冲布置

消能防冲设施由消力池、海漫组成，海漫末端设置防冲槽。消力池采用钢筋混凝土结构，海漫由浆砌石海漫和干砌石海漫组成。消能防冲各部位尺寸根据水力计算确定，消能防冲布置见表5.3-5。

表 5.3-5 **水 闸 消 能 防 冲 布 置** 单位：m

消 力 池			海 漫				防 冲 槽	
			浆 砌 石 段		干 砌 石 段			
深度	长度	底板厚	长	厚	长	厚	深度	水平段长
2.0	23.0	1.5	20.0	0.5	20.0	0.5	1.5	3.5

5.3.3 水力设计

5.3.3.1 闸室总净宽计算

根据《黄河下游引黄涵闸、虹吸工程设计标准的几项规定》〔黄工字（1980）第5号文〕，本次水闸设计引水水头差采用0.3m以节约工程投资，据此确定水闸闸室总净宽。闸前引渠水位为设计引水位69.73m时，下游水位为69.43m，上游水深 $H=$ 2.17m，下游水深 $h_s=1.87$m，胸墙底至闸底板高度为3.87m，下游涵洞净空高度为2m，净空面积占涵洞总面积51.68%，闸室出流为无压出流，闸门开启高度 e 与上游水深 H 比值为1.78，即 $\frac{e}{H}=1.60>0.65$，且 $\frac{h_s}{H_0}=1.87/(2.17+0.25)=0.77<0.90$，判断闸室出流为堰流。根据以上分析及水闸设计规范，涵洞式水闸方案闸室总净宽计算采用宽顶堰流公式：

$$B_0=\frac{Q}{\sigma \varepsilon m \sqrt{2g}H_0^{3/2}}$$

式中　B_0——闸孔总净宽，m；

Q——过闸流量，m^3/s；

H_0——计入行近流速水头的堰上水深，m；

g——重力加速度，可采用9.81，m/s^2；

m——堰流流量系数，采用0.385；

ε——堰流侧收缩系数；

σ——堰流淹没系数。

水闸总净宽计算成果见表5.3-6。

表 5.3-6 **水闸总净宽计算成果表**

设计引水流量 /(m³/s)	上游水位 /m	下游水位 /m	水头差 /m	闸孔总净宽 /m	孔 数 /孔	单孔净宽 /m
141	69.73	69.43	0.30	29.4	7	4.2

涵洞段设计底坡分析，设计底坡 $i=1/500$，当水闸过流流量达到设计流量 $141m^3/s$ 时，依据水力学计算公式：

$$C_c=\frac{1}{n}R^{1/6}$$

$$i_c = \frac{g}{\alpha C_c^2}$$

式中 n——糙率系数，取 $n=0.014$；

R——水力半径；

C_c——谢才系数；

g——重力加速度，可采用 9.81，m/s^2；

i_c——临界坡度。

计算得临界底坡 $i_c = 1/632$，设计底坡大于临界底坡，水闸出口涵洞段底坡为陡坡，涵洞段不影响水闸泄流能力。

当上游水位达到最高引水水位 75.09m 时，初定闸门开启高度 $e=0.5$m 时，$\frac{e}{H}=0.207 < 0.65$，水闸水流为闸孔出流，根据闸孔出流计算公式，计算闸门开启高度 $e=0.5$m 时，水闸过流流量为 144.86m^3/s，满足设计引水流量。

5.3.3.2 过流能力计算

水闸下游现有渠道人民跃进渠，设计渠底高程 67.56m，渠宽 28.4m，两侧边坡均为 1:3，纵坡 1/4500。考虑其过流能力对水闸过流的影响，经计算，设计引水水位 69.96m（大河水位，黄海高程）下，水闸实际引水流量为 77.98m^3/s，此时渠道过流与水闸引水达到平衡。

小浪底水库拦沙库容淤满前，下游河道将继续发生冲刷，黄河水位继续下降，到 2020 年前后河槽下切可达到最大值。经计算，2020 年夹河滩流量为 500m^3/s 时，闸前黄河水位为 69.56m，闸前最低引水位 69.33m。当水闸上、下游水头差为 0.3m 时，水闸过流为 54.21m^3/s，基本满足下游抗旱灌溉和生活用水需求；考虑人民跃进渠过流能力影响，水闸实际引水流量为 24.71m^3/s。因此，建议在此期间改建人民跃进渠，提高其过流能力。水闸过流能力计算成果见表 5.3-7。

表 5.3-7 　　　　　　　　　　　　水闸过流能力计算成果表

水　　位	考虑扩建人民跃进渠		考虑现状人民跃进渠影响	
	引水量 /(m^3/s)	上、下游水头差 /m	引水量 /(m^3/s)	上、下游水头差 /m
闸前设计引水位 69.73m	141	0.30	77.98	0.043
闸前最低引水位 69.33m	54.21	0.30	24.71	0.006

5.3.3.3 消能防冲计算

消能防冲采用《水闸设计规范》(SL 265—2001) 附录 B 中方法进行计算，消能方式采用底流消能，取各种水位运行条件下最不利的计算成果并结合工程实际经验确定消能防冲设施各部位尺寸。

计算结果表明，当闸前为最高引水水位 76.30m、水闸局部开启时，控制消能防冲设施的尺寸。计算工况选取见表 5.3-8，计算成果见表 5.3-9。

表 5.3-8　　　　　　　　　　　水闸消能防冲计算工况

上游水位/m	过闸流量/(m³/s)	运 行 方 式	下游水位/m
75.09	141	局部开启	71.38
75.09	70	局部开启	70.43

表 5.3-9　　　　　　　　　　　　水闸消能防冲计算成果表

上游水位/m	过闸流量/(m³/s)	消 力 池			海漫长/m	海漫末端冲刷深/m
		长度/m	池深/m	底厚/m		
75.09	141	22.04	1.41	1.21	40.15	10.74
75.09	70	21.53	1.77	0.90	32.13	4.82

比较表 5.3-8 和表 5.3-9，消能防冲设施布置尺寸满足设计要求。

5.3.4　渗流稳定计算

根据地质报告及地质剖面图，水闸底板及消力池坐落在第③层砂壤土层上、消力池出口坐落在第③-Sx 细砂层上。水闸闸基渗流稳定采用《水闸设计规范》（SL 265—2001）附录 C 中改进阻力系数法进行计算。

该次设计水闸为 1 级水工建筑物，水闸防洪标准同下游黄河大堤，下游黄河大堤防洪标准为抵御花园口 22000m³/s 流量。据此，水闸渗流稳定需满足抵御花园口 22000m³/s 流量。计算工况及水位组合见表 5.3-10，计算成果见表 5.3-11。

表 5.3-10　　　　　　　　水闸渗流稳定计算工况及水位组合表

计 算 工 况	上游水位/m	下游水位/m	水头差/m	闸基土岩性
抵御花园口 22000m³/s 流量	77.70	无水	10.14	砂壤土

表 5.3-11　　　　　　　　　　水闸渗流稳定计算成果表

闸基土岩性	允许渗流坡降值		计算渗流坡降值	
	水平段	出口段	水平段	出口段
砂壤土	0.3～0.4	0.35～0.45	0.071	0.211

由表 5.3-11 可知，水闸渗流坡降计算值小于闸基土允许渗流坡降值，闸基防渗布置满足设计要求。

5.3.5　结构设计

水闸结构设计包括闸室稳定计算、岸墙、翼墙稳定计算、结构应力分析等。

5.3.5.1　闸室稳定计算

根据闸址处工程地质条件及水闸基底面高程，闸室稳定计算参数见表 5.3-12。

表 5.3-12　　　　　　　　　　　闸室稳定计算参数表

闸基土岩性	摩擦角/(°)	凝聚力/kPa	闸基综合摩擦系数
砂壤土	7	25	0.35

根据闸室布置情况，分别取 2 孔联、3 孔联整体闸室作为计算单元进行抗滑稳定

计算。

（1）计算工况及荷载组合。根据水闸运用方式，选取水位最不利组合进行闸室稳定计算，工况选取及水位组合如下：

工况1：正常引水情况，上游设计引水水位69.73m、下游渠道设计水位69.66m。

工况2：设计洪水位情况，上游设计防洪水位76.70m、下游无水。

工况3：完建情况，上游无水、下游无水。

工况4：地震情况，正常引水情况＋地震。

工况5：校核洪水位情况：上游校核防洪水位77.70m、下游无水。

荷载组合见表5.3-13。

表5.3-13 闸室稳定计算荷载组合表

计 算 工 况		荷 载 组 合								
		自重	水重	静水压力	扬压力	土压力	淤沙压力	风压力	浪压力	地震荷载
基本组合	设计引水情况	√	√	√	√	√	√	√	√	—
	设计洪水情况	√	√	√	√	√	√	√	√	—
	完建情况	√	—	—	—	√	—	—	—	—
特殊组合2	地震情况	√	√	√	√	√	√	√	√	√
特殊组合1	校核洪水情况	√	√	√	√	√	√	√	√	—

（2）荷载计算

1）闸室自重：闸室自重包括闸体结构自重、永久设备自重以及闸体范围内的水重。

2）静水压力：按相应计算工况下的浑水容重及上下游水位计算。浑水容重采用12.50kN/m³。

3）扬压力：扬压力为浮托力及渗透压力之和，根据《水闸设计规范》（SL 265—2001）附录C.2改进阻力系数法计算各工况渗透压力。地下水容重取10.00kN/m³。

4）浪压力：根据水闸规范，设计取风区长取5倍闸前水面宽，取200m，设计风速为15m/s。浪压力根据《水闸设计规范》（SL 265—2001）附录E公式进行计算。

5）地震力：地震动峰值加速度0.10g，地震基本烈度为7度。采用拟静力法计算地震作用效应。

水平向地震惯性力：沿建筑物高度作用于质点i的水平向地震惯性力代表值按《水工建筑物抗震设计规范》（SL 203—97）中公式（4.5.9）计算。其中水平向设计地震加速度代表值取0.10g，地震作用的效应折减系数取0.25。

地震动水压力：单位宽度的总地震动水压力作用在水面以下$0.54H_0$处，计算时分别考虑闸室上下游地震动水压力，其代表值F_0按SL 203—97中公式（6.1.9-2）计算。

地震主动动土压力代表值F_E按下式计算：

$$F_E = \left[q_0 \frac{\cos\varphi_1}{\cos(\varphi_1 - \varphi_2)}H + \frac{1}{2}\gamma H^2 \right]\left(1 \pm \frac{\xi\alpha_v}{g} \right)C_e$$

式中 F_E——地震主动动土压力代表值；

q_0——土表面单位长度的荷载；

φ_1——挡土墙面与垂直面夹角；

φ_2——土表面与水平面夹角；

H——土的高度；

γ——土重度的标准值；

ξ——计算系数。

6) 淤沙压力。

水平淤沙压力：根据《水工建筑物荷载设计规范》（DL 5077—1997），作用在水闸等挡水建筑物单位长度上的水平淤沙压力标准值按下式计算：

$$P_{sk} = \frac{1}{2} \gamma_{sb} h_s^2 \tan^2 \left(45^\circ - \frac{\varphi_s}{2} \right)$$

式中　　P_{sk}——淤沙压力标准值，kN/m；

γ_{sb}——淤沙的浮容重，计算取为 8.4，kN/m³；

h_s——挡水建筑物前泥沙淤积厚度，m（设计引水情况下可不计）；

φ_s——淤沙的内摩擦角，计算取为 10，(°)。

竖向淤沙压力：计算作用在闸室上的淤沙重量。

(3) 闸室稳定计算。闸室抗滑稳定安全系数见表 5.1-2。在各种计算情况下，闸室平均基底应力不应大于地基允许承载力，最大基底应力不大于地基允许承载力的 1.2 倍，最大值与最小值之比的允许值见表 5.1-1。闸室稳定计算成果见表 5.3-14 和表 5.3-15。

表 5.3-14　　　　　　　　闸室稳定计算成果表（2 孔联计算单元）

计算工况	P_{max} /kPa	P_{min} /kPa	基底应力允许值 /kPa	不均匀系数 P_{max}/P_{min}	不均匀系数允许值 P_{max}/P_{min}		抗滑稳定安全系数	抗滑稳定安全系数允许值	
					基本组合	特殊组合		基本组合	特殊组合
工况 1	198.54	131.99	100	1.504	1.50		4.91	1.35	
工况 2	160.90	99.07	100	1.624	1.50		5.83	1.35	
工况 3	236.83	154.51	100	1.533	1.50			1.35	
工况 4	137.58	133.45	100	1.301		2.00	8.10		1.10
工况 5	158.45	91.49	100	1.732		2.00	4.76		1.20

表 5.3-15　　　　　　　　闸室稳定计算成果表（3 孔联计算单元）

计算工况	P_{max} /kPa	P_{min} /kPa	基底应力允许值 /kPa	不均匀系数 P_{max}/P_{min}	不均匀系数允许值 P_{max}/P_{min}		抗滑稳定安全系数	抗滑稳定安全系数允许值	
					基本组合	特殊组合		基本组合	特殊组合
工况 1	165.66	89.87	100	1.843	1.50		1.88	1.35	
工况 2	93.43	93.35	100	1.001	1.50		3.17	1.35	
工况 3	161.41	147.17	100	1.097	1.50			1.35	
工况 4	115.39	81.82	100	1.410		2.00	6.83		1.10
工况 5	90.81	86.51	100	1.050		2.00	2.60		1.20

由表 5.3 - 14 和表 5.3 - 15 可知，闸室平均基底应力大于地基允许承载力，地基需进行加固处理。

5.3.5.2 上、下游翼墙稳定计算

根据水闸布置，上游翼墙挡土高度为 6.07～9.87m、下游翼墙挡土高度为 9.51m。由于挡土高度较高，上下游挡墙采用悬臂式挡墙。

挡墙稳定计算采用极限平衡法，包括挡墙外部稳定性验算及筋材内部稳定验算。挡墙外部稳定计算采用重力式挡墙的稳定验算方法验算墙体的抗水平滑动、抗深层滑动稳定性和地基承载力。墙背土压力按库仑土压力理论计算。加筋土内部稳定性验算包括筋材强度验算和抗拔稳定性验算，采用《水利水电工程土工合成材料应用技术规范》（SL/T 225—98）附录 K 中式（K.3.1 - 1）、式（K.3.2）进行验算。

（1）上游翼墙稳定计算。上游翼墙采用悬臂式挡墙，墙后采用加筋土回填。墙厚 0.5～1.5m、高 6.07～9.87m，底板厚 1.0m、宽 7.0～10.9m。

选取最大挡土断面进行外部稳定验算。主要荷载包括土重、侧向土压力、水平水压力、水重、扬压力、结构自重等，侧向土压力按主动土压力计算。计算工况选取不利水位组合，工况选取如下。

工况 1：正常运行情况，墙前水闸设计引水水位、墙后地下水位。

工况 2：完建情况，墙前无水、墙后无水。

工况 3：检修情况，墙后地下水位、墙前无水。

工况 4：地震情况，正常运行情况＋地震。

上游翼墙稳定计算成果见表 5.3 - 16。

表 5.3 - 16　　　　　　　　上游翼墙稳定计算成果表

计算工况	P_{max} /kPa	P_{min} /kPa	基底应力允许值 /kPa	不均匀系数 P_{max}/P_{min}	不均匀系数允许值 P_{max}/P_{min}		抗滑稳定安全系数	抗滑稳定安全系数允许值	
					基本组合	特殊组合		基本组合	特殊组合
工况 1	232.05	145.36	100	1.596	1.50		1.916	1.35	
工况 2	241.03	161.80	100	1.490	1.50		1.940	1.35	
工况 3	242.42	146.31	100	1.657		2.00	1.771		1.20
工况 4	242.51	143.66	100	1.688		2.00	1.660		1.10

经计算翼墙稳定安全系数及基底应力不均匀系数均满足设计要求。

（2）下游翼墙稳定计算。下游翼墙采用悬臂式挡墙，墙后采用加筋土回填。墙厚 0.5～1.5m、高 9.87m，底板厚 1.0m、宽 10.5m。

外部稳定验算主要荷载包括土重、侧向土压力、水平水压力、水重、扬压力、结构自重等，侧向土压力按主动土压力计算。计算工况选取不利水位组合，工况选取如下。

工况 1：正常运行情况，墙前消力池内水位、墙后地下水位。

工况 2：完建情况，墙前无水、墙后无水。

工况 3：检修情况，墙前无水、墙后地下水位。

工况 4：地震情况，正常运行情况＋地震。

下游翼墙稳定计算成果见表 5.3-17。

表 5.3-17　　　　　　　　　　下游翼墙稳定计算成果表

计算工况	P_{max} /kPa	P_{min} /kPa	基底应力允许值 /kPa	不均匀系数 P_{max}/P_{min}	不均匀系数允许值 P_{max}/P_{min}		抗滑稳定安全系数	抗滑稳定安全系数允许值	
					基本组合	特殊组合		基本组合	特殊组合
工况 1	185.42	154.55	85	1.20	1.50		3.096	1.35	
工况 2	203.36	149.30	85	1.36	1.50		1.983	1.35	
工况 3	210.80	121.30	85	1.74		2.00	1.510		1.20
工况 4	193.42	154.33	85	1.25		2.00	2.447		1.20

经计算翼墙稳定安全系数及基底应力不均匀系数均满足设计要求。

5.3.5.3　闸室结构计算

因中联和边联分缝，中联两侧不受外力，只受上部结构传递的竖直荷载，故闸室结构分析选取两孔的边联进行计算，根据闸室布置，按垂直水流方向截取单宽进行计算。涵洞的边联和中联分缝，中联两侧不受外力，只受上部填土传递的垂直土压力，故涵洞结构分析选取两孔的边联进行计算，根据涵洞布置，按垂直水流方向截取单宽进行计算。闸室、涵洞结构尺寸闸室结构计算见图 5.3-1，涵洞式结构计算见图 5.3-2。

 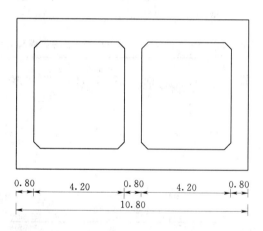

图 5.3-1　闸室结构计算示意图（单位：m）　图 5.3-2　涵洞式结构计算示意图（单位：m）

根据《水闸设计规范》（SL 265—2001），闸室结构计算采用弹性地基梁法，计算采用《水利水电工程设计计算程序集》G14—带斜杆带弹性地基梁的平面框架内力及配筋计算。根据水闸、涵洞运行方式及止水布置，计算工况选取及荷载组合见表 5.3-18，计算成果见表 5.3-19 和表 5.3-20。

按正截面纯弯构件对闸室底板、边墩、中墩和涵洞顶板、底板、边墙、中墙进行配筋计算，闸室底板、边墩受拉钢筋选配 Φ28@150，中墩受拉钢筋选配 Φ25@150，涵洞顶板、底板受拉钢筋选配 Φ28@200，边墙、中墙受拉钢筋选配 Φ28@200。

部 位	计 算 工 况	荷 载 组 合					
		自重	水重	静水压力	扬压力	土压力	淤沙压力
门槛上游段	校核防洪水位	√	√	√	√	－	√
	建成无水	√	－	－	－	－	－
门槛下游段	建成无水	√	－	－	－	－	－
	设计引水位	√	√	√	√	－	√
	最高水位局部开启	√	√	√	√	－	√

表 5.3－18　闸室结构计算工况选取及荷载组合表

表 5.3－19　闸室结构计算成果表　　　　　　　单位：kN·m

部 位	底 板	边 墩	中 墩
M_{max}	1680.25	1680.25	665.58

表 5.3－20　涵洞结构计算成果表　　　　　　　单位：kN·m

部 位	顶 板	底 板	边 墙	中 墙
M_{max}	606.74	608.29	530.47	365.13

本次结构设计同时考虑门槽部位因其颈部受闸门传来的水压力而可能受拉，验算门槽应力。经计算，最大拉应力（校核防洪水位 77.70m 时）为 $1.32N/mm^2$，未超过混凝土轴心抗拉强度设计值 $1.50N/mm^2$。

5.3.5.4　胸墙结构计算

胸墙是闸室顶部的挡水结构，布置在弧门门槽的上游，采用平板结构，顺水流向厚度为 0.6m。为使水流平顺通过孔口，减小阻力，增大泄流能力，胸墙上游底部为圆弧形，半径 0.6m。胸墙两端固结在闸墩上，按两端固结板进行结构计算，计算工况选取水闸挡校核防洪水位 77.70m。经计算，胸墙跨中最大弯矩为 116.06kN·m、固端最大弯矩为 232.12kN·m，受拉钢筋选配 Φ20@200，满足要求。

5.3.6　地基计算及处理设计

5.3.6.1　地基处理设计

由结构设计可知，天然地基允许承载力不满足设计要求，本次设计需进行基础处理。根据地质报告，场区第⑤层土存在轻微液化可能。据《水工建筑物抗震设计规范》（SL 203—97）中表 1.0.5 划分，工程抗震设防类别为乙类，本次设计采用水泥土搅拌桩对闸基基础进行围封处理消除液化沉陷，并采用振冲 CFG 桩提高地基基础承载力。

场区地基土层岩性为砂土、砂壤土等，地质报告中建议采用复合地基，以碎石桩或水泥土搅拌桩等工程措施对地基进行加固处理。经综合比选，本次设计确定采用水泥粉煤灰碎石桩复合地基，地基处理的任务主要是解决地基变形问题，即地基是在满足强度基础上以变形进行控制的，因此 CFG 桩的桩长是通过变形计算确定。

（1）CFG 桩复合地基单桩竖向承载力特征值 R_a 计算。当采用单桩载荷试验时，应将单桩竖向极限承载力除以安全系数 2。

当无单桩载荷试验资料时，可按下式估算：

$$R_a = u_p \sum_{i=1}^{n} q_{si} l_i + q_p A_p$$

式中　u_p——桩的周长，m；

　　　　n——桩长范围内所划分的土层数；

　q_{si}、q_p——桩周第 i 层土的侧阻力、桩端阻力特征值，kPa，可按《建筑地基基础设计规范》（GB 50007—2011）的有关规定确定；

　　　　l_i——第 i 层土的厚度，m。

（2）CFG 桩复合地基承载力计算。CFG 桩复合地基承载力特征值，应通过现场复合地基载荷试验确定，初步设计时可采用下式估算：

$$f_{spk} = m \frac{R_a}{A_p} + \beta(1 - m) f_{sk}$$

式中　f_{spk}——复合地基承载力特征值，kPa；

　　　　m——面积置换率；

　　　　A_p——桩的截面积，m²；

　　　　f_{sk}——桩间土天然地基承载力特征值；

　　　　β——桩间土承载力折减系数，由于桩端土未经修正的承载力特征值大于桩周土的承载力特征值，依据规范建议值，取 0.25；

　　　　R_a——单桩竖向承载力特征值。

（3）CFG 桩复合地基变形计算。地基处理厚的变形计算应按现行国家标准《建筑地基基础设计规范》（GB 50007—2011）的有关规定执行。复合土层的分层与天然地基相同，各复合土层的压缩模量等于该层天然地基压缩模量的 ζ 倍，ζ 值可按下式确定：

$$\zeta = \frac{f_{spk}}{f_{sk}}$$

式中　f_{sk}——基础底面下天然地基承载力特征值，kPa。

本次设计水泥粉煤灰碎石桩桩径 $d = 600\text{mm}$，正方形布置。在各种计算情况下，闸室、挡墙平均基底应力均小于复合地基允许承载力，最大基底应力均小于复合地基允许承载力的 1.2 倍。据《水闸设计规范》（SL 265—2001），地基基础处理满足规范要求。水闸地基处理设计成果见表 5.3-21。

表 5.3-21　　　　　　　　　　　水闸地基处理设计成果表

项目 \ 部位	闸　室	上游翼墙	下游翼墙	闸后涵洞
桩径/mm	600	600	600	600
桩长/m	11	11	10	10
桩间距/m	2.5	2.0	2.0	1.8
f_{spk}/kPa	240	240	240	285
基础最大平均基底应力	195.67	194.37	131.17	256.62

由表 5.3-21 可知，处理后的复合地基承载力满足设计要求。

消力池底板底高程 65.56m，坐落在③-Cl 黏土层上，根据地质报告，该层为软弱层，天然地基承载力为 85kPa。经计算，消力池最大基底应力为 97.5kPa，天然地基承载力不满足设计要求。考虑消力池底板下③-Cl 黏土层较薄，仅为 0.52～0.27m，设计采用换填法进行基础处理。$E_{sp}p_{z1}$ 将消力池底板下该层土全部挖除换填碎石，换填厚度为 0.6m。

5.3.6.2 地基沉降计算

CFG 桩复合地基的变形包括搅拌桩复合土层的平均压缩变形 s_1 与桩端下未加固土层的压缩变形 s_2。

CFG 桩复合土层的压缩变形 s_1 按下式计算：

$$s_1 = \frac{(p_z + p_{z1})l}{2E_{sp}}$$

$$E_{sp} = mE_p + (1-m)E_s$$

式中　p_z——CFG 桩复合土层顶面的附加压力值，kPa；

　　　p_{z1}——CFG 桩复合土层底面的附加压力值，kPa；

　　　E_{sp}——CFG 桩复合土层的压缩模量，kPa；

　　　E_p——CFG 桩的压缩模量，kPa；

　　　E_s——桩间土的压缩模量，kPa。

桩端以下未加固土层的压缩变形 s_2 按下式计算：

$$s_2 = m\sum_{i=1}^{n} \frac{e_{1i} - e_{2i}}{1 + e_{1i}} h_i$$

式中　n——未加固土层计算深度内的土层数；

　　　e_{1i}——加固土层以下第 i 层土在平均自重应力作用下，由压缩曲线查得的相应孔隙比；

　　　e_{2i}——加固土层以下第 i 层土在平均自重应力加平均附加应力作用下，由压缩曲线查得的相应孔隙比；

　　　h_i——加固土层以下第 i 层土的厚度；

　　　m——地基沉降量修正系数，该次计算取 1.2。

闸室地基沉降计算成果见表 5.3-22。

表 5.3-22　　　　　　　　　　闸室地基沉降计算成果表　　　　　　　　　　单位：mm

部位 计算单元	上 游 点	中 点	下 游 点
两孔联最终沉降	50.2	44.1	38.0
三孔联最终沉降	48.4	42.3	36.0

由表 5.3-22 可知，闸室地基最终沉降量均小于 150mm，相邻部位的最大沉降差也均小于 50mm，闸室地基沉降量满足规范要求。

5.4 老闸拆除及引渠疏浚

5.4.1 老闸拆除

三义寨引黄闸系 1958 年建成的大型开敞式水闸，属 1 级水工建筑物。结构型式为钢筋混凝土结构，共分 3 联 6 孔，每 2 孔为 1 联，单孔宽 12m，边墩厚 1.5m、中墩厚

1.6m、缝墩厚1.2m，总宽84.6m，底板高程66.50m。

该闸在运用期间存在诸多问题，于1974年、1990年进行两次加固改建，改建后：中联弧形闸门改建成四孔平板钢闸门，中联增建两个闸墩，闸底板加高至68.5m；边联4孔1次改建底板加高至69.0m，两次改建修建钢筋混凝土挡水墙封堵。

由于小浪底水库的运用，近年来下游黄河河底不断下切，目前老闸过流不能满足新建水闸引水需求，需将老闸部分或全部拆除。本次设计老闸拆除充分考虑以下两点：①水闸过流满足新建水闸引水需求；②尽量减小过老闸的水头损失。据此，将老闸中联2孔底板高程68.50m以上部分闸墩拆除，边联保留两边孔封堵，其余两孔底板69.00m以上闸墩拆除，同时将交通桥及上部结构全部拆除。拆除后老闸过水断面宽54.4m，过流能力满足新建水闸引水需求。

5.4.2　引渠疏浚

引渠包括老闸上游引渠及老闸与新闸间的渠道。

老闸上游引渠长200m，宽40～50m。由于常年淤积现状渠底高程较高，不能满足设计引水需求，本次设计需对老闸上游引渠进行清淤，清淤厚度约2.5m。

老闸与新闸间的渠道长400m，包括150m长的未护砌渠道及250m长的已护砌的人民跃进渠。未护砌渠道宽50.5～84.5m，由于常年淤积，现状淤积面高程69.56～70.80m；人民跃进渠设计渠底高程68.47m，设计底宽28.4m，设计纵比降1/4500，现状淤积面高程69.56～69.93m。老闸拆除后底板高程69.00m，新建水闸设计底板高程67.56m，为了保证新建水闸能够顺利引水，本次设计需对渠道进行清淤。未护砌渠道清淤后渠底高程69.00～67.56m，人民跃进渠清淤至原设计渠底高程。未护砌渠道渠坡采用厚0.3m浆砌石护砌，浆砌石下铺设厚0.15m砂砾石垫层。同时，由于场区地下水埋深较浅，砂砾石垫层下铺设两层无纺土工布进行反滤。

5.5　两岸连接堤防设计

5.5.1　工程等级及建筑物级别

黄河下游堤防是保证黄淮海平原防洪安全的第一道屏障，干流堤防设防洪水相应为洪水重现期大于100年，按照《堤防工程设计规范》（GB 50286—98）和《黄河下游防洪"九五"可行性研究报告》报告的审查结论，临黄大堤属1级堤防。

5.5.2　大堤断面设计

5.5.2.1　设计堤顶高程

根据《堤防工程设计规范》（GB 50268—98）的规定，设计堤顶高程为设计洪水位加超高。本次新建大堤将原弯向黄河的大堤后移约400m，设计取新建大堤堤顶高程同两侧老堤，为81.20～80.33m。

5.5.2.2　设计堤顶宽度

堤顶宽度主要应满足堤身稳定要求，还应满足防汛抢险交通、工程机械化抢险及工程正常运行管理的需要，本次设计新建大堤堤顶宽度为12m。

5.5.2.3　设计边坡系数

堤防边坡的设计原则：首先满足渗流稳定和整体抗滑稳定要求，同时，还要兼顾施工条件，并便于工程的正常运行管理。

根据已建工程的实践经验以及《堤防工程设计规范》（GB 50286—98）的相关规定，本次设计新建大堤临背河边坡均采用 1：3。

5.5.2.4　堤坡防护

为了防止水流冲刷破坏堤身，新建大堤迎水面采用浆砌块石，浆砌石厚 0.5m，下铺厚 0.15m 的砂砾石垫层。同时，为了防止渗透破坏以及侧向绕渗影响水闸安全，砂砾石垫层下铺设一层复合土工膜。新建大堤背水面采用植草防护。

5.5.2.5　堤基处理

堤基处理包括新建大堤基础清理以及新建大堤与老堤连接处老堤堤坡清理，其边界应超出设计边线 0.3～0.5m。基础清基深度为 0.3m，堤坡清理水平厚度为 0.3m。

5.5.2.6　填筑土料

填筑土料应符合《堤防工程设计规范》（GB 50286—98）中第 6.2.1 条之规定"均质土堤宜选用亚黏土，黏粒含量为 15％～30％，塑性指数宜为 10～20，且不得含植物根茎、砖瓦垃圾等杂物；填筑土料含水率与最优含水率允许偏差为±3％"。填筑土料的压实度不小于 0.94。

黄河有史以来就是多泥沙河流，大河挟沙顺流而下，在不同的水流状态和边界条件下，形成不同的淤积区，根据多年的观测试验，其多数为粉砂和砂性土，只有少数为黏性土，且分布不均匀。根据料场勘察的实际情况，料场土料平均黏粒含量为 11.4％，基本满足设计要求。

5.5.3　堤顶道路设计

5.5.3.1　堤顶道路标准

该次新建大堤堤顶道路设计标准参考平原微丘三级公路标准。

5.5.3.2　路面设计

路面设计根据公路等级、使用要求、性质及自然条件等并结合当地实际经验进行综合考虑，路面由面层和基层组成。

面层采用热拌沥青碎石混合料。根据现场查勘，两侧老堤堤顶沥青道路宽 7.6m。据此，本次设计新建大堤堤顶道路面层取为 7.6m。面层总厚 5cm，由 4 层组成，分别为：厚 4cm 的沥青碎石层、封层、黏层、透层。面层施工时应随基层形成 2％的双向排水横坡。

基层选用混合基层，即水泥石灰碎石土基层和水泥石灰土底基层。水泥石灰碎石土基层宽 8.1m、厚 15cm，水泥石灰土底基层宽 8.4m、厚 15cm。基层、底基层的压实度（重型击实）应分别达到 97％、95％，7 天浸水无侧向抗压强度应分别达到 0.80MPa、0.50MPa。

5.5.3.3　路肩

行车道两侧的黏土路肩宽均为 0.75m（含 10cm 宽的路缘石），压实度不小于 93％。路肩应与路面平顺连接，并形成 3％的横向排水坡。

在行车道两侧埋设路缘石，路缘石顶面与行车道齐平，采用 50cm×35cm×10cm 的 C20 混凝土预制块。路缘石应在面路基层碾压完成后再开槽埋入，并将其孔隙填土倒实，确保稳定。在路面、路肩施工时，应保证与路缘石能紧密结合。

5.5.3.4 堤顶培土

在两侧路肩外沿至大堤顶边沿需用符合要求的土料进行堤顶培土，把路肩与堤顶的高差填平压实，培土顶面要与路肩形成3％的平顺排水横坡，压实度应不低于92％。

5.5.3.5 路面排水

水闸两侧新建大堤长度较短，本次设计堤坡不设排水沟，路肩两侧各设0.5m宽的草皮带。

5.6 主要工程量

三义寨引黄闸改建工程量汇总见表5.6-1。

表 5.6-1　　　　　　　　　三义寨引黄闸改建工程量汇总表

序号	工 程 项 目	单位	数量	备　注
一	老闸拆除			
1	闸墩混凝土拆除	m³	1924	
2	胸墙混凝土拆除	m³	318	
3	机架桥及启闭机室混凝土拆除	m³	472	
4	交通桥混凝土拆除	m³	915	
二	新建大堤			
1	清基、清坡	m³	4155	
2	土方填筑	m³	69759	
3	沥青碎石路面	m²	2632	路面厚5cm
4	水泥石灰碎石土	m³	421	
5	水泥石灰土	m³	436	
6	浆砌石护坡	m³	3867	
7	砂砾石垫层	m³	1160	
8	复合土工膜	m²	7734	两布一膜、900g/m²
9	草皮护坡	m²	4795	
10	堤肩草皮带	m²	346	
11	行道林	株	330	
12	路缘石	m³	35	C20预制混凝土板，单块规格：50cm×35cm×10cm
13	备防石倒运	m³	476	
三	上游引渠及护砌渠道			
1	清淤	m³	118219	
2	浆砌石护坡	m³	1099	
3	砂砾石垫层	m³	549	
4	土工布	m²	7326	无纺土工布、350g/m²

序号	工 程 项 目	单位	数量	备 注
四	新建水闸			
（一）	人民跃进渠清淤	m³	17562	
（二）	主体工程			
1	土方开挖	m³	29841	
2	土方回填	m³	50200	含管理处房台土方填筑量
3	C30 混凝土	m³	8835	
4	C25 混凝土	m³	7255	
5	C10 混凝土	m³	531	
6	钢筋	t	1491	
7	钢制栏杆	m	121	
8	铜片止水	m	896	
9	橡胶明止水	m	896	
10	高压闭孔聚乙烯板	m²	1563	厚2cm
11	聚硫密封胶	m²	45	厚2cm
12	无砂混凝土排水柱	m³	8	
13	浆砌石护坡	m³	419	
14	浆砌石护底	m³	951	
15	干砌石护坡	m³	321	
16	干砌石护底	m³	415	
17	砂砾石垫层	m³	710	
18	抛石	m³	271	
19	土工布	m²	8823	无纺土工布、350g/m²
20	水泥土搅拌桩防渗墙	m²	2804	厚500mm
21	水泥粉煤灰碎石桩	m	11157	桩径600mm
22	粗砂垫层	m³	1233	
（三）	附属设施			
1	启闭控制房建筑面积	m²	306	
2	三义寨闸管理处用房建筑面积	m²	901	

5.7 安全监测设计

5.7.1 安全监测系统

5.7.1.1 设计原则

（1）以监测水闸底板扬压力的分布、水闸与大堤结合部的渗透压力以及闸室的不均匀沉陷为主。

（2）所选择的观测设备应长期稳定、可靠，具有大量的工程实践考验。同时便于实现自动化观测。

5.7.1.2　设计依据

(1)《引黄涵闸远程监控系统技术规程》(试行)(SZHH01—2002)。

(2)《黄河堤防工程管理设计规定》黄建管〔2005〕44 号。

(3)《土石坝安全监测技术规范》(SL 60—94)。

(4)《水闸设计规范》(SL 265—2001)。

(5)《大坝安全自动监测系统设备基本技术条件》(SL 268—2001)。

(6)《大坝安全监测自动化技术规范》(DL/T 5211—2005)。

5.7.2　监测项目及测点设置

根据上述设计原则,结合建筑物本身的具体情况,其仪器布设情况如下:

(1)底板扬压力观测。为监测水闸底板扬压力分布情况,沿铺盖、闸室、涵洞 2 号、4 号、6 号、8 号管节底板、消力池段底板中部各布设 1 支渗压计。

(2)闸堤结合部渗透压力观测。为监测水闸与大堤结合部的渗透压力分布情况,沿铺盖、闸室,涵洞 2 号、4 号、6 号、8 号管节底板、消力池段底板左右侧与黄河大堤结合部各布设 1 支渗压计

(3)闸室不均匀沉陷观测。闸室的不均匀沉陷不仅影响闸室的运行而且会危及涵闸安全。为监测闸室不均匀沉陷,在每联水闸的四角闸墩上分别安装 4 个普通水准测点。

(4)涵洞管节不均匀沉陷观测。为监测涵洞管节不均匀沉陷,在闸室与涵洞结合处、各涵洞管节结合处、涵洞与消力池结合处及下游翼墙顶部布设水准测点,其中闸室与涵洞结合处布设 12 个深式水准测点,涵洞 2 号、3 号管节,3 号、4 号管节结合处各布设 12 个深式水准测点;涵洞 4 号、5 号管节,5 号、6 号管节,6 号、7 号管节,7 号、8 号管节结合处各布设 12 个普通水准测点;涵洞与消力池结合处布设 4 个普通水准测点;下游翼墙顶部布设 6 个普通水准测点。

(5)堤顶沉陷观测。为监测水闸顶部黄河大堤沉陷情况,在堤顶布设 6 个普通水准标点。

(6)上下游水位观测。在上游闸室进水口右翼墙布设 1 支水位计,在下游消力池下游右翼墙布设 1 支水位计,以监测上下游水位。为了便于现场直观观察到水位的变化情况,同时考虑到观测系统遭到破坏时,还能通过人工观测采集到水闸上下游水位情况,特在其上下游侧墙上安装一根水尺。

(7)温度观测。外部环境温度的变化是影响仪器测值的主要因素之一,也是观测资料分析的必备参数,为此在管理房附近布设 1 支温度计(含百叶窗),以监测环境温度的变化。

5.7.3　监测设备选型

目前,应用于水利水电工程安全监测的设备类型很多,如振弦式、差动电阻式、电容式、压阻式等。除振弦式仪器外,其他仪器均存在长期稳定性差、对电缆要求苛刻、传感器本身信号弱、受外界干扰大的缺点。振弦式仪器是测量频率信号,具有信号传输距离长(可以达到 2~3km),长期稳定性好,对电缆绝缘度要求低,便于实现自动化等优点,并且每支仪器都可以自带温度传感器测量温度,同时,每支传感器均带有雷击保护装置,防

止雷击对仪器造成损坏。

根据安全监测设计原则以及各种类型仪器的优缺点，建议该工程中应用的渗压计、测缝计采用振弦式。

5.7.4 监测工程量

监测工程量见表 5.7-1。

表 5.7-1 监 测 工 程 量 表

序号	工 程 项 目	单 位	数 量
1	渗压计	支	21
2	水位计	支	2
3	温度计	支	1
4	水尺	m	16
5	普通水准标点	个	84
6	深式水准标点	个	36
7	水准工作基点	个	1
8	集线箱	个	1
9	水准仪	套	1
10	振弦式读数仪	个	1
11	电缆	m	2100
12	直径50mm镀锌钢管	m	30
13	电缆保护管（直径50mmPVC管）	m	120
14	电缆沟开挖与回填	m	100

6 三义寨引黄闸堤防加固工程处理措施

6.1 设计依据及基本资料

6.1.1 工程等别与建筑物级别

黄河下游堤防是保证黄淮海平原防洪安全的第一道屏障，干流堤防设防洪水相应为洪水重现期大于 100 年，按照《堤防工程设计规范》（GB 50286—98）的规定，临黄大堤属 1 级堤防。

6.1.2 设计依据文件及规程规范

主要依据的设计、施工技术规范有：

（1）《防洪标准》（GB 50201—94）。

（2）《水利水电工程初步设计报告编制规程》（DL 5021—93）。

（3）《堤防工程设计规范》（GB 50286—98）。

（4）《堤防工程施工质量评定与验收规程》（试行）（SL 239—1999）。

（5）《堤防工程施工规范》（SL 260—98）。

（6）《堤防工程管理设计规范》（SL 171—96）。

（7）《疏浚工程施工技术规范》（SL 17—90）。

（8）《水工建筑物抗震设计规范》（SL 203—97）。

（9）《工程建设标准强制性条文（水利工程部分）》（2010 年版）。

（10）《公路工程技术标准》（JTG B01—2003）。

（11）《公路路基设计规范》（JTG D30—2004）。

（12）《公路沥青路面设计规范》（TJT 014—97）。

（13）《公路软土地基路堤设计与施工技术规范》（TJT 017—96）。

（14）《沥青路面施工与验收规范》（GB 0092—96）。

（15）《公路沥青路面施工技术规范》（JTG F40—2004）。

技术要求、设计文件有：

（1）《黄河下游近期防洪工程建设可行性研究报告》（以下简称《近期可研》）（黄河勘测规划设计有限公司，2008 年 7 月）。

（2）《黄河堤防工程管理设计规定》黄建管〔2005〕44 号文。

（3）《黄河下游堤防道路工程设计暂行规定》黄河水利委员会。

6.1.3 设计范围和内容

堤防加固工程主要包括新闸两侧弯道段大堤的加固以及附属工程（包括堤顶道路、排水沟、植草、植树、适生林等），大堤加固全长 2.413km。

6.1.4 设计基本资料

6.1.4.1 设防水位

根据水文分析，小浪底水库建成后，黄河下游河道演变为先冲刷达到最低，然后逐渐回淤。2010年水平的设防水位略低于2000年水平的设防水位，考虑到近年来下游防洪工程建设的实际情况，为安全起见，本次采用2000年水平、2010年水平设计洪水位的最高值，即采用2000年设计洪水位作为防洪工程建设的依据。

黄河下游各主要控制站相应的设防水位为：铁谢118.69m，裴峪110.14m，官庄峪100.99m，秦厂100.33m，花园口94.46m，柳园口83.03m，夹河滩78.31m，石头庄70.07m，高村65.12m，苏泗庄61.58m，孙口50.79m，南桥45.85m，艾山45.01m，泺口34.63m，刘家园30.35m，道旭19.92m，利津16.24m。根据以上控制站的设防水位，按直线内插法推算设计堤段的设防水位为75.56～75.24m。

6.1.4.2 抗震标准

根据地质勘察报告，三义寨引黄闸闸址区抗震设防烈度为Ⅶ度，设计基本地震加速度值为0.10g。

6.1.4.3 抗滑稳定安全系数

正常运用条件　　$K \geqslant 1.3$。
非常运用条件　　$K \geqslant 1.2$。

6.2 现状及险情

6.2.1 堤段现状

本次设计的堤防加固工程现状情况统计见表6.2-1。

表6.2-1　　　　　　　　　　堤防加固工程现状情况统计表

	渠堤桩号	0+000～0+978	2+045～3+480
1	段落长度/m	978	1435
2	堤顶设计高程/m	78.56～78.46	78.46～78.24
3	堤顶现状高程/m	79.50～81.40	79.50～80.20
4	堤顶宽度/m	11.13～13.00	13.00～25.00
5	临河边坡	1:3	1:3
6	背河边坡	1:3	1:3
7	堤防加固情况	0+000～0+750段临河侧新堤加放淤，淤区宽度100m，0+750～0+978段背河侧放淤，淤区宽度100m，上界已放淤加固	背河侧堤脚和渠道之间放淤固堤，淤区宽度80～100m

6.2.2 堤身堤基

6.2.2.1 堤身情况

由于黄河下游大堤是在民埝的基础上经历代逐步加高培修而成的，历次加修的堤身质量参差不齐，加上堤防决口临时抢修用料复杂、质量较差。

从进行堤防地质勘察可以发现，堤身土黏性含量均小于15%，堤身干密度小于1.5t/m³，堤防隐患探测表明，堤身存在多处明显隐患，主要为松散体和裂缝，少量为空洞。隐患大多位于堤顶以下2～7m，处于堤身的中上部。

地质钻孔中，少数孔有漏浆现象，漏浆部位接近大堤底部。

6.2.2.2 基础情况

黄河下游平原系由黄河泥沙冲积而成，堤防基础多为砂性土，主要为壤土、砂壤土、粉土、粉砂，地层结构类型主要为双层结构和多层结构。黄河堤防系在历史旧民埝的基础上加修而成，基础没有进行处理，透水性较强，而且在历史上黄河堤防曾多次决口泛滥，每次决口堵复都是用了大量的秸柳软料，更加重了基础的渗水强度，这也是洪水期间堤防出现险情的主要原因之一。

6.2.3 出险原因分析

黄河大堤在历年汛期大水时均有堤段出险，根据对出险情况的分析，主要出险原因归纳为：

（1）堤身土料为砂壤土、黏土、壤土混掺组成，土质极不均匀。根据历史险情、隐患探测的成果和钻孔中漏水漏浆情况，加上室内土工试验测定的堤身土的黏粒含量、干密度和渗透系数等指标，充分说明堤身填筑质量不好，存在裂隙空洞等现象，引起堤身渗漏，具体表现为堤坡和堤脚部位的出渗。

（2）地基存在浅层透水砂层，背河侧存在诸多的坑塘和沟渠，使上部弱透水覆盖层变薄，水位较高时河水通过透水性较强的砂层而产生渗透破坏。

（3）临河侧存在堤沟河，地势低洼，同时，以前的堤防建设有近堤取土现象，减弱了入渗的铺盖作用。

由以上分析可以看出，黄河下游堤防堤身和地基均存在问题和隐患，需进行加固处理。

6.3 加固方案比较

6.3.1 总体方案比较

由于该段堤防堤身土质复杂、质量差，存在多种隐患，且该段大堤位于重点确保堤段，因此，需要采取适当的加固措施，消除隐患，弥补缺陷。常采用的加固措施有：放淤固堤、堤防截渗墙等。以上工程措施各有特点，且在除险加固工程建设中均已得到应用，积累了较多经验。各方法比较如下。

（1）堤防截渗墙。堤身、堤基存在裂缝、洞穴、空洞、堤基复杂时易产生渗透破坏，此时也可采用截渗法。截渗法通常采用有：混凝土截渗墙、水泥土搅拌桩截渗墙、高压喷射灌浆、垂直铺塑等多种方法。黄河堤防加固以前采用的截渗墙主要为混凝土截渗墙和水泥土搅拌桩截渗墙。

截渗墙技术发展较快，其施工机具和工艺技术不断发展完善，具有截渗深度大、连续造墙、施工速度较快等优点。截渗墙法加固可提高堤身、堤基的防渗效果；可有效阻断贯穿堤身的横向裂缝、獾狐洞穴，亦能阻止树根横穿堤身，且危害大堤的动物不能对墙体造成破坏，防止新的洞穴隐患产生。另外该措施征地赔偿问题很少，产生的社会问题小，在堤防背河有村庄而采取放淤固堤困难的情况下，是一种较好的加固措施。

但是，截渗墙法加固堤防存在以下诸多不利因素。首先，如采用堤身混凝土截渗墙，堤身在开槽施工中易塌孔、漏浆，不易成墙，黄河大堤上多处的施工实例证明，采用堤身混凝土截渗墙法施工是不可行的；如采用堤身水泥土搅拌桩截渗墙，受工艺设备的限制，成墙深度不能达到设计要求。其次，滩内地形复杂，洪水漫滩后，滩地上的水流情况也很复杂，洪水期可能产生横河、斜河现象，洪水主流直接顶冲大堤，致使大堤临河侧堤坡滑塌。此时，截渗墙受背水侧大堤土压力作用，将产生强度破坏，这时剩余堤防宽度较小，没有抢修的工作场地，极可能导致大堤冲决。

（2）放淤固堤。放淤固堤是利用挖泥船或泥浆泵抽取河道或滩区的泥沙，输送到堤防背河侧，培厚大堤断面，延长渗径长度。

淤背固堤具有显著的优点：在河道中挖取的泥沙多为沙性土，渗透系数大，置于大堤背河侧有利于背河导渗；由于淤背较宽，可有效地延长渗径，提高堤防强度，增强堤防的整体稳定性，有利于抗震；淤背固堤同时加宽大堤断面，便于抗洪抢险，可为抢险争取时间；更重要的是放淤固堤技术能够利用黄河泥沙，对河道有一定的疏浚作用，通过长期放淤固堤，可以使黄河下游变为相对地下河，符合以黄治黄的治河方针；淤背固堤施工效率高、工序简单，施工完成后，由于宽度相对较大，有利于进行工程的综合开发利用，实现较好的综合效益。自 20 世纪 70 年代初期黄河下游就开始实施放淤固堤工程，通过淤背加固，填平了大堤背河侧的低洼坑塘，加大了堤防的宽度，延长了渗径，对解决漏洞、渗水、管涌等险情有明显的作用，有效地提高堤防防御洪水的能力。实践证明，凡是进行淤背固堤且达到加固标准的堤段，发生大洪水时背河都没有险情发生。

经过长期的实践证明，放淤固堤优点最为明显：一是可以显著提高堤防的整体稳定性，有效解决堤身质量差问题，处理堤身和堤基隐患；二是较宽的放淤体可以为防汛抢险提供场地、料源等；三是从河道中挖取泥沙，有疏浚减淤作用；四是淤区顶部营造的适生林有利于改善生态环境；五是长期实施放淤固堤，利用黄河泥沙淤高背河地面，淤筑"相对地下河"，可逐步实现黄河的长治久安。

放淤固堤的缺点是：大堤淤区和取土占用耕地，淤区取土多为沙土，若不及时妥善处理，极易产生沙化，导致淤筑区和周边地区的环境恶化，给当地生产生活带来不便。淤区施工用水量大，施工用水需要排水出路，如果处理不当，可能引起周边地区土壤次生盐碱化。但长期实践证明，通过包边盖顶和淤区排水工程措施，目前这两个问题都已得到很好解决。

通过以上的分析比较，考虑到放淤固堤能够利用黄河泥沙，对河道有一定疏浚作用，通过长期放淤固堤，可以使黄河下游变为相对地下河，符合以黄治黄的治河战略方针；放淤固堤同时加宽大堤断面，便于抗洪抢险，可为抢险争取时间。因此，本段堤防推荐采用放淤固堤的加固措施。

6.3.2 放淤固堤方案的比较

工程的加固范围为黄河右岸 129＋300～130＋831 之间的弯道段大堤，对应的弯道段渠堤桩号为 0＋000～3＋480。其中新建三义寨引黄闸上游侧加固渠堤范围为 0＋000～0＋978，渠堤长 978m，下游侧加固渠堤范围为 2＋045～3＋480，渠堤长 1435m。

（1）渠堤桩号0+000至新建三义寨引黄闸堤段（以下简称闸前段）。该段渠堤背河侧无村庄分布，但部分堤段背河侧紧邻新三义寨引黄灌区的兰杞干渠，不具备全部在背河侧放淤固堤的条件，因此只在具备放淤条件的堤段（0+700～0+978段）采用"背河侧放淤固堤"的加固方案。

大堤在渠堤桩号0+000和0+700两处形成凹向背河侧的急弯，根据现状地形、堤防紧邻兰杞干渠，堤脚线和渠道上开口线最窄处只有10多米，不具备背河放淤条件。临河侧村庄分布较少，在临河侧新建大堤，使堤线前移，不需要进行移民房屋及其他实物的搬迁赔偿；新建大堤后，在新堤和老堤之间进行放淤，既可以解决原来存在的防汛抢险困难的问题，在急弯段建新堤，还可以归顺堤线，便于今后的工程管理。因此，0+000～0+700段推荐采用在临河侧"新建大堤结合放淤固堤"的加固方案。

（2）新建三义寨引黄闸至渠堤桩号3+480堤段（以下简称闸后段）。该段渠堤临河侧村庄密集，房屋占压面积大，背河侧与人民跃进渠和兰考干渠之间有约100m的宽度可以布置淤区，拆迁量较小，且下游堤防加固也采用背河侧放淤，因此本段采用"背河侧放淤固堤"的加固方案。

6.4　淤区断面的确定

放淤固堤宽度应对黄河历史上背河堤脚以外经常出现管涌等险情的范围进行覆盖，以避免类似险情再次发生；并充分考虑现有堤防的实际情况，高度应高于背河堤坡在大洪水时出险（渗水、滑坡、漏洞等）范围，坡度应符合稳定要求（包括渗流、地震等）；淤筑体的表面保护，要满足环境保护要求，并应有与工程相适应的耐久性。

根据黄河上长期的经验积累，背河发生管涌等险情一般都在100m范围以内，因此放淤宽度一般为100m左右。防洪保护区范围巨大的左岸沁河口至原阳篦张、右岸郑州邙山根至兰考三义寨、济南槐荫老龙王庙至历城霍家溜3个重点确保堤段及近年已经批复实施的部分险要堤段的放淤固堤采用淤宽一般为100m、顶部与设计洪水位平的标准。

该次设计加固范围内，村庄和其他搬迁实物较少，淤区宽度受拆迁赔偿的影响较小，且本段堤防属于3个确保堤段内，因此，淤区宽度采用100m，淤区顶高程与设计洪水位平。

6.5　工程布置

（1）闸前段。渠堤在0+000（大堤129+300）～0+750形成两处弯道，背河侧紧邻兰杞干渠，故在老堤临河侧约100m处，布置新堤，使渠堤改线，在新堤和老堤之间放淤。新堤的起始桩号129+090（大堤桩号），在渠堤桩号0+950结束，全长1029m。新堤与老堤中心线相距约100m，淤区与背河侧老淤区的搭接长度大于50m。淤区的顶部高程与2000年设防水位齐平。新堤顶宽12m，两侧边坡1∶3。

0+750～0+978渠堤段，背河侧离兰杞干渠较远，采用背河放淤。淤区顶宽100m，高程与2000年设防水位齐平，淤区外边坡1∶3。与临河侧淤区搭接长度大于50m。

（2）闸后段。2+045～3+480渠堤段，临河侧分布大片村庄，采用背河侧放淤，淤区顶宽100m，高程与2000年设防水位齐平，淤区外边坡1∶3。淤区结束段与相临堤段淤区相衔接。此段背河侧受人民总干渠和兰考干渠影响，部分渠段淤区宽度无法满足100m的要求，从现状渠道上开口线留出6m的管理道路后为淤区的坡脚线，淤区的宽度范围为80~100m。根据渗流稳定计算，断面满足设计要求。

6.6 工程设计

6.6.1 新堤设计

6.6.1.1 新堤堤型设计

堤型的选择要兼顾到经济性和实用性，并且能满足防汛和管理的要求。黄河下游临黄大堤约1370km，大都是在历代民埝的基础上加高培厚而成，堤型均为土堤。本段堤防地处黄河下游，河道宽而滩地大，有较为充足的土料来源。根据实际情况，新堤堤身设计为均质土堤，利用当地滩区的土料填筑。

6.6.1.2 新堤堤线布置

根据《堤防工程设计规范》（GB 50286—98）的规定，"堤线应力求平顺，各堤段平缓连接，不得采用折线或急弯"。所以，新堤与老堤的连接及堤线的平顺布置应符合规范要求。新堤与老堤的连接是一个重要问题，连接夹角不能过大，也不能过小。过大则漫滩洪水可能对堤防产生不利影响；过小则使连接段加长，使放淤宽度减小。由于修做新堤，参照平原微丘三级公路的标准，堤线转弯半径不小于200m。

6.6.1.3 新堤设计断面

设计堤段位于黄河大堤右岸，按照确定各河段堤防断面，堤防的堤顶设计高程超设防水位3m；堤顶宽度12m，两侧边坡1:3。

根据对典型断面进行的抗滑稳定计算，各工况均满足要求。

采用新堤结合放淤固堤加固后，对以上断面进行渗流稳定计算，计算成果表明，在假定堤身是均质填土的基础上，放淤加固后，出逸高度有所降低，出逸比降满足允许水力坡降。

6.6.1.4 新堤地基处理

新堤清基深度为0.3m，遇到特殊情况，清基深度可根据具体情况适当加深。基面清理范围为堤身设计基面边线外0.5m。

6.6.1.5 填筑材料与填筑标准

（1）填筑材料。土料场的勘察表明，所选料场土料的质量和储量满足要求。

（2）填筑标准。黄河大堤为1级堤防，筑堤标准按压实度控制，要求压实度不小于0.94。

6.6.1.6 护坡与排水

护坡应坚固耐久、就地取材、利于施工和维修。由于靠水机会不多，且临河侧种植了防浪林带，风浪作用较小，采用草皮护坡。

由堤顶子埝汇集堤顶雨水，通过堤坡横向排水沟排出。

6.6.2 淤区设计

6.6.2.1 淤区基础处理

（1）清基清坡。淤区施工前应进行清基清坡。

清基深度为0.2m，遇到特殊情况，清基深度可进行调整。基面清理范围为淤区设计边线外0.3~0.5m。淤区范围内如有坑塘，要将坑塘内的水草等杂物清除干净。

淤区清坡水平宽度为0.3~0.5m，清理高度高出淤区高程0.30~0.50m。

（2）地震液化。根据地质勘探分析，本区域属于7度地震区，大堤下方的地基一般不存在地震液化问题，而三义寨引黄闸右侧渠堤背河侧的⑤层砂层局部存在轻微液化问题。

经过分析，认为对可能出现的液化现象暂不采取工程措施，理由如下：

1）放淤固堤工程实施后，淤背区相当于在大堤背河侧进行了压重，地震时，背河即使发生液化，也只可能在淤区坡脚产生，不会影响到大堤；

2）7度地震与设计洪水组合的几率很小，而多年平均洪水流量相应的洪水水位很低，此时一旦发生地震液化，有条件对出险堤段进行修复，不会造成大的危害。

6.6.2.2 围堤及格堤

为了放淤固堤工作顺利进行，必须修好围堤，以防止淤区决口。围堤高度由放淤设备的排泥量、泥浆沉淀后的富裕水深、风浪超高和围堤土质、沉降量等因素确定，边坡参照《疏浚工程技术规范》（SL 17—90）选定，围格堤可分期做。一期围格堤可采用推土机从淤区内推土填筑，二期围格堤从淤区内推填放淤土方并填筑到设计高程。

围堤标准断面：顶宽2.0m，高2.5~3.0m，临水坡1:2.5，背坡1:3，超高0.5m，围格堤均为半压实。由于淤区面积较大，考虑到铺设排泥管和淤区平整的要求，淤区内要修筑格堤将淤区划分为几个格区，便于多次复淤，间隔500m一条。格堤高度与围堤高度平，内外坡均为1:2，顶宽2m。

6.6.2.3 包边盖顶

放淤固堤取土多为砂质土，淤区若不采取防护措施，风冲雨蚀，不但使淤区本身工程损毁，且易使附近农田沙化，影响农业生产，因此，需对淤区进行包边盖顶设计。

施工完成后，淤区顶部种植适生林，因此，盖顶宜采用耕作土（壤土）；包边土料应该有较高的黏性。

淤区在达到设计顶部高程内盖顶厚0.5m。修筑新堤的堤段，新、老堤之间放淤部分只需要盖顶不需要再进行包边。其他的淤背段，除需要盖顶外，尚需要包边，水平包边宽为1.0m。

盖顶前要将淤区顶面平整，淤区外侧高于内侧0.1m，并修做淤区顶部的围堰和格堤以便于工程管理和淤区排水。包边、盖顶后围堰顶宽1.0m，高0.5m，外边坡1:3，内边坡1:2；格堤间距100m，顶宽1.0m，两侧边坡均为1:2。

淤区盖顶自然蛰实（达到自然容重）厚度为0.5m，虚土填筑厚度按不小于0.67m控制，可不压实。淤区包边前需用机械或人工整理边坡达1:3，土料含水量控制在15%~20%。包边土方填筑压实度不小于0.90。

根据复垦要求，为保水保肥，在盖顶之下铺设黏土隔水层，厚0.2m。

6.6.3 附属工程设计

6.6.3.1 防浪林工程

新堤建成后，需要在临河侧靠堤脚处新建防浪林带，和两侧老堤防浪林带连接成一体，共同起到防风、消浪的作用。

（1）树种选择。根据黄河下游的实际情况，经过综合比较和分析，选择高柳和丛柳作为防浪林的树种。该树种具有耐旱耐涝、枝叶茂密、苗源丰富、种植容易等优点，而且是防汛抢险最常用也是最好用的料物之一。根据以前黄河下游防浪林的经验，高柳树苗高于2.5m，树龄2年生以上，胸径不小于2cm。

（2）防浪林布置。黄河防浪林由高柳和丛柳组成，防浪林按50m宽种植，其中高柳宽24m，间距2m×2m；丛柳宽26m，间距1m×1m。

（3）工程量。因防浪林种植一般情况下成活率为90%左右，为保证防浪林建设达到设计要求，发挥最大效益，增加10%的树木种植。本期防浪林工程需植柳树27254株，其中高柳5451株，丛柳21803株。

6.6.3.2　堤顶道路

为了防汛抢险的需要，新建大堤堤顶道路应进行硬化，以保证防汛车辆的畅通。本次初步设计堤顶硬化范围为129＋090（大堤桩号）～0＋950（渠堤桩号），硬化长度1029m。参考三级公路标准硬化，沥青碎石路面，路面宽6m，路基宽6.5m。硬化过程中需注意与原大堤路面的连接。其设计标准如下。

（1）路线布置。堤顶硬化的平曲线布置沿现有堤顶布置，堤线不再做改线处理，路中心与堤顶中心重合，对特殊情况可适当调整。

纵曲线布置，该设计堤防道路的堤顶高程已达到设计高程的要求，因此，堤身路基纵断面设计高程原则上采用2000年堤顶设防高程，为了线路纵向平顺连接，符合公路标准要求，仅将纵坡作微小调整。

（2）路基设计。

1）路基横断面设计。根据路线纵断面设计，在现有大堤顶面挖6.8m宽的路槽，路槽底面应按设计要求修整为2%的双向排水横坡。

2）路基设计的基本要求。路基应根据使用要求和当地的自然条件并结合施工方法进行设计，既要有足够的强度和稳定性，又要经济合理。

现有黄河大堤作路基，路基应有一定的密实度，以保证路基和路面必要的稳定性。根据《黄河下游堤防道路工程设计暂行规定》的要求，新修路段需将路槽以下30cm路堤土翻松，重新压实，使其压实度按重型击实标准达93%。

（3）路面设计。路面设计根据公路等级、使用要求、性质及自然条件等，结合当地实际经验及路基状况进行综合考虑，路面按其结构性质由面层和基层组成。

1）面层。为了给汽车运输提供安全、快速、舒适的行车条件，根据公路及路面等级和使用要求，面层类型选用热拌沥青碎石混合料，其路面具有坚实、平整、抗滑、耐久的品质，还具有高温抗车辙、低温抗开裂、抗水损害以及防雨水渗入基层的功能。

热拌沥青碎石混合料面层总宽6m，总厚5cm，由4层构成，从上而下分别为：上封层、厚4cm沥青碎石层、下封层、透层。面层施工时应随基层形成2%的双向排水横坡。

堤顶干道热拌沥青碎石混合料面层，混合料类型选为AM-16型，最大集料粒径16mm。AM-16型沥青碎石料矿料组成见表6.6-1。

表 6.6 - 1 　　　　　　　　　　　AM - 16 型沥青碎石混合料矿料组成

筛孔尺寸/mm	19.0	16.0	13.2	9.50	4.75	2.36	1.18	0.6	0.3	0.15	0.075
通过质量/%	100	90～100	60～85	45～68	18～42	6～25	3～18	1～14	1～10	0～8	0～5

为了提高坡道的抗滑性能，辅道及路口热拌沥青碎石混合料类型选用 AK - 16A 型抗滑面层。最大集料粒径 16mm，AK - 16A 型沥青碎石混合料矿料组成见表 6.6 - 2。

表 6.6 - 2 　　　　　　　　　　　AK - 16A 型沥青碎石混合料矿料组成

筛孔尺寸/mm	16.0	13.2	9.50	4.75	2.36	1.18	0.6	0.3	0.15	0.075
通过质量/%	90～100	70～90	50～70	30～50	22～37	16～28	12～23	8～18	6～13	4～9

沥青碎石路面对碎石的要求：

a. 不应使用与沥青黏结力差的酸性石料：如花岗石、石英岩、砂岩、片麻岩、角闪岩等，宜使用石灰岩、白云岩、辉长岩、玄武岩、辉绿岩、大理石等碱性石料，最好使用硅质石灰岩。

b. 不宜采用颚式破碎机轧制的碎石料，宜采用旋回破碎机、反击式破碎机、锤式破碎机轧制的碎石料。

c. 矿料的级配组合必须符合设计规定，按方孔筛通过筛孔质量的百分数进行控制。

d. 矿料应洁净、干燥、新鲜无风化、无杂质、无泥块，具有足够的强度、坚硬、耐磨和冲击性。

e. 矿料应有良好的颗粒形状，应采用接近立方体、多棱体状颗粒，不应采用片状、圆状的碎石料。

f. 细长扁平颗粒含量应小于 20%，含泥量不大于 1%，软弱石料含量不大于 5%，吸水率不大于 3%。

g. 石料等级应不低于 2 级，视密度不小于 2.45t/m³，压碎值不大于 30%。

h. 沥青碎石路面选用的沥青标号采用重型道路石油沥青 AH - 100 型，沥青碎石压实度应以马歇尔试验密度为标准密度，其压实度达到 94%。

i. 沥青混合料松铺系数取 1.3，材料用量为：沥青（AH - 100 型）4kg/m²；矿料 0.05m³/m²（松方）。

封层：封层用于沥青面层的上、下面，分别称上封层和下封层。上、下封层的厚度各 5mm，上封层宽 6m，采用 BC - 3 型中裂拌和型阳离子乳化沥青稀浆，下封层宽 6.0m，采用 BC - 2 型中裂拌和型阳离子乳化沥青稀浆，沥青、石屑用量分别为 1.1kg/m²、0.0065m³/m²（松方）。

乳化沥青稀浆上、下封层均采用 ES - 2 型封层矿料级配见表 6.6 - 3。

表 6.6 - 3 　　　　　　　　　　　ES - 2 型封层矿料级配表

筛孔尺寸/mm	9.50	4.75	2.36	1.18	0.60	0.30	0.15	0.075
通过质量/%	100	90～100	65～90	45～70	35～50	18～30	10～21	5～15

黏层：黏层用于路缘石与面层接触面，采用 PC - 3 型快裂洒布型阳离子乳化沥青稀

料涂刷，涂层厚1mm，沥青用量0.6kg/m²。

透层：透层用于基层与面层的结合面，采用PC-2型快裂洒布型阳离子乳化沥青稀料涂刷。透层宽6.0m，沥青用量0.93kg/m²。

2）基层。设计选用混合基层，即基层采用水泥石灰碎石土基层，底基层采用水泥石灰土基层。

水泥石灰碎石土基层宽6.5m，厚15cm，设计配合比为土∶碎石∶石灰∶水泥＝61∶25∶10∶4（重量比）。水泥石灰土底基层宽6.8m，厚15cm，设计配合比为土∶石灰∶水泥＝100∶10∶6（重量比）。基层施工前必须做现场配合比试验，以保证其强度满足设计要求。

基层、底基层的压实度（重型击实）分别应达到97%、95%。7天浸水无侧限抗压强度应达到：基层不低于0.8MPa，底基层不低于0.6MPa。

石灰稳定类基层对原材料的技术要求：

①水泥：普通硅酸盐水泥、矿渣硅酸盐水泥和火山灰质硅酸盐水泥均可做结合料，宜选用终凝时间长的水泥。

②石灰：稳定土所用石灰质量应符合石灰技术指标中规定的不低于Ⅲ级消石灰或生石灰的技术指标；石灰技术指标见表6.6-4。

表6.6-4　　　　　　　　　石　灰　技　术　指　标　表

类　别	钙质生石灰			镁质生石灰			钙质消石灰			镁质消石灰		
项目指标	等　级											
	Ⅲ	Ⅰ	Ⅱ	Ⅲ	Ⅰ	Ⅱ	Ⅲ	Ⅰ	Ⅱ	Ⅲ	Ⅰ	Ⅱ
有效钙加氧化镁含量/%，不小于	85	80	70	80	75	65	65	60	55	60	55	50
未消化残渣含量（5mm圆孔筛余%）不大于	7	11	17	10	14	20						
含水量/%，不大于							4	4	4	4	4	4
0.71mm方孔筛的筛余/%，不大于							0	1	1	0	1	1
0.125mm方孔筛的累计筛余/%，不大于							13	20		13	20	
钙镁石灰的分类界限，氧化镁含量，%	≤5			>5			≤4			>4		

③细粒土：应为粉土或粉质黏土，土的塑性指数为7～18，针对黄河大堤沿线土质情况，以塑性指数12～18为佳。土料应干净，无杂草、瓦砾，硫酸盐含量应小于0.8%，有机质含量应小于10%。

④碎石：其碎石应具有一定级配，且最大粒径不应超过40mm。碎石级配范围见表6.6-5。

表 6.6 - 5   碎 石 级 配 范 围

层 位	通过下列方筛孔（mm）的质量百分率/%								
	40	31.5	19	9.5	4.75	2.36	1.18	0.6	0.075
基层		100	81～98	52～70	30～50	18～38	10～27	6～20	0～7

（4）其他。

1）路肩：行车道两侧的黏土路肩宽均为 0.75cm（含路缘石宽 10cm），压实度应达到 93%（重型击实）。路肩应与路面平顺相连，并形成 3% 的横向排水坡。

2）堤顶培土：在两侧路肩外沿至大堤顶边沿，需用符合要求的土料进行堤顶培土，把路肩与堤顶的高差碾压填平。培土顶面要与路肩形成 3% 的平顺排水横坡。

培土所用土料宜选用粉质黏土、粉土，黏粒含量宜为 15%～30%，塑性指数宜为 10～17，土中不得有草根、瓦砾等杂质，含水量应适宜。压实度可与路肩相同，也可低于路肩，但不低于 92%。

3）路缘石：在行车道两侧设埋入式路缘石，路缘石顶面与行车道齐平，采用 50cm× 30cm×10cm 的 C20 素混凝土预制块。

路缘石应在路面基层碾压完成后再开槽埋入，并将其孔隙填土捣实，确保稳定。在路面、路肩施工时，亦应保证与路缘石能紧密结合。

（5）路面排水。做好路面排水对保持路基、路面稳定和强度，确保公路畅通和行车安全极为重要。结合本工程的实际情况，设计采用集中排水形式，路面雨水通过路面和路肩设置的排水横坡排向大堤两侧，利用堤肩的挡水子埝（顶宽 0.3m，高 0.2m，内边坡 1∶2，外边坡 1∶3）汇集，通过两侧堤坡排水沟排除，路肩边坡植草皮护坡。

6.6.3.3 行道林

根据黄河水利委员会堤防建设的有关规定，行道林的种植标准：堤顶两侧各植一行，株距 2m。本次设计中，新建大堤堤顶两侧各植一行。

6.5.3.4 护堤地植树

淤区坡脚外设护堤地，其宽度为 10m。在护堤地植树，其株行距 2m×2m。

6.6.3.5 排水沟及永久排水

（1）堤防排水设施。

1）堤身排水沟。单侧排水沟间距 100m，临、背河交错布置。临河排水沟的长度为从堤顶到堤脚，背河排水沟的长度从堤顶到淤区顶与淤区纵向排水沟相连。临河排水沟在堤防坡脚外设消力池，消力池宽 60cm，深 0.30m，长 50cm。排水沟采用 C20 混凝土预制或现浇梯形断面，上口净宽 0.36m，底净宽 0.30m，净深 0.16m，厚 0.06m；排水沟两侧及底部采用三七灰土垫层，厚度 0.15m，并与堤坡紧密结合。

2）堤顶子埝。子埝主要是用于约束堤顶雨水，使其沿堤坡横向排水沟排水至堤脚，防止雨水冲刷堤坡造成水土流失，形成水沟浪窝。堤顶子埝高 0.15m，顶宽 0.5m，内坡 1∶2，外坡 1∶3。

（2）淤区排水设施。为防止雨水集中冲刷，淤区边坡、淤区顶部与大堤交汇处均需设置排水沟。按照规范要求并结合黄河已有的工程经验，淤区边坡每 100m 布设一条横向排水沟，淤区顶面与大堤堤坡交汇处布设纵向排水沟一条，并与堤身排水沟相连。排水沟采用 C20 混凝土预制或现浇梯形断面，上口净宽 0.36m，底净宽 0.30m，净深 0.16m，厚 0.06m；排水沟两侧及底部采用三七灰土垫层，厚 0.15m。为保护排水沟及堤脚，在排水沟到达淤区坡脚处设消力池，消力池宽 60cm，深 30m，长 50cm。

6.6.3.6　堤坡植草

对放淤固堤的堤段，为防止边坡被雨水冲刷，在堤坡和淤区边坡进行植草防护，草种为耐旱型葛芭草，墩距 0.2m，梅花型布置。

6.6.3.7　标志桩、界桩

为了便于工程管理，沿护堤地边界埋设界桩，界桩直线段 200m 埋设一根，弯曲段适当加密。工程设标志桩，以标识工程特性。

6.6.3.8　辅道处理

堤防上有许多上堤辅道，平时既为工程管理服务，又是滩区内外联系及群众进行正常生产的必经之路，也是汛期滩区群众迁安救护和工程抢险的主要通道。放淤固堤施工后，原有辅道与堤防连接不顺，必须在原基础上进行处理。

根据规范及有关规定的要求，结合上堤辅道的重要程度，对辅道予以处理。辅道两侧边坡均为 1:2，纵坡为 1:15，顶宽 9m。

辅道处理仅涉及放淤固堤一侧，原辅道路面为碎石、沥青路面的，放淤时应清除，放淤完成后予以恢复。

开封堤防加固工程辅道统计见表 6.6-6。

表 6.6-6　　　　　　　　开封堤防加固工程辅道统计表

序号	桩号	辅道型式	堤顶高程 /m	地面高程 /m	辅道顶宽 /m	辅道纵坡	辅道边坡	路面结构	土方工程量 /m³
1	0+220	临河正交	78.58	74.97	9	1:15	1:2	沥青	2896
2	0+545	临河斜交	78.95	74.99	9	1:15	1:2	沥青	3038
3	2+280	背河正交	79.05	74.55	9	1:15	1:2	沥青	1587
4	3+320	背河斜交	79.48	74.28	9	1:15	1:2	沥青	2380

注　表中桩号为渠堤桩号。

6.7　堤防加固工程量

放淤固堤工程主要工程量包括放淤填筑、新堤填筑、包边盖顶、清基清坡、围格堤填筑、辅道填筑等，见表 6.7-1、表 6.7-2。

表 6.7-1　　　　堤防加固工程主要工程量汇总表（20cm 隔水层方案）

编号	工程项目	单位	工程量	备注
	建筑工程			
（一）	主体工程			
1	填淤土方	万 m³	35.15	
2	新堤填筑	万 m³	10.74	

编号	工程项目	单位	工程量	备注
3	包边土方	万 m³	0.63	
4	隔水层土方	万 m³	2.99	
5	盖顶土方	万 m³	7.48	
6	淤区平整	万 m²	14.95	
7	一期围格堤土方	万 m³	5.42	
8	二期围格堤土方	万 m³	0.69	
9	清基清坡	万 m³	4.06	
10	复垦土开挖	万 m³	5.55	
11	堤顶硬化	m	1034.93	
12	排水沟	m	2825.52	
（二）	附属工程			
1	辅道填筑土方	m³	9901.57	
2	辅道硬化	m²	2314.66	
3	界桩	根	27	
4	护堤地种树	株	4390	
5	行道林	株	1087	
6	子埝土方	m³	52.00	
7	植草	m²	43347.05	

表 6.7 - 2　　　　　堤防加固工程主要工程量汇总表（1m 壤土方案）

编号	工程项目	单位	工程量	备注
	建筑工程			
（一）	主体工程			
1	填淤土方	万 m³	43.46	
2	新堤填筑	万 m³	10.74	
3	包边土方	万 m³	0.63	
4	淤区覆土	万 m³	14.96	
5	淤区平整	万 m²	14.95	
6	一期围格堤土方	万 m³	5.42	
7	二期围格堤土方	万 m³	0.69	
8	清基清坡	万 m³	4.06	
9	复垦土开挖	万 m³	13.86	
10	堤顶硬化	m	1034.93	
11	排水沟	ⅲ	2825.52	
（二）	附属工程			

编号	工 程 项 目	单 位	工 程 量	备 注
1	辅道填筑土方	m³	9901.57	
2	辅道硬化	m²	2314.66	
3	界桩	根	27	
4	护堤地种树	株	4390	
5	行道林	株	1087	
6	子堰土方	m³	52.00	
7	植草	m²	43347.05	

6.8 稳定计算分析

6.8.1 渗流稳定计算分析

（1）计算断面的选取。根据各堤段不同的地质条件，按照地基地层分类和放淤固堤类型，选取渠堤桩号 0+400、0+600、0+800、1+400 共 4 个断面进行渗流稳定计算。

（2）计算参数。根据地质勘查报告，各土层的渗透系数见表 6.8-1。

表 6.8-1　　　　　　　　　　渗 流 计 算 参 数 表

层　　　号	岩　　　性	渗透系数/(cm/s)	允许坡降建议值
①	壤土	2.5×10^{-5}	0.35～0.50
②	壤土	2.1×10^{-5}	0.40～0.55
③	黏土	1.9×10^{-6}	0.40～0.55
④	砂壤土	1.7×10^{-5}	0.10～0.20
⑤	细砂	3.2×10^{-4}	0.15～0.25

（3）计算方法。渗流计算采用河海大学工程力学研究所编制的水工结构有限元分析系统（AutoBank v3.2）。

采用平面有限元计算方法有限元渗流分析是对大堤的流场进行模拟，分析典型断面的渗透稳定性。

根据流体力学原理，在求解域中三维无黏性不可压缩稳定流的水头函数满足拉普拉斯方程：

$$k_x \frac{\partial^2 h}{\partial z^2} + k_z \frac{\partial_2 h}{\partial z^2} = 0$$

式中　h——水头函数；

　　x、z——坐标；

　　k_x、k_z——渗透系数。

堤防渗流场计算的基本假定：渗流场计算按平面问题考虑；渗流场计算按稳定场问题考虑。

由于地质给定的渗透剖面有限，在计算中对下游计算边界按给定的地层进行适当的延

71

长，一般取至堤前后各 100~150m。上、下游计算边界为封闭型，临河侧水位取设防水位，背河侧水位取堤后地面高程。

（4）计算成果分析。渗流计算成果见表 6.8-2。

表 6.8-2   渗 流 计 算 成 果 表

计算断面桩号	计算情况	出溢高度/m	出溢比降	允许出溢比降	单宽渗流量/(m³/d)
新堤 0+400	现状	0.17	0.14	0.52	3.0845
	加淤临	0	0.09	0.52	0.9504
新堤 0+600	现状	0	0.25	0.52	0.0181
	加淤临	0	0.17	0.52	0.0110
老堤 2+850	现状	0.12	0.1	0.44	0.0081
	加淤背	0	0.13	0.44	0.0062
老堤 2+650	现状	0	0.09	0.44	0.0043
	加淤背	0	0.04	0.44	0.0043

计算成果表明，在假定堤身是均质填土的基础上，设计洪水条件下，现状堤坡出逸比降满足设计要求。

由于上述渗流计算成果是按照均质土堤进行计算，而堤身、堤基的裂缝、孔洞等隐患易形成集中渗流，且位置不易确定，因此计算结果不能完全反映实际情况。目前的计算还不能模拟堤防存在的缺陷；同时，由于黄河高水位运行的时机很少，又缺少堤防临水出险时必须的观测资料，无法进行出险堤段的反演分析，不能较真实地进行模拟分析。

黄河下游堤防的"溃决"一般都是有渗水通道破坏引起溃堤决口的。由于堤防土质不良，存在裂隙、孔洞等隐患，仍需对这些堤段进行加固。

6.8.2 边坡稳定计算

（1）典型断面的选取。根据地形特征、运用情况和地质条件，共选取 2 个典型断面进行边坡稳定计算，桩号为 0+050、0+450。

（2）计算工况及方法。兰考段堤防为Ⅰ级堤防。根据《堤防工程设计规范》（GB 50286—98）的要求，大堤抗滑稳定包括正常情况和非常情况，计算工况如下：

1）正常运用情况。

a. 设计洪水位下的稳定渗流期或不稳定渗流期的背河侧堤坡，规范要求安全系数不小于1.3。

b. 设计洪水位骤降期的临河侧堤坡，规范要求安全系数不小于1.3。

2）非正常运用情况。

a. 施工期的临河、背河侧堤坡，规范要求安全系数不小于1.2。

b. 多年平均水位遭遇地震的临河、背河侧堤坡，规范要求安全系数不小于1.2。本段堤防多年平均水位很低，不会上滩，所以本次设计不再计算该工况。

计算方法采用规范要求的瑞典圆弧法和简化毕肖普法。计算采用河海大学工程力学研究所编制的土石坝稳定分析系统（HH-SLOPE r1.1）。稳定计算采用的各层物理力学指标见表 6.8-3。

表 6.8-3   土层物理力学指标采用表

层号	岩性	含水量	干密度	孔隙比	孔隙率	饱和度	土粒比重	凝聚力	内摩擦角
①	壤土	23.2	1.5	0.803	44.47	77	2.71	22.15	20.7
②	壤土	23.6	1.65	0.636	38.9	100	2.7	22.15	20.7
③	黏土	34.4	1.37	1.01	50.17	93	2.74	23	9.5
④	砂壤土	22.9	1.56	0.699	41	88	2.7	33.3	29.1
⑤	细砂	19.3	1.69	0.576	36.38	90	2.68	20.8	33.8

（3）计算成果分析。计算成果见表 6.8-4。根据抗滑稳定计算结果分析，新建大堤在各种工况下是稳定的。

表 6.8-4   稳定计算成果汇总表

桩号	工况	计算方法	计算 K	规范 G
0+050	大堤，临河坡，完建	瑞典圆弧法	1.61	1.2
		简化毕肖普法	1.79	1.2
	大堤，临河坡，设计洪水位	瑞典圆弧法	3.27	1.3
		简化毕肖普法	3.59	1.3
	大堤，临河坡，水位降落期	瑞典圆弧法	1.72	1.3
		简化毕肖普法	1.94	1.3
0+450	大堤，临河坡，完建	瑞典圆弧法	1.70	1.2
		简化毕肖普法	1.89	1.2
	大堤，临河坡，设计洪水位	瑞典圆弧法	3.55	1.3
		简化毕肖普法	3.80	1.3
	大堤，临河坡，水位降落期	瑞典圆弧法	1.80	1.3
		简化毕肖普法	1.96	1.3

7 三义寨引黄闸电气与金属结构

7.1 电气工程

7.1.1 电源引接方式

三义寨引黄渠首闸位于开封市兰考县境内，闸门的运行情况采用计算机监控系统及视频监视系统，水闸对供电要求允许短时停电，按三级负荷设计。

三义寨引黄渠首闸电源由三义寨—夹河滩 10kV 架空线路 T 接，T 接架空线路距三义寨引黄闸管理所约 800m，导线采用 LGJ - 70 钢芯铝绞线，然后经电缆（YJV22 - 3x70 8.7/10kV）引至配电室内高压进线柜，高压进线采用负荷开关、限流熔断器，计量设在高压侧，低压单元设 10 个出线回路，分别供工作闸门起闭机、检修闸门启闭机、管理所用电负荷和备用。

7.1.2 电气接线

本工程属永久变电站，电压等级 10kV/0.4kV；主变压器 1 台：200kVA；10kV 进线 1 回；电容补偿装置：60kvar。

本站 10kV 侧采用单母线接线，0.4kV 侧亦采用单母线接线，高压侧 1 进线接入 10kV 母线，经主变压器至 0.4kV 母线，考虑到负荷功率不大，距离较近，在低压母线上采用集中补偿装置补偿。

7.1.3 主要电气设备选择

（1）主变压器。

型式：SC10—200/10 环氧树脂浇注干式变压器。

额定容量：200kVA。

额定电压：$10\pm2\times2.5\%/0.4kV$。

绝缘水平：LI175AC35/LI0AC3。

阻抗电压：$U_k=4\%$。

接线组别：D，yn11。

（2）10kV 开关柜。

选用 XGN15 - 12 型单元式交流金属封闭环网开关柜。

额定电压：10kV。

最高工作电压：12kV。

主母线额定电流：630A。

熔断器最大额定电流：160A。

熔断器分断电流：31.5kA。

负荷开关额定电流分断次数：100 次。

防护等级：IP4X。

（3）0.4kV 开关柜。选用 GCS 型抽出式开关柜，选用额定电流 2000A；母线额定短时耐受电流 50kA。

（4）并联电容器成套装置。选用 BSMJ－0.4－16－3 型并联电容器成套装置。

7.1.4　主要电气设备布置

三义寨引黄闸管理所建配电室一处，室内布置 SC10—200/10 型变压器 1 台；负荷开关柜 3 面，即进线及计量柜 1 面、PT 机母联柜 1 面、出线柜 1 面；GCS 低压开关柜 3 面，即进线柜 1 面，出线柜各 1 面，电容补偿柜各 1 面。主要电气设备布置在管理房一层配电室内，便于巡视和管理。

闸门启闭机控制箱布置在启闭机旁，为方便闸门启闭机检修，启闭机房布置有检修箱。

7.1.5　照明

管理所、启闭机房等工作场所及户外道路设置照明灯具，其中管理所的计算机监控室，配电室设应急照明。

启闭机房设照明配电箱，控制启闭机房等工作场所照明灯具，户外道路照明配电箱设在生产管理所内，统一控制。

7.1.6　过电压保护及接地

在 10kV 电源进线处装设氧化锌避雷器，以便对变压器和电气设备起到防止雷电入侵波的保护作用，0.4kV 母线装设避雷模块。建筑物防雷按三类设计，建筑物采用避雷带做直击雷保护，引下线可利用建筑物钢筋混凝土支柱内的主筋做引下线与主接地网连接。

接地系统以人工接地网和自然接地体相结合的方式。人工接地网敷设在管理所及附属设施周围，自然接地体利用启闭机房、闸门槽及其所连钢筋等接地，两部分接地网连接点不少于 2 处。总接地电阻小于 1Ω，若总接地电阻达不到要求时，采用高效接地极或降阻剂等方式有效降低接地电阻，直至满足要求。

7.1.7　电缆防火

根据《水利水电工程设计防火规范》（SDJ 278—90）要求，所有电缆孔洞均应采取防火措施，根据电缆孔洞的大小采用不同的防火材料，比较大的孔洞选用耐火隔板、阻火包和有机防火堵料封堵，小孔洞选用有机防火堵料封堵。电缆沟主要采用阻火墙的方式将电缆沟分成若干阻火段，电缆沟内阻火墙采用成型的电缆沟阻火墙和有机堵料相结合的方式封堵。

主要电气设备材料见表 7.1－1。

表 7.1－1　　　　　　　　　　主要电气设备材料表

序号	名　　称	型　号　规　格	单位	数量	备　　注
1	电力变压器	SC10—200/10 100kVA 10/0.4kV	台	1	
2	负荷开关柜	XGN15－12	面	3	
3	低压开关柜	GCS	面	3	

序号	名　　称	型　号　规　格	单位	数量	备　注
4	检修箱	XXL	面	2	
5	照明配电箱		面	6	
6	工矿灯	250W，220V	套	8	
7	日光灯	36W，220V	套	40	
8	其他灯具		套	20	
9	开关	220V，10A	套	30	
10	插座	220V，10A/25A	套	50	
11	10kV电缆	YJV22－3×70 8.7/10kV	km	0.08	终端杆至高压进线柜
12	电缆	VV22－3×16＋1×10 0.6/1kV	km	1.5	低压盘至启闭机室
13	电缆	VV22－3×10＋1×6 0.6/1kV	km	1	低压盘至检修箱
14	电缆	VV22－4×10 0.6/1kV	km	0.2	低压盘至照明箱
15	电缆	VV22－4×4 0.6/1kV	km	1	室外照明
16	导线	BV－4	km	1	
17	导线	BV－2.5	km	1	
18	护管	$\phi20$	km	0.5	
19	护管	$\phi32$	km	0.2	
20	接地扁钢	－60×6mm	km	2	
21	垂直接地极	$\phi50×2500$mm	个	10	
22	接地端子		个	20	
23	电缆封堵防火材料		t	1	
24	槽钢	[10	m	30	
25	10kV架空线路	LGJ－70	km	0.8	

7.2　金属结构

　　三义寨引黄闸主要承担灌溉的任务。在进口闸室内依次设置检修闸门、工作闸门及其启闭设备。水闸共7孔，金属结构设备包括检修闸门、工作闸门及其相应的启闭设备。工作闸门每孔1扇，共7扇，检修闸门7孔共用1扇。共设置闸门8扇、单轨移动式启闭机1台、固定卷扬式启闭机7台，金属结构总工程量约245t。金属结构设备技术特性及工程量详见表7.2－1。

表 7.2－1 金属结构设备主要参数及技术性能

序号	内 容		单位	检 修 闸 门	工 作 闸 门
1	孔口及设计水头（宽×高—水头）		m	4.2×2.17—2.17	4.2×3.87—9.14
2	闸门型式			平面钢闸门	平面钢闸门
3	孔数		孔	7	7
4	扇数		扇	1	7
5	门重	单重	t	3	9
6		共重	t	3	63
7	埋件	单重	t	3	6
8		共重	t	21	42
9	启闭机	型式		单轨移动式启闭机	固定卷扬式启闭机
10		容量	kN	2×50	2×250
11		扬程	m	18	10
12		数量	台	1	7
13		单重	t	4.5	10
14		共重	t	4.5	70

7.2.1 检修闸门及启闭设备

7.2.1.1 检修闸门

检修闸门布置在水闸的进口，当工作闸门及埋件需要检修时，检修闸门闭门挡水，正常情况下，闸门锁定在闸顶平台上。检修闸门孔口尺寸为 4.2m×2.17m（宽×高），底坎高程 67.56m，设计水头 2.17m。运用方式为静水启闭，平压方式采用小开度提门充水。

闸门型式采用平面滑动钢闸门，止水布置在下游，侧止水采用 P 形橡皮，底止水采用条形橡皮；主支撑采用自润滑复合材料滑块，反向支撑采用 MGA 材料；门体和埋件主要材料均采用 Q235－B。

7.2.1.2 检修闸门启闭设备

检修闸门采用单轨移动式启闭机操作，启闭容量为 2×50kN，扬程 18m。轨道布置在启闭机房的梁下，通过螺栓与焊在梁下的支架连接。轨道采用 36a 工字钢，长度约 38m。启闭机装有荷载限制器，具有动态显示荷载、报警和自动切断电路功能。当荷载达到 90％额定荷载时报警，达到 110％额定荷载时自动切断电路，以确保设备运行安全。启闭机装有主令控制器，控制闸门提升的上、下限位置，当启闭机到达上下极限和重要的开度位置时，可自动停机。启闭机为现地控制，控制箱设于机房内。

7.2.2 工作闸门及启闭设备

7.2.2.1 工作闸门

工作闸门布置在检修闸门的下游侧，主要承担灌溉引水和水流控制的任务；闸门最低引水位 69.33m，最高引水位 75.09m，在汛期出现设计或校核洪水时闸门闭门挡水。工作闸门孔口尺寸为 4.2m×3.87m，底坎高程 67.56m，设计水头 9.14m。运用方式为动水启闭，可局部开启控制引水流量。

工作门采用平面定轮钢闸门，门体主材为 Q235-B，定轮材料为 ZG 310—570，滑动轴承为自润滑复合材料。考虑泥沙淤积，止水布置在闸门上游侧，顶、侧止水采用 P 形橡皮，压缩量 3mm，底止水采用 I 形橡皮，压缩量 5mm。

门槽埋件由底坎、胸墙、主轨、副轨、反轨组成，主轨材料为 ZG 310—570，其余埋件材质采用 Q235-B。

7.2.2.2　工作闸门启闭设备

工作闸门的操作选用固定卷扬式启闭机，容量为 $2 \times 250kN$，扬程 10m，启闭机布置在闸顶启闭机房内。

启闭机装有荷载限制器，具有动态显示荷载、报警和自动切断电路功能。当荷载达到 90％额定荷载时报警，达到 110％额定荷载时自动切断电路，以确保设备运行安全。

启闭机装有闸门开度传感器，可以实时测量闸门所处的位置开度，并将信号输出到现地控制柜和远方控制中心，通过数字仪表显示闸门所处的位置。传感器可预置任意位置，实现闸门到位后自动切断电路，启闭机停止运行。启闭机上还装有主令控制器，控制闸门提升的上、下限位置，起辅助保护作用，与开度传感器一起，对启闭机上下极限和重要的开度位置实现双重保护。

启闭机既可现地控制又可实现远方自动化控制。

7.2.3　防腐涂装

7.2.3.1　表面处理

钢闸门的表面采用喷砂除锈，表面除锈等级为 Sa2.5 级，表面粗糙度为 $40 \sim 80 \mu m$。机械设备采用手工动力除锈，表面除锈等级为 Sa2 级。

7.2.3.2　涂装材料

闸门的表面采用涂料涂装，底漆为环氧富锌防锈底漆 2 道，干膜厚 $80 \mu m$，中间漆为环氧云铁防锈漆 1 道，干膜厚 $70 \mu m$，面漆为氯化橡胶面漆 2 道，干膜厚 $100 \mu m$，干膜总厚 $250 \mu m$。

埋件的非加工裸露表面采用涂料涂装，底漆为环氧富锌底漆 2 道，干膜厚 $80 \mu m$，中间漆为环氧云铁漆 1 道，干膜厚 $70 \mu m$，面漆为改性环氧耐磨漆 2 道，干膜厚 $100 \mu m$，干膜总厚度 $250 \mu m$。

埋件的埋入表面（与混凝土结合的表面）涂刷无机改性水泥浆，厚 $300 \mu m$。

机械设备的外表面采用涂料涂装，底漆为无机富锌漆 2 道，干膜厚 $100 \mu m$，中间漆为环氧云铁漆 1 道，干膜厚 $50 \mu m$，面漆为丙烯酸聚氨酯漆 2 道，干膜厚 $100 \mu m$，干膜总厚 $250 \mu m$。

7.3　引黄涵闸远程监控系统

7.3.1　概述

该工程引黄涵闸包括 7 孔工作闸门和 1 扇检修闸门。工作闸门设计水头 10.05m，运用条件为动水启闭，且有局部开启的要求。工作闸门为直升式平面定轮钢闸门，固定卷扬机启闭机操作，启闭容量为 $2 \times 250kN$，电机功率为 15kW，扬程 10.0m，用于正常引水。7 孔工作闸门前共设 1 扇检修闸门，孔口尺寸 4.2×2.17m（宽×高），设计水头 2.17m，门体重 4.5t，采用 2×50kN 单轨移动式电动葫芦就地操作。本工程引黄涵闸工作闸门纳入引黄涵闸远程监控系统。

7.3.2 设计依据

《黄河引黄涵闸远程监控系统技术规程（试行）》（SZHH 01—2002）。

《黄河下游引黄涵闸远程监控系统总体设计报告》。

《黄河下游引黄涵闸现地监控系统技施设计指南》。

《水闸设计规范》（SL 265—2001）。

《水利水电工程启闭机设计规范》（SL 41—93）。

《低压配电设计规范》（GB 50054—95）。

《电气装置安装工程盘、柜及二次回路接线施工及验收规范》（GB 50171—92）。

《电子计算机机房设计规范》（GB 50174—93）。

《电子设备雷击保护导则》（GB 7450）。

《计算机场地通用规范》（GB 2887）。

《水位观测标准》（GBJ 138—90）。

《超声波水位计》（SL/T 184—1997）。

以上标准按照最新版本执行以及国家相关最新标准规程规范。

7.3.3 建设任务

根据黄河水利委员会"数字黄河"的统一规划，设立黄河水量调度管理系统，并在黄河下游各引水涵闸设立监控站，以实现黄委水量总调中心和各级水调中心对黄河各引水涵闸的远方监控和管理。为配合黄河水量调度管理系统的实施，同时，为确保引水涵闸的安全运行和效益的发挥，三义寨引黄闸改建工程采用功能强、可靠性高、操作方便并能实施监视涵闸运行情况的计算机监控及视频监视系统。新闸由三义寨引黄闸管所和所属县河务局管理。

建设的主要项目如下：

（1）自动控制项目：闸门启闭机控制。

（2）引水监测项目：闸前水位、闸后水位、闸门开度。

（3）运行安全监测项目：启闭机限位监测，运行异常监测，电压监测，电流监测。

（4）视频监视项目：闸前、闸后及闸室环境。

7.3.4 现地监控系统的组成及功能

根据黄河水量调度管理系统的要求，三义寨引黄涵闸设立现地监控站。监控对象为 7 孔工作闸门运行工况、水量信息、现场实景图像监视及水工安全监测。

现地监控站由涵闸监控系统、视频监视系统和安全监测系统组成。现地监控站各子系统连接成 10M/100M 的以太网。涵闸监控系统的核心设备采用带以太网接口的可编程序逻辑控制器（PLC），安装在机房控制屏上，PLC 既能接收远程监控命令实现涵闸的启闭，又能在脱离上级水调中心的情况下实现对闸门的控制操作。涵闸监控系统主要完成对闸门的信息采集、控制、操作和显示。视频监视系统完成现地监控站实时图像信息的采集和视频设备的控制。所有信息和控制命令通过无线扩频通信实现与上级水调中心的通信。无线宽带通信设备的设计与选型在黄河通信总体设计中考虑。

涵闸监控系统在每台固定卷扬机机旁各设控制柜1面。控制柜布置PLC模件、触摸屏、控制开关、按钮、信号显示装置、继电器、网络视频服务器、电气主回路设备，如电源断路器、接触器、热继电器、电流互感器、电流电压表等。在闸管所安装的设备为监控计算机、不间断电源、无线宽带接入设备、以太网交换机等。

视频监视系统由装于现场的4台可调节方位和焦距的摄像设备，布置于闸管所或启闭机室的网络视频服务器构成。网络视频服务器与闸管所通过以太网交换机连接。

7.3.5　涵闸监控系统设计

7.3.5.1　系统组成

涵闸监控系统由机房内控制柜、PLC、自动化元件和监控计算机构成。

控制柜内装设可编程序逻辑控制器（PLC）、触摸屏、信号显示装置及主回路控制元器件，主要包括空气开关、接触器、热继电器等。

PLC具有网络通讯功能，采用标准模块化结构。PLC由电源模块、CPU模块、I/O模块、通信模块等组成。

自动化元器件主要高度荷载综合显示仪和水位传感器等。涵闸配置2套水位传感器，闸前一套、闸后一套，水位信号送至机房PLC控制屏，再通过网络将水位信息传送到各级水调中心。闸门高度传感器、荷载传感器及水位传感器等由启闭机配套供，信号接入PLC。

监控计算机布置在闸管所，对现场采集的数据进行监视、记录、处理，以数字、文字、图形、表格的形式在显示器上进行动态显示，并完成对涵闸的控制功能。在闸管所设置一台以太网交换机，与启闭机室PLC采用光缆连接，与上级水调中心之间的通信采用无线扩频系统。无线扩频系统属于黄河专用通信网，由黄河通信系统统一考虑并实施。

7.3.5.2　系统功能

（1）实时数据采集和处理。

模拟量采集：闸门启闭机电源电流、电压、闸前水位、闸后水位、闸门开度等。

状态量采集：闸门行程开关状态、启闭机运行、故障状态等。

涵闸监控系统通过安装在不同位置的传感器、电气元器件进行以上数据的信号采集，并对数据进行整理、存储与传输。

主要采集量如下：

1）闸前闸后水位信息采集：在涵闸前后按水位观测要求安装水位传感器，以便实时监测涵闸闸前及闸后水位的实时水位信息。

2）闸门启闭高度的实时监测：无论闸门动作与否，安装于闸门上的开度传感器能够实时检测闸门的启闭高度值，并上传给现场测控单元。

3）闸门启闭运行实时状态监测：对涵闸的实时运行状态进行监测。

4）动力系统状态监测：包括动力系统的电流、电压。

5）启闭机运行故障状态监测：对电机过载、短路等电气故障进行实时监测。

（2）实时控制。

1）运行人员通过控制屏在现场对所控制的闸门进行上升、下降、局部开启等操作。闸门开度实时反映，出现运行故障能及时报警，并在触摸屏上显示。

2）通过通信网络接受上级监控中心的控制指令，自动完成闸门的上升、下降、局部开启。

（3）安全保护。闸门在运行过程中，当发生电气回路短路电源断路器跳闸、电气过负荷、电压过高或失压时，保护动作自动断开闸门启闭机接触器回路，使闸门停止运行。如果由于继电器、接触器接点粘连，或发生其他机械、电气及环境异常情况时，应自动断开闸门电源断路器，切断闸门启闭机动力电源。

（4）信号显示。在控制柜上通过触摸屏反映闸门动态位置画面、电流、电压、启闭机电气和机械过载等信号。

（5）通信功能。现地监控系统将采集到的数据信息上传到各级水调中心和黄河水利委员会总调度中心，并接收远程控制命令。

7.3.5.3 启闭电路设计

（1）PLC 配置。PLC 采用标准模块化结构，具有网络通讯功能。PLC 包括控制单元、数据采集单元和通信单元三部分。如果 CPU 不带以太网接口，应相应配置以太网接口模块。

接入 PLC I/O 的基本量如下：

1）闸前、闸后水位，闸门位置，电源电压，每台启闭机电机工作电流。

2）主回路电源断路器、总控制电源断路器信号接点，接触器辅助接点，热继电器动作信号接点等。

3）每扇闸门上、下限位开关接点。

4）现地/远方操作切换开关接点，事故紧急断电按钮接点。

5）闸门上升、下降、急停输出继电器，综合报警输出继电器。

（2）主回路设计。涵闸每个卷扬机房内各引 1 路 AC380V/220V 外来电源，外来电源装设电压变送器，把采集到的电压变换成 4～20mA 的模拟量送至 PLC，可实现启闭机电源电压的远方监测和电压超压或失压保护。涵闸启闭泵站电动机的主回路相对独立，通过控制交流接触器、电磁阀，实现闸门的开启或关闭；电气过负荷保护由热保护继电器实现；主回路断路器带分励脱扣线圈，可通过手动或自动方式，实现故障时紧急断电。主回路工作电流的采集，通过电流变送器把采集到的启闭机工作电流变换成 4～20mA 的模拟量送至 PLC，可实现启闭机运行电流的远方监视。

（3）控制回路设计。涵闸启闭机控制电源从主回路引接，通过隔离变压器防止主回路干扰。涵闸启闭控制电源、PLC 电源、DC24V 整流电源、仪表电源等分设断路器，当某路电源故障跳闸时不影响其他回路的供电。

涵闸控制设有 PLC（远方）和现地切换开关。远方控制通过 PLC 输出对闸门进行开启、关闭和中途停机等操作。现地操作通过在控制柜上设置的操作按钮对闸门进行开启、关闭和中途停机等操作。控制回路设计了 PLC 控制和简易常规回路，当 PLC 故障退出时，运行人员可现地手动控制闸门启闭。闸前、闸后水位，闸门位置，电流、电压以及正常运行信号和事故信号通过触摸屏显示画面。控制柜上设有事故急停按钮，用于紧急情况下切断总电源。

由于 PLC 控制设备安装在卷扬机房内，气候及环境条件较差，所以在 PLC 控制柜内设置温湿度控制器，可根据现场条件自动启动加热驱潮设备，以免柜内电气设备受潮影响性能和造成损坏。

7.3.6　涵闸视频监视系统设计

为实现各级监控中心和黄河水利委员会水量总调中心对涵闸现场情况的实时监视，在涵闸现地设置视频监视系统，将现场采集的图像信号通过网络视频接入终端传送至闸管所监控主机，并通过网络送给上级调度中心。

7.3.6.1　系统组成

涵闸视频监视系统设备包括前端摄像部分和网络视频接入终端。前端摄像部分包括摄像机、镜头、云台、防护罩、控制解码器、视频传输电缆及安装支架。其中室外摄像机为全天候防护罩，含有自动加热器、恒温器、雨刮器和清洗装置。涵闸配置4套摄像机，分别监视闸前、闸后水情及环境状况、启闭机室的环境状况。闸前、闸后摄像机采用三可变摄像机，启闭机室内采用一体化变焦摄像机。每座云台均安装专用灯具为夜间摄像提供照明。

在闸室外安装的2套摄像机的位置，以能监测到涵闸前后全貌为原则确定。摄像机应固定安装在塔杆上，每座塔杆上设1根避雷针，摄像机的进出线缆设相应的防浪涌装置，以防止摄像机遭直接雷击和抑制浪涌。

摄像机获取的图像信息通过网络视频接入终端传送到以太网交换机，闸管所监控主机从以太网交换机获取图像信息进行显示，并可对摄像机云台的转动、镜头的变焦、变倍、变光圈及刮雨器进行控制。同时将这些图像信息通过以太网交换机和无线通信传送到上级水量调度管理系统网络上，供各级水调中心调用。为保证各级水调中心监控终端上同时显示三幅图像的连贯性、实时性要求，在网络视频接入终端和网络带宽要求的设置中，采用了速率自适应功能，能够在网络传输通道改善时，自动将图像的传输调整到最佳状态。

7.3.6.2　系统功能

涵闸视频监视系统应具备如下功能：

（1）前、闸后水情及环境状况、闸室的环境状况的视频采集。将摄像机采集的视频及音频信号数字化并压缩处理。

（2）压缩数据通过光缆传送给闸管所，以便进行现地管理和控制，同时这些数据通过无线通信传送到各级水调中心和黄河水利委员会总调度中心，接收远程控制指令，根据指令要求自动切换视频源或对云台和摄像机等设备进行控制。

（3）通过控制摄像机转动的角度和焦距的调整实现对涵闸全天候、全方位的实时图像监视。

7.3.7　闸管所监控系统

闸管所由1台监控计算机、以太网交换机、打印机、UPS电源、无线宽带通信设备等组成。

闸管所监控系统主要功能为：接收涵闸现地监控系统采集的各种数据，并进行存储、记录、计算、显示和通信，根据涵闸现地情况可下发指令对闸门启闭机进行启闭控制，涵闸安全运行监视、视频图像监视和工程安全监视，参数计算（根据采集到的闸门开度、闸前、闸后水位，利用水力学公式计算出相应的过闸流量，在引水时段内对过闸流量的积分计算出涵闸引水总量）、管理、系统诊断、安全验证、软件开发等。

7.3.8 监控系统供电及主要设备选型

7.3.8.1 供电范围及要求

三义寨引黄闸现地监控系统的供电范围主要包括闸门启闭机现场监控设备、现场图像监视设备、现地站监控主机和网络连接设备等。针对水调管理对监控数据实时性及不间断工作的要求，闸管所监控室采用 UPS 集中供电。

UPS 电源应具有稳压功能，如果没有稳压功能应另配置稳压器，其稳压范围应大于供电电源波动的最大范围。UPS 和稳压器均应为工业级产品。UPS 和稳压器的性能指标应等同或不低于在引黄涵闸远程监控系统一期工程中应用的同类设备。

（1）各启闭机室分别设 1 台 UPS 电源，供 PLC、摄像机、水位、闸位、电量传感器等设备工作，UPS 电源的容量能满足这些设备在电网无电的情况下正常工作 2h。通过对 UPS 供电负荷的估算，闸室应选用容量为 3kVA，自带蓄电池且放电时间为 2h 的 UPS，UPS 有故障告警接口。

（2）闸管所监控室设 1 台 UPS 电源，供监控计算机、网络视频接入终端、打印机、以太网交换机、无线宽带网接入设备等用电，UPS 电源的容量能满足这些设备在电网无电的情况下正常工作 2h。

7.3.8.2 监控系统主要设备选型

为便于和已建引黄涵闸的远程监控系统整合，PLC、综合显示控制屏（触摸屏）、编码器（闸位计）、视频服务器等设备的选型，参照引黄涵闸远程监控系统一期工程黄河水利委员会统一招标的设备型号选型设计。对于 PLC 考虑产品的更新换代问题。启闭机控制回路、电气主回路设备及元器件采用国产标准化优质产品或国际知名品牌产品。闸门限位开关、开度传感器、液压系统传感器由启闭机配套选型，输出信号满足控制系统要求。

监控计算机、以太网交换机和摄像机、云台、解码器的各项性能指标应等同或优于在引黄涵闸远程监控系统一期工程中应用的同类设备。

7.3.9 监控系统主要电气设备材料表

本工程监控系统主要设备材料见表 7.3-1。

表 7.3-1　　　　　　　　　　监控系统主要设备材料表

序号	设 备 名 称	型 号 规 格	单位	数量	备 注
一	启闭机室 PLC 及控制、动力设备				
1	PLC	施耐德 M340 系列，集成以太网接口	套	7	
（1）	处理器	集成以太网接口	块	7	
（2）	电源模件	120VA	块	7	
（3）	通信模件	RS485/RS232	块	7	
（4）	离散量 I/O 模件	32 点 DI	块	7	
（5）	离散量 I/O 模件	16 点 DO	块	7	
（6）	模拟量 I/O 模件	4 点 AI	块	14	

序号	设 备 名 称	型 号 规 格	单位	数量	备 注
(7)	其他	机板、连接电缆等	套	7	
2	触摸屏	与PLC同品牌	套	7	包括存储卡、连接电缆等附件
3	中间继电器	OMRON DC24V	个	77	
4	中间继电器	OMRON AC220V	个	14	
5	按钮	国产优质产品	个	42	
6	控制开关	国产优质产品	个	35	
7	信号灯	国产优质产品	个	42	
8	电铃	UC4－75	台	7	
9	电源防雷器		个	7	
10	断路器	NS100N 3P	个	7	
11	断路器	C65N/H	个	77	
12	接触器	LC1－D4011＋2NO	个	14	
13	接触器	LC1－D0910	个	21	
14	热继电器	LR2－D	个	7	
15	电流互感器	LMZ1－0.5	个	14	
16	电流表	16L1－A，50/5A	个	14	
17	电压表	16L1－V0～450V	个	14	
18	电流变送器	5A/4～20mA	个	7	
19	电压变送器	400V/4～20mA	个	7	
20	温湿度变送器		个	7	
21	直流电源装置	AC220V/DC24V，20A	个	7	工业级
22	熔断器	RT14－20/2A、4A、10A	个	70	
23	熔断器	RT18－32/2A、4A	个	70	
24	旋钮	国产优质产品	个	7	
25	温湿度控制器	KHN－2D	个	7	
26	加热器	DJR－100F	个	7	
27	柜内照明灯具	AC220V 40W	个	7	
28	单相三极扁圆插座	10A，AC250V	个	7	
29	UPS电源	山特3kVA/2h带电池，具有稳压功能	台	1	7套PLC共用
30	控制柜	2260mm×800mm×600mm(H×W×D)	台	7	
31	光纤转换器	多模	个	7	
32	其他	系统、设备集成所必需的附件			
33	系统软件		套	1	
34	PLC编程及应用软件		套	1	

序号	设　备　名　称	型　号　规　格	单位	数量	备　注
35	触摸屏编程及应用软件		套	1	
二	自动化元件及设备				
1	开度传感器、接近开关	启闭机配套	套	14	
2	荷重传感器		套	14	
3	超声波水位计		套	2	
4	水位计防雷器		个	4	
三	视频系统				
1	视频编码器	4 端口	台	3	
2	彩色摄像机		台	2	
3	一体化彩色摄像机		台	2	
4	变焦镜头		台	1	闸前
5	变焦镜头		台	1	闸后
6	控制解码器（室外）		台	2	
7	云台（室外）		台	2	
8	防护罩（室外）		套	2	
9	摄像机照明灯		套	2	
10	云台控制信号线防雷器		个	4	
11	摄像机视频信号线防雷器		个	4	
12	解码器电源线防雷器		个	4	
13	视频箱（室外）		个	2	
14	视频箱（室内）		个	1	
四	闸管所主要设备				
1	工业计算机	研华 2.8G，内存 512M 硬盘 80G 等	台	1	
2	显示器	21″液晶	台	1	
3	以太网交换机	12 电口/2 光口，多模	台	1	
4	光纤转换器		块	8	
5	耦合器		个	8	
6	打印机		台	1	
7	稳压器	2kVA	台	1	
8	UPS 电源	2kVA/2 小时 带电池	台	1	山特
9	电源防雷器	ZYSPD 10K275 C/2	个	1	

序号	设 备 名 称	型 号 规 格	单位	数量	备 注
10	双位操作台	卖方自制或采购	台	1	
11	监控软件	含操作系统软件和应用软件	套	1	
五	电缆、安装杆塔				
1	动力电缆	ZR-VV22-3×16、3×4、2×4、2×2.5	m	2000	
2	控制信号电缆	ZR-KVV22、KVVP22、DJYPVP、RVVP	m	8000	
3	视频电缆		m	500	
4	光纤	多模4芯，铠装直埋光缆	m	8000	
5	非屏蔽双绞线		m	200	
6	杆塔	混凝土基础，ϕ219镀锌钢管，5m避雷装置	套	2~4	
7	其他	尾纤、耦合器等附件			

7.4 消防设计

7.4.1 消防设计原则

工程消防设计坚持"以防为主、防消结合"和"确保重点，兼顾一般，便于管理，经济实用"的工作方针，在重点部位设置必要的消防设备，安装防雷装置等，布置必要的疏散通道，以自防自救为主，外援为辅，采取积极可靠的措施预防火灾的发生，一旦发生火灾则尽量限制其范围，并尽快扑灭，减少人员伤亡和财产损失。

7.4.2 消防设计规程、规范

《水利水电工程设计防火规范》（SDJ 278—90）。

《建筑设计防火规范》（GB 50016—2006）。

《建筑灭火器配置设计规范》（GB 50140—2005）。

7.4.3 消防设计方案

（1）枢纽防火设计。该工程防火项目包括检修闸门启闭机室、2座工作弧形门启闭机控制室，布置在高程80.56m闸顶平台上。根据《建筑设计防火规范》（GB 50016—2006）的规定，不设水消防，选用MF/ABC4型磷酸铵盐干粉灭火器8具和2套灭火沙箱。

（2）电气防火设计。根据《水利水电工程设计防火规范》（SDJ 278—90）要求，所有电缆孔洞、电缆桥架均应采取防火措施；根据电缆孔洞的大小采用不同的防火材料，比较大的孔洞选用耐火隔板、阻火包和有机防火堵料封堵，小孔洞选用有机防火堵料封堵。电缆沟主要采用阻火墙的方式将电缆沟分成若干阻火段，电缆沟内阻火墙采用成型的电缆沟阻火墙和有机堵料相结合的方式封堵，电缆沟层间采用防火隔板等方式。

7.4.4 消防设备表

三义寨引黄闸改建工程主要消防设备见表7.4-1。

表 7.4 - 1　　　　　　　　　　　三义寨引黄闸改建工程消防设备表

序号	名　　称	型　号　规　格	单　位	数　量	备　注
1	手提式干粉灭火器	MF/ABC4 型	具	8	
2	落地式灭火器箱	XML4 - 2	个	4	
3	砂箱	1m³	个	2	包括工具

8 三义寨引黄闸施工组织设计

8.1 施工条件

8.1.1 工程条件

（1）工程位置、场地条件、对外交通条件。三义寨引黄闸改建工程位于开封市兰考县境内，黄河右岸大堤桩号130+000处，相应渠堤桩号约为1+600。该处黄河大堤堤顶为沥青路面，宽7.6m，并有多条城乡公路穿堤而过，对外交通条件便利，距离兰考县城15km左右，机械设备及人员进场运输方便，工程所需物资主要来自兰考县城。

（2）天然建筑材料和当地资源。本次建设项目建筑材料主要是堤防加固土料、淤沙和三义寨引黄闸改建石料等。土料：黄河下游临黄均有宽阔的滩区，可作填筑土料，储量丰富。淤沙：由于黄河属于高含沙河流，河道夹沙和落淤使下游淤积大量沙滩可供放淤之用。石料：多年黄河治理和抢险加固工程，形成了较为固定的石料场，本次工程所需石料采用新密石料场的石料，能够满足工程建设所用石料。

工程所用其他材料，如水泥、钢材、油料等均可就近从沿线各大城市或县城采购。

（3）施工场地供水、供电条件。根据黄河防洪工程建设经验，黄河下游防洪工程施工水源可直接从河槽或引黄灌排渠系中取用。黄河水引用方便，只是含沙量大，需经沉淀澄清之后使用，其他生活用水结合当地饮水方式或自行打井解决。

由于工程战线长、施工地点分散，且施工场地沿线为农电网，工程施工高峰期在3~5月，与农业灌溉用电矛盾突出，无法满足施工要求，本次设计采用自备发电机供电方式。

（4）工程组成和工程量。三义寨引黄闸放淤工程长2.413km，加固工程措施主要有以下内容：填淤土方35.15万m³，新堤填筑10.74万m³，包边0.63万m³，盖顶土方7.48万m³，黏土隔水层2.99万m³，辅道土方0.99万m³，淤区平整14.95万m²。

三义寨引黄闸改建工程主要有以下内容：混凝土浇筑总方量1.68万m³；其他主要工程量还包括：清基清坡0.42万m³，土方开挖2.98万m³，清淤13.58万m³，土方填筑11.71万m³，浆砌石方量0.63万m³，干砌石方量736.41m³，抛石方量271.34m³。原涵闸拆除工程量：混凝土拆除3629m³。

8.1.2 自然条件

（1）水文气象。根据1961~1990年资料统计，该地区多年平均降雨量为619.3mm。工区多年平均气温14℃，最高气温42.9℃，最低气温-16.0℃。最大风速达15m/s，最大风速的风向为西北偏西风。

（2）地形地质条件。工程区属华北平原地震区，据《中国地震动参数区划图》（GB

18306—2001），该区地震动峰值加速度为 $0.10g$，地震动反应谱特征周期为 $0.04s$，相应的地震基本烈度为Ⅷ度。

工程区位于黄河冲积平原上，区内地表为第四纪松散堆积物所覆盖，该次勘察工作所揭露的地层主要为全新统冲积层，岩性主要为壤土、砂壤土、黏土和砂层。根据工程地质特性，将区内所揭露地层分为 5 层：由①层堤身土（Q_4^s）；②层壤土（Q_4^{al}）；③层黏土（Q_4^{al}）；④层砂壤土（Q_4^{al}）；⑤层细砂（Q_4^{al}）组成。

工程区地下水类型主要为第四系松散岩类孔隙水，赋存于河滩地的壤土、砂壤土和砂层中。地下水化学类型主要为 $Cl-HCO_3-Na$ 型水，地表水化学类型主要为 $Cl-Na$ 型水。工程区环境水对混凝土不存在分解类、分解结晶复合类、结晶类腐蚀。

工程建设所需土料基本分布在临河滩地，可就近取土。临河滩地主要为第四系冲积的砂壤土、壤土、粉细砂，呈层淤层砂状分布。料场土质以砂壤土、壤土为主，料源分布广，运输条件便利，质量基本满足堤体填筑、放淤固堤等有关要求。

8.2 施工导流及度汛措施

8.2.1 放淤工程施工导流及度汛措施

黄河下游堤防工程项目实施，一般只考虑一个枯水期施工，黄河枯水期水流一般不出槽上滩，料场开采和主体工程施工均不受河水影响，施工临建设施和营地均设置在背河侧或临河高滩，也不受洪水影响，对于放淤项目，按照黄河水文气象特性，每年的 7～9 月为主汛期，为不影响抗洪抢险、安全度汛，并结合黄河下游堤防工程施工特点，主汛期不安排施工。不涉及到施工导流问题。

8.2.2 三义寨引黄闸改建工程施工导流及度汛措施

8.2.2.1 导流标准及流量

（1）三义寨引黄闸改建工程。三义寨引黄闸改建工程位于老闸与下游三分闸之间的人民跃进渠上，为了满足施工期下游灌区供水要求，必须解决施工导流问题。

三义寨引黄闸属于Ⅰ级建筑物，根据《水利水电工程施工组织设计规范》（SL 303—2004）的规定，导流建筑物级别为Ⅳ级，但考虑到新建引黄闸工程位于老闸下游，新闸施工期间，仍然可以利用老闸进行保护，施工导流仅仅是为了解决下游供水要求的问题，故导流建筑物级别降为Ⅴ级。

通过最近几年的实际引水流量统计，可以看出最大月平均引水流量为 $17.75m^3/s$。考虑一定的安全系数，本工程导流设计流量取 $20m^3/s$。统计成果见表 8.2-1～表 8.2-3。

表 8.2-1　　　　　　　　　　2003 年实际引水流量统计表

月　份	1	2	3	4	5	11	12
最大值/(m³/s)	6.00	8.18	20.00	26.35	16.95	0.00	0.00
最小值/(m³/s)	2.50	3.10	6.00	6.80	1.00	0.00	0.00
引水量/万 m³	26.69	1576.93	3570.36	3673.57	1730.5	0.00	0.00
月均值/(m³/s)	0.10	6.52	13.77	14.17	6.68	0.00	0.00

表 8.2 - 2 **2005 年实际引水流量统计表**

月　　份	1	2	3	4	5	11	12
最大值/(m³/s)	0	0	6.00	13.00	20.00	0.00	0.00
最小值/(m³/s)	0	0	4.00	4.38	5.46	0.00	0.00
引水量/万 m³	0	0	352.25	1737.84	4222.42	0.00	0.00
月均值/(m³/s)	0	0	1.36	6.70	16.29	0.00	0.00

表 8.2 - 3 　　　　　　　　　　　　**2006 年实际引水流量统计表**

月　　份	2	3	4	5	11	12	1
最大值/(m³/s)	0	0	25.00	22.95	7.39	11.41	10.59
最小值/(m³/s)	0	0	4.00	1.00	5.00	6.49	8.1
引水量/万 m³	0	0	4601.57	1641.98	206.11	2492.99	414.55
月均值/(m³/s)	0	0	17.75	6.33	0.80	9.62	1.60

（2）老闸拆除。对于三义寨引黄老闸基础底板拆除，需在老闸前修建施工临时围堰，以保证干地施工。

由于三义寨老闸位于黄河大堤上，故施工导流保护对象为黄河大堤，黄河大堤属于 I 级建筑物，根据《水利水电工程施工组织设计规范》（SL 303—2004）的规定，导流建筑物级别为 IV 级。考虑到老闸仅拆除闸底板，施工时段短，可以在枯水期 4 月、5 月份完成，且三义寨引黄闸改建工程已经完工，新闸可以发挥其功能，即使老闸前面围堰失事，也不会对黄河大堤构成威胁，故导流建筑物级别降为 V 级。导流标准拟采用枯水期（4～5月）5 年一遇设计洪水标准，相应的设计流量为 1780m³/s，相应的黄河水位为 70.95m。

8.2.2.2　导流方式

三义寨引黄闸改建工程位于人民跃进渠上，渠道底宽 28.4m，底坡 1:4500，两侧边坡 1:3。导流方式对分期导流和明渠导流两种方案进行了比较。

（1）分期导流方案：为了减少临建投资，考虑利用人民跃进渠分期导流方案。经过初步分析计算，纵向围堰高 4.0m，按照围堰顶宽 3.0m，边坡 1:2，堰脚离基坑开挖线 5.0m 考虑，围堰和一期导流明渠需要占压人民跃进渠 26.0m，一期导流仅可以施工一个边墩和一个中间闸墩。而主体工程有 2 个边墩和 4 个中间闸墩，从一期、二期主体工程施工的比例来看，分期导流方案不合理，同时分期导流施工干扰大，不方便施工。

（2）明渠导流方案：人民跃进渠渠道两侧地势平缓，场地开阔，具备布置导流明渠的条件。采用明渠导流方案，可以方便施工、减少施工干扰、加快施工进度。

故本工程推荐采用将人民跃进渠一次截断，明渠导流的导流方式。对于老闸底板拆除期间，采用土石围堰一次拦断，临时不对下游供水的导流方式。

8.2.2.3　导流建筑物设计

（1）导流明渠。人民跃进渠右岸坡脚线距离黄河大堤坡脚线 90m，左岸坡脚线距离黄河大堤坡脚线 50m，为了减少开挖明渠对黄河大堤稳定性的影响，导流明渠拟建在人民跃进渠的右岸。

导流明渠进口高程 68.70m，出口高程 68.50m，底坡 0.056%，底宽 4.0m，边坡 1:2，长 359.28m。经计算，导流明渠平均流速 1.18m/s，渠道水深 2.1m，导流明渠采用土工布放冲。

（2）围堰。

1）新建闸址围堰。围堰采用不过水土石围堰挡水，堰体堰基均采用土工膜防渗。设计流量为 20m³/s 时，上游围堰前相应水位为 70.90m，超高 0.6m，即堰顶高程 71.50m，最大高度 3.0m；下游围堰堰前水位为 70.70m，超高 0.6m，即堰顶高程 71.30m，最大高度 2.9m。围堰堰顶宽均为 2.0m，背水面边坡 1:2，迎水面边坡为 1:2.5。为了防止渠首闸引水时对围堰迎水面的冲刷，在围堰迎水面采用编织袋装土护坡。

2）老闸底板拆除围堰。围堰采用不过水土石围堰挡水，堰体堰基均采用均质土防渗。设计流量为 1780m³/s 时，围堰前相应水位为 70.95m，超高 1.20m，即堰顶高程 72.15m；围堰堰顶宽 3.0m，最大高度 3.20m，围堰背水面边坡 1:2，迎水面边坡为 1:2.5。

施工导流建筑物工程量见表 8.2-4。

表 8.2-4　　　　　　　　　　施工导流临建工程量

序号	项 目 名 称	单位	工 程 量
1	导流明渠土方开挖	m³	27033
2	围堰土方填筑	m³	5551
3	编织袋装土	m³	330
4	土工膜（200/0.5）	m²	1925
5	土工布	m²	4752
6	围堰拆除	m³	5581
7	导流明渠土方回填	m³	27033

8.2.2.4 导流工程施工

导流明渠采用 1m³ 挖掘机挖装，8t 自卸汽车运输至渣场。

新建闸址上、下游围堰及老闸底板拆除围堰土方填筑采用 1m³ 挖掘机挖装，8t 自卸汽车运输至工作面，74kW 拖拉机分层碾压。

8.2.2.5 基坑排水

为了使土方开挖及后续工作在干地施工，采用人工方法降低地下水位，工程地下水位需要降低 5m 左右，根据各类井点排水适用的范围，工程基坑排水采用轻型井点法排水。

轻型井点是由井点管、连接管、集水总管、普通离心式水泵、真空泵等设备所组成的一个排水系统。参考与本工程施工条件相似的基坑排水方案，初步确定排水设备如下：井管直径 50mm，长 9.0m，其中滤管长 1.5m，沿基坑四周布置；总管直径为 100mm，总长 220m。

经过估算，布置井点 188 眼，选用 6 套抽水设备（备用水泵 1 台），主要由 3BL-

9型离心泵（流量45m³/h），JO2-42-2型电动机（功率7.5kW）、射流泵和水箱组成。

对于老闸基础底板拆除，需要进行初期排水和经常性排水。初期排水基坑内积水约1600m³，初期排水总量按3倍基坑积水估算。按2天排干计算，基坑水位平均下降速度1m/d，初期排水强度约100m³/h。所以初期排水设计按2天抽干考虑；基坑经常性排水包括基础和围堰渗水、降雨积水等，老闸底板拆除安排在枯期进行，且施工时段较短，基坑排水量较小，为非控制项目。排水泵选择2台3BL-9型离心泵。

8.3 料场选择及开采

8.3.1 料场选择

根据施工需要，该工程料场分两类：一类为放淤料场；另一类为新堤填筑、包边盖顶填筑和闸的土方填筑用的土料场，料场选择遵循下列原则：

(1) 保证土料质量、储量。

(2) 运距近、施工方便。

(3) 有利于泥浆泵的取土及取土场还淤。

(4) 尽量少占用耕地、林地，减少施工征地面积。

根据以上原则，结合滩区具体情况，按工程区段分散在大堤临河侧滩地选择料场。

根据大堤临河侧地形、地质条件及防洪要求，本着土质优、运距近的原则选择取土场，根据多年来黄河大堤加固经验，按照地质专业提供料场调查情况，在大堤临河侧取土，其分布、储量、质量基本满足设计对填筑土料的要求。

放淤固堤对土质没有特殊要求，一般在河道内低滩、嫩滩及主河槽内取土，排距为5.5km；新堤填筑、淤区包边盖顶土方一般在临河滩区取土，运距为4.5km；黏土隔水层土方在临河滩区取土，运距为3.0km。

黄河下游河道无砂石料，砂石料需从外地购运。砂石料一般从黄河砂石料场或当地砂石料场购买，三义寨引黄闸工程砂石料从河南新密石料场购买。

沿黄水泥厂较多，水泥可就近采购。

该次设计项目料场总占地为742.87亩，其中土料场占地646.56亩，放淤料场占地96.31亩。各工程料场特性见表8.3-1和表8.3-2。

表8.3-1　　　　　土料场特性指标表

所属市局	段落桩号	填筑量/万 m³	料场名称	用量/万 m³	占地面积/亩	平均运距/km
开封右岸	0+000～0+978 2+045～3+480	11.37	北围堤北土料场	13.38	291.28	4.5
		2.99	黏土料场	3.52	123.12	3.0
		7.48	利用开挖料			
	三义寨引黄闸工程	9.40	1号土料场	11.06	232.16	4.5
		2.72	利用开挖料			
	小计	33.96			646.56	

所属市局	段落桩号	淤筑量/万 m³	料场名称	用量/万 m³	占地面积/亩	平均排距/km
开封右岸	0＋000～0＋978 2＋045～3＋480	22.93	放淤料场	22.93	96.31	5.5
		12.22	利用渠道清淤料			
	小计	35.15			96.31	

8.3.2　料场开采

土方填筑工程等所用土料开采采用 1m³ 液压挖掘机挖装 10t 自卸汽车运输直接上坝，74kW 推土机配合集料。土料场开采前首先采用 74kW 推土机将表层 30cm 腐植土推至未开垦区，以备开挖后复耕之用。

放淤固堤料场，目前，在黄河下游放淤固堤工程中，通常采用挖泥船、组合泵（大小泵组合）等方法进行施工。取土场位于主河槽内，采用挖泥船进行施工；取土场位于滩地上时，采用组合泵施工；取土场位于靠水的嫩滩上时，采用挖泥船或组合泵施工。

根据放淤固堤的实践，大小泵接力组合方式通常为：一台 136kW 大泵配 6～9 台 22kW 小泥浆泵。具体采用高压水枪产浆后，利用小泥浆泵向集浆池输送泥浆，再由大泵集中将泥浆远距离输送到放淤固堤区。大泵的位置要根据施工段的具体情况一次定到位，集浆池布设于地面上。小泥浆泵开挖方式可由近及远，以利于提高工作效率。

8.4　主体工程施工

黄河下游防洪工程的特点是量大、面广、战线长，有利于全线施工。工程施工实行公开招标及施工监理制，由河南黄河河务局及各地（市）、县河务局以管辖范围为界，分别组织各中标单位，分段包干，以机械化施工为主，人工为辅的原则进行施工。

8.4.1　两岸连接堤防工程施工

8.4.1.1　清基清坡施工

堤基清理的范围包括堤基地面、加高培厚侧的堤坡，其边界应超出设计基面边线 0.3～0.5m。堤基表层的砖石、腐殖土、草皮、树根以及其他杂物应予清除，并应按指定位置堆放。基础清理深度为 0.3m，堤坡清理水平宽度为 0.3m，主要采用 74kW 履带式推土机清基、清坡。堤基清理后应进行平整、压实，压实后的干密度应与堤身设计干密度一致，压实宽度超过边界 0.2m。

8.4.1.2　填筑及压实施工

（1）施工前应先作碾压试验，确定与本段大堤施工机械相适应的碾压参数，即铺土厚度、碾压遍数、土块限制粒径、含水量的适宜范围。也可参考有相似条件的碾压试验。但铺土厚度、土块限制粒径不宜超过表 8.4－1 的数值。

（2）堤段填筑采用机械化施工，1m³ 反铲挖掘机挖装土，10t 自卸汽车运土上堤，74kW 推土机配合集料。堤面采用 59kW 推土机平料，14t 振动平碾压实，距离帮宽外坡边缘 1m 内，采用平板振动碾碾压，水平超填 30cm。填筑完成后采用 74kW 推土机自上而下削坡至设计断面。坝面耙松采用110HP平地机，洒水采用4m³洒水车完成。对于填筑宽度小于2m的应尽量采用小型振动碾进行坝面压实，避免大开蹚。

表8.4-1　　　　　　　　　　　铺料厚度和土块直径限制尺寸表

压实机械类型	压实机具种类	铺土厚度/cm	土块限制直径/cm
轻型	人工夯、机械夯	15～20	≤5
	5～10t平碾	20～25	≤8
中型	12～15t平碾	25～30	≤10
	斗容2.5m³铲运机		
	5～8t振动碾		
重型	斗容大于7m³铲运机	30～50	≤15
	10～16t振动碾		
	加载汽胎碾		

（3）堤段填筑采用分段分层填筑，各段应设立标志，以防漏压、欠压和过压。上下层的分段接缝应错开。分段作业面长度不小于100m，一次铺土厚度（松土）不大于0.30m，采用逐层铺土逐层碾压，在检查合格后再铺筑下一层土。填筑作业应按水平层次铺填，不应顺坡填筑。碾压机械行走方向应平行于堤轴线。分段碾压，相临作业面的搭接碾压宽度不应小于3m。机械碾压时应控制行车速度，以不超过下列规定为宜：平碾为2km/h，振动碾2km/h，铲运机为2挡。

（4）机械碾压不到的部位，应辅以夯具夯实，夯实时应采用连环套打法，夯迹双向套压，夯压夯1/3，行压行1/3；分段分片夯压时，夯迹搭压宽度应不小于1/3夯径。

（5）筑堤土料含水量与最优含水量的允许偏差为±3%，过干时要洒水，过湿时要翻晒。要求压实度不小于0.94，大堤填筑土料的设计干密度不小于1.5t/m³。

（6）辅道及防汛屋台施工与大堤填筑相同，土牛施工采用人工辅助机械施工，即机械运土（同筑堤），人工铺平夯实。

防汛屋、植树、植草及排水沟等采用人工施工。

土方施工应严格按照有关设计要求进行。

8.4.1.3　灰土底基层施工

（1）施工顺序。采用机械拌和法进行石灰稳定性土底基层施工，基层厚15cm，采用一次填筑压实，压实度应达到95%（重击）。

灰土底基层的施工工艺流程为：准备下承层→施工放样→配料→摊铺→拌和→整形并碾压→接缝处理→养生。

（2）准备下承层。开挖后的路槽以下30cm经翻松并压实后即为路面的下承层，下承层的压实度应达到93%（重击）以上，在进行灰土基层施工前，如土质过于干燥，可适量洒水湿润，并用12～15t三轮压路机或等效的碾压机械进行3～4遍碾压。查看下承层是否正常，若发现土过干、表层松散，应适当洒水；土过湿，发生"弹簧"现象，应采用挖开晾晒换土掺石灰或水泥等措施进行处理，处理后的下承层其压实度仍应达到93%（重击）以上。

（3）施工放样。施工放样要恢复公路中心线位置，直线段每 15～20m 设一桩，平曲线段每 10～15m 设一桩，并在两侧路肩边缘外设指示桩，在指示桩上明显标出灰土基层边缘的设计高程。

（4）配料。

备土：稳定层用土来自指定的取土场。采集土前，应先将树木、草皮和杂土清除干净。在预定的深度范围内采集土，应纵向取土，不应分层采集。用自卸汽车将土运到预定位置，在预定堆料的下承层上，堆料前应先洒水，使其表面湿润，但不应过分潮湿而造成泥泞。土在下承层上的堆置时间不应过长，运送土只宜比摊铺土工序提前 1～2d。

备灰：经检验符合技术要求的石灰应在路外选择临近水源、地势较高的宽敞场地集中堆放，当堆放时间较长时，应覆盖封存。消解石灰应于路面施工前 7～10d 完成。消解时应严格控制用水量，每吨生石灰一般用水 600～800kg，已消解的石灰含水量以控制在 35% 左右为宜。若水分偏大则成灰膏无法使用，水分过小，则生石灰既不能充分消解，还会飞扬以致影响操作人员的身体健康。经消解的石灰应为粉状，含水量均匀一致，不应有残留的生石灰块。消石灰宜过孔径 10mm 的筛，并尽快使用。

灰土配料程序为：

1）将符合要求的土料，按事先计算的需求量（重量或折算体积）运到预定位置分堆堆放，一般堆距可按堆体大小相隔 2～4m。

2）将已消解好的石灰以土堆重量算出需要量（重量或折算体积）运到土堆上或堆放在土堆旁。

3）将水泥以土堆重量算出需要量（重量或折算体积）运到土堆上或堆放在土堆旁。

（5）摊铺。先通过试验确定土的松铺系数，松铺系数为 1.53～1.58。在对土料进行摊铺时，铺土要均匀、表面平整并形成有规定的路拱。然后按设计要求进行石灰和水泥摊铺。施工前，应了解当地的天气情况，避开雨季。为使混合料内的水分均匀，可在当天拌和后堆放闷料。

（6）拌和。将摊铺后的土、石灰、水泥机械进行拌和。可采用农用旋转耕或多铧犁拌和四遍，使土、石灰、水泥稳定土全部翻透，拌和均匀，严禁在稳定土与下乘层之间残留一层素土，但也应防止翻犁太深，破坏下承层表面。

（7）整型和碾压。

1）采用人工整形时，应用锹和耙先将混合料摊平，用路拱板进行初步整形。并形成约 2% 的双向横坡，后用拖拉机或轮胎压路机初压 1～2 遍，根据实际的纵横标高进行挂线。利用锹耙按线整形，再用路拱板校正成型。整形过程中，严禁任何车辆通行，并配合人工消除粗细集料不均匀现象。

2）整型后，视混合料含水情况，如表层水分不足，应适当洒水，最好当天碾压成形。当混合料的含水量为最佳含水量（±1%～±2%）时，应立即用 12～18t 三轮压路机、重型压路机或振动压路机在结构层全宽内进行碾压。碾压时应重叠 1/2 轮宽，后轮必须超过两段的接缝处，后轮压完路面全宽时，即为一遍。碾压一直进行到全路面宽达到要求的密实度为止，一般需碾压 6～8 遍。压路机的碾压速度，头两遍以采用 1.5～1.7km/h 为宜，以后宜采用 2.0～2.5km/h。路边缘应多碾压 2～3 遍。

3）严禁压路机在已完成的或正在碾压的路段上调头或急刹车，避免表面遭遇破坏。碾压过程中，如有"弹簧"、松散、起皮等现象，应及时进行处理，使其达到质量要求。

4）在碾压结束之前，用平地机再终平一次，使其纵向顺适，路拱符合设计要求。终平应仔细进行，必须将局部高出部分刮除并扫出路面；对于局部低洼之处，不在进行找补，可留待铺筑沥青面层时处理。

（8）接缝处理。两工作段的搭接部分，应采用对接形式。前一段拌和整形后，留5～8m不进行碾压，后一段施工时，应与前段留下未压部分一起再进行拌和、整形、碾压。

本公路基层及面层施工时，均不得设纵向接缝。

（9）养护。稳定土层在养护期间应保持一定的湿度，不应过湿或忽干忽湿。养护期不宜少于7天。每次洒水后，应用两轮压路机将表层压实。在养护期间，除洒水车外，应封闭交通。

（10）雨季施工。灰土层施工前，应了解当地的天气情况，尽量避免雨季。若必须在雨季施工时，在安排上应缩短施工战线，铺土、铺灰、摊铺、拌和及碾压等工序要衔接紧凑，作到当日完工，以免雨水浸泡。对于被水浸泡过的石灰土，在找平前应检查含水量。如含水量过大，应翻拌晾晒并达到最佳含水量时，才能继续施工。

8.4.1.4 石灰稳定碎石土基层施工

采用机械拌和法进行石灰稳定碎石土基层施工，基层厚15cm，采用一次填筑压实，压实度应达到97%（重击）。

石灰稳定碎石土基层的施工工艺流程为：施工放样→配料→摊铺→拌和→整形并碾压→接缝处理→养生。

石灰稳定碎石土基层施工时，其施工放样、配料、摊铺、拌和等施工工艺见8.4.1.3节石灰稳定土底基层施工做法，仅在摊铺施工中增加了级配碎石层。

8.4.1.5 沥青碎石路面

（1）施工顺序。沥青碎石混合料在工厂集中拌制，由专用运输车将拌好的沥青碎石混合料直接运往施工仓位。其施工顺序为：安装路缘石→清底→下封层→刷黏层（路缘石与路面接触面）→摊铺沥青碎石混合料→上封层→养护→开放交通。

沥青碎石混合料、封层及黏层的配料必须符合设计要求。

（2）安装路缘石。该道路工程在行车道两侧设埋入式路缘石，路缘石采用素混凝土预制块。因公路的基层比沥青碎石面层每边宽25cm，路缘石施工时，要先放出路面边缘线，再人工挖槽宽15cm挖到下承层顶面，在下承层顶面上铺2cm，厚1∶3水泥砂浆，并安装预制块，用M10水泥砂浆勾缝，路缘石内外侧均与上基层相同的稳定土回填夯实。路缘石养护期不应少于3天，在此期间应禁止行人、车辆等走压和碰撞。施工时，注意防止路缘石阻滞路面上表面水及结构层的水，确保路面雨水能顺利向两侧路外排放。

（3）清底。沥青面层施工前应按《公路路面基层施工技术规范》（JTJ 034—2000）的规定对基层进行检查，当基层的质量检查符合要求后方可修筑沥青面层。

（4）上、下封层施工。上封层采用 BC‐3 道路乳化石油沥青，下封层采用 BC‐2 道路乳化石油沥青，黏层采用 PC‐3 道路乳化石油沥青，其技术要求见表 8.4‐2。

表 8.4‐2　　　　　　　　　　道路用乳化石油沥青技术要求

项目 \ 种类	筛上剩余量 不大于/%	破乳速度 试验	黏　度		蒸发残留物 含量不小于 /%	与矿料的 黏附性，裹覆 面积不小于
			沥青标准黏度 计 C25(s)	恩格拉度 E25		
BC‐2	0.3	中或慢裂	12～100	3～40	55	2/3
BC‐3	0.3	慢裂	40～100	15～40	60	2/3
PC‐2	0.3	慢裂	8～20	1～6	50	2/3
PC‐3	0.3	快裂	8～20	1～6	50	2/3

项目 \ 种类	蒸发残留物性质			贮存稳定性		水泥拌和试验， 1.18mm 筛上 剩余量不大于/%
	针入度（25℃）， (100g, 5s) (0.1mm)	残留延度比 （25℃）不小于 /%	溶解度（三氯 乙烯）不小于 /%	5d 不大于 /%	1d 不大于 /%	
BC‐2	60～300	80	97.5	5	1	5
BC‐3	80～200	80	97.5	5	1	5
PC‐2	80～300	80	97.5	5	1	5
PC‐3	60～160	80	97.5	5	1	5

稀浆封层施工应在干燥情况下进行，施工时应用稀浆封层铺筑机，摊铺时应控制好集料、填料、水、乳液的配合比例，应具有良好的施工和易性。当铺筑过程中发现有一种材料用完时，必须立即停止铺筑，重新装料后再继续进行。稀浆封层铺筑机工作时应匀速前进，达到厚度均匀、表面平整的要求。下封层施工完后，待乳液破乳、水分蒸发、干燥成型后可放开交通。稀浆封层的施工气温不应低与 10℃。

（5）黏层施工。黏层沥青因黏层面积很小，故采用人工喷洒，应具有熟练喷洒技术的工人施均匀洒布或涂刷，浇洒过量处应予刮除。施工面应洁净、干燥，温度低于 10℃时，不应施工。黏层洒布后，应紧接铺筑沥青面层，但乳化沥青应待破乳及水分蒸发完后铺筑。

（6）沥青碎石混合料面层施工。

1）施工准备。沥青碎石混合料面层应采用机械化施工。施工前应对各种材料进行调查试验，经选择确定的材料在施工过程中应保持稳定，不得随意变更。施工前对各种施工机具应作全面检查，并经调试证明处于性能良好状态，机械数量足够，施工能力配套，重要机械宜有备用设备。

2）配料。沥青碎石混合料的配合比应根据设计要求和马歇尔试验结果，经过试拌试铺论证确定后，施工时应保持稳定，不得随意变更。

沥青选用重交通道路石油沥青 AH‐100，其技术要求见表 8.4‐3。

表 8.4-3　　　　　　　　　　　　　重交通道路石油沥青技术要求

试验项目 标号	针入度 (25℃，100g，5s) (0.1mm)	延度 (5cm/min，15℃) 不小于/cm	软化点 (环球法) /℃	闪点 不小于 /℃	含蜡量 (蒸馏法) 不大于 /%	密度 (15℃) /g/cm³	溶解度 (三氯乙烯) 不小于/%
AH-100	100～120	100	41～51	230	3	实测记录	99

3）拌料。采用 AH-100 型道路石油沥青拌制碎石混合料。沥青碎石混合料必须在沥青拌和厂集中拌制后运往施工现场。优先考虑租用现有沥青拌和厂。沥青应分标号密闭储存，加热温度 140～160℃。各种矿料应分别堆放，不应混杂。矿料温度采用间隙式拌和机时比沥青加热温度高 10～20℃（填料不加热），采用连续式拌和机时比沥青加热温度高 5～10℃（填料加热）。沥青混合料应拌制均匀一致、无花白料、无结团成块或严重的粗细料分离现象，出厂温度为 125～160℃。

4）运输。热拌沥青混合料拌和好后，通常应立即采用较大吨位的自卸汽车运往工地予以铺筑。当气温低于 5℃ 时，不得摊铺热拌沥青混合料。运输车厢应清扫干净。为防止沥青与车厢板黏结，车厢侧板和底版可涂一薄层油水（柴油与水的比例为 1：3）混合液隔离剂，但不得有余液积聚在车厢底部。运输时应篷布覆盖，以保温、防雨、防污染，夏季运输时间少于 0.5h 时，可不加覆盖。

沥青混合料运输车的运量，应较拌和能力或摊铺速度有所富余，施工过程中摊铺机前方应有运料车在等候卸料。

连续摊铺过程中，运料车在摊铺机前 10～30m 处停住，不应撞击摊铺机。卸料过程中运料车应挂空挡，靠摊铺机推动前进。

沥青混合料运至摊铺地点应检查拌和质量，不符合规范温度要求或已经结块、已遭雨淋的混合料不应铺筑在道路上。

5）摊铺。铺筑沥青混合料前，应检查确认下层的质量，当下层质量不符合要求，或未按规定洒布透层、黏层、铺筑下封层时，不应铺筑沥青面层。

采用全宽段一幅机械摊铺，松铺厚度为 1.15～1.3 倍路面厚度 4cm。由试铺试压方法或根据以往实践经验确定。摊铺过程中，摊铺机在开始受料前应在料斗内涂刷少量防止黏结用的柴油隔离剂。且应派专人跟车，随时检查摊铺层厚及路拱、横坡，不符合要求时应随时根据铺筑情况及时进行调整。摊铺机应与路缘石保持 100mm 间隙，由人工找补，防止机械挤坏侧缘石。

沥青混合料的摊铺温度应符合规范要求，运输到现场温度不低于 120～150℃，正常施工时，摊铺温度不低于 110～130℃、碾压温度不低于 110～140℃，碾压终了温度钢轮压路机不低于 70℃，轮胎压路机不低于 80℃，振动压路机不低于 65℃。沥青混合料必须缓慢、匀速、连续不断的摊铺，摊铺速度 2～6m/min。摊铺过程中不得随意变换速度或中途停顿。摊铺好的沥青混合料应紧接碾压，如因故不能及时碾压或遇雨时，应停止摊铺，并对卸下的沥青混合料覆盖保温。

当半幅施工时，相临两幅摊铺带至少应搭接 100mm，并派专人负责用热料填补纵缝空隙，整平接茬，使接茬处的混合料饱满，防止纵缝开裂塌陷，出现沟槽。人工摊铺时，撒料用的铁锹等工具应加热使用，以防黏结混合料。

6）压实及成型。选择合理的压路机组合方式及碾压步骤，为达到最佳结果。沥青混合料压实宜采用钢筒式静态压路机与轮胎压路机或振动压路机组合的方式。

宜采用机械：

双轮钢筒式压路机：6～8t。

三轮钢筒式压路机：8～12t、12～15t。

轮胎压路机：12～20t、20～25t。

振动压路机：2～6t、6～14t。

手扶式小型振动压路机：1～2t。

振动夯板：质量不小于180kg，振动频率不小于3000次/min。

沥青混合料的压实按初压、复压、终压（包括成型）三个阶段进行。压路机以慢而均匀的速度碾压，压路机的碾压速度符合表8.4-4要求。

表8.4-4　　　　　　　　　压 路 机 碾 压 速 度　　　　　　　　单位：km/h

压路机类型	初　压		复　压		终　压	
	适宜	最大	适宜	最大	适宜	最大
钢筒式压路机	1.5～2	3	2.5～3.5	5	2.5～3.5	5
轮胎压路机	—	—	3.5～4.5	8	4～6	8
振动压路机	1.5～2（静压）	5（静压）	4～5（振动）	4～5（振动）	2～3（静压）	5（静压）

初压：应在混合料摊铺后较高温度下进行，并不应产生推移、发裂，压实温度应符合规范要求。压路机应从外侧（紧靠路缘石）向中心碾压。相临碾压带应重叠1/3～1/2轮宽，最后碾压路中心部分，压完全幅为1遍。采用轻型钢筒式压路机或关闭振动装置的振动压路机碾压2遍，其线压力不宜小于350N/cm。初压后检查平整度、路拱，必要时进行修整。

碾压时应将驱动轮面向摊平机，碾压路线及碾压方式不应突然改变而导致混合料产生推移。压路机启动、停止必须减速缓慢进行。

复压：宜采用重型的轮胎压路机，也可采用振动压路机或钢筒式压路机。碾压遍数经试压确定，不宜小于4～6遍，达到要求的压实度，并无显著轮迹。采用轮胎压路机，总质量不小于15t，采用三轮钢筒式压路机时，总质量不小于12t，采用振动压路机，振动频率宜为35～50Hz，振幅宜为0.3～0.8mm。

终压：应紧接在复压后进行。终压可选用双轮钢筒式压路机或关闭振动的振动压路机碾压，碾压遍数不宜小于两遍，并无轮迹。沥青碎石混合料最终压实度应以马歇尔试验密度为标准，应达到94％。路面压实成型的终了温度应符合规范要求。

压路机无法压实的部位，应采用振动夯板压实。

7）接缝处理。在施工缝及构造物两端的连接处必须仔细操作，保证紧密、平顺。纵缝采用热接缝时，施工时应将已铺混合料部分留下10～20cm宽暂不碾压，作为后摊铺部分的高程基准面，再最后作跨缝碾压以消除缝迹。纵缝不采用热接缝时，宜加设挡板或采用切刀切齐。铺另半幅前必须将缝边缘清扫干净，并涂洒少量粘层沥青。相邻两幅及上下层的横向接缝均应错位 1m 以上。横接缝采用斜接缝。

8）开放交通。热拌沥青混合料路面应待摊铺层完全自然冷却，混合料表面温度低于 50℃后，方可开放交通。特别情况需要提早开放交通时，可洒水冷却降低混合料温度。

9）雨季施工。注意气象预报，加强工地现场与沥青拌和厂联系，缩短施工时间，各项工序紧密衔接。运料汽车和工地应备有防雨设施，并做好基层及路肩的排水措施。当遇雨或下层潮湿时，不得摊铺沥青混合料，对未经压实即遭雨淋的沥青混合料，应全部清除，更换新料。

8.4.1.6 碎石垫层、浆砌石砌筑

从临时堆料点至工作面的石料运输采用 1m³ 轮式装载机或四轮机动车运输至工作面，经人工加工后，砌筑完成，人工施工。

8.4.2 放淤固堤工程施工

8.4.2.1 清基清坡、耕作土开挖施工

淤区清理的范围包括堤坡和淤区地面的清理，其边界应超出设计基面边线 0.3～0.5m。淤区地表面的砖石、腐殖土、草皮、树根以及其他杂物应予清除，并应按指定位置堆放，并考虑放淤完成后，回采盖顶之用。基础清基深度为 0.2m，堤坡清理水平宽度为 0.3m，主要采用 74kW 履带式推土机清基、清坡。

耕作土开挖采用 2.75m³ 铲运机挖土，就近堆存。

8.4.2.2 放淤填筑施工

黄河下游放淤固堤施工方法一般分两种：一是组合泵开采淤筑；另一种是采用简易吸泥船在河槽边开采嫩滩淤筑。在有船位停靠，便于抽沙、落沙、还沙的地段，首先考虑采用简易吸泥船进行淤筑，其特点为不占耕地，疏浚河道，节省工程投资。当不具备上述条件情况下，如有广阔的临河嫩滩地，采沙地点距工程相对较近，对当地农业生产不造成重大影响，即采用水力冲挖机组——组合泵开采淤筑，本次设计采用组合泵开采淤筑。

组合泵开采每条排泥管线配备组合泵 1 套，每套设备起点处由 1 台 136kW 大泥浆泵（800m³/h）配 6 台 22kW 泥浆泵（150m³/h）组成。136kW 大泥浆泵起点端设集浆池一处，集浆池容量按 500m³ 考虑。

为保证输沙效率，各放淤段按照以下原则布置设备：输沙距不超过 2km 时，泥浆通过排泥管直接输送至淤筑区；超过 2km 时，中间每隔 2km 采用相同型号泥浆泵进行加压接力；总排距大于 5km 时，每 5～6km 处设集浆池（500m³），集浆后再加压接力，加压接力设备选同种型号泥浆泵。

淤区吹填采用分块（条）交替淤筑方式，以利于泥沙沉淀固结。排泥管布置力求平顺，以减少排距。为使淤区保持平整，排泥管出口设分水支管，根据淤筑情况，不断调整出泥管位置。退水口高程应随着淤面的抬高不断调整，以保证淤区退水通畅，并控制退水含沙量不超过 3kg/m³。为防止淤区附近耕地盐碱化，在淤区四周坡脚外 2m 处，开挖截渗沟，截渗沟断面均为：底宽 1m，深 1m，边坡 1:1.5，截渗沟兼作退水渠，各淤区的施工排水均通过截渗沟汇入集水坑内，再集中排走或经退水渠排走。

8.4.2.3 围隔堤、黏土隔水层、包边盖顶等的施工

围隔堤填筑根据淤区高度分层施工，每层高 2m，边坡 1：2，考虑就近从淤区取土，部分从土料场取土。采用 74kW 推土机就近推土，拖拉机碾压。

包边盖顶土料均来自土料场，采用 1m³ 挖掘机开采土料，10t 自卸车运输至淤区，74kW 推土机整平，包边土料采用小型振动碾压实，盖顶土料不需碾压。

黏土隔水层土料均来自土料场，采用 1m³ 挖掘机挖装土料，10t 自卸车运输至淤区，74kW 推土机整平，小型振动碾压实。

辅道填筑同大堤加高帮宽施工方法相同，辅道填筑用料考虑利用清基清坡土方，不够部分采用土料场取土。

清基、清坡采用 74kW 推土机施工，弃渣堆存于柳荫地范围内，以备淤筑完工后盖顶和辅道填筑之用。

截渗沟、退水渠采用 1m³ 反铲开挖，就地弃土，工程完工后采用 74kW 推土机回填沟槽。

8.4.3 新建水闸工程施工

8.4.3.1 施工程序

为了不影响黄河防汛，主体工程安排在一个枯水期完工，工期较紧。

施工程序：明渠开挖→新闸上下游围堰填筑→基坑开挖→基础处理→闸混凝土浇筑及砌石施工→闸门启闭机安装→土方填筑→老闸围堰填筑→老闸拆除→场地清理→围堰拆除、明渠回填。

8.4.3.2 原闸拆除

原闸拆除工程主要包括：钢筋混凝土拆除和闸门拆除。

钢筋混凝土拆除先用风镐破碎，再采用 1m³ 反铲拆除，人工辅助，10t 自卸车运输，运往弃渣场，运距约 0.5km。

闸门拆除采用电焊解栓配汽车起重机拆除，人工辅助，10t 自卸车运输，运往弃渣场，运距约 0.5km。

8.4.3.3 土方开挖

开挖采用 1m³ 反铲挖掘机配合 74kW 推土机施工，所开挖土方 60％用于土方回填，剩余部分弃于坡脚。

8.4.3.4 土方填筑

填筑土料尽量利用开挖料，不足土料用 10t 自卸汽车从 4.5km 外的土料场运至工作面。推土机摊铺，振动碾辅以蛙式打夯机夯实，严格控制填筑质量，压实度要求不得小于 0.94。

8.4.3.5 土工格栅加筋土填筑

土工格栅加筋土挡墙施工步骤如下：

（1）根据边坡设计坡面坡度或倾角进行施工放线，并架设钢网。

（2）按设计及规范要求裁剪底层土工格栅，根据施工放线的实际位置及铺设样式铺设底层格栅。通过 $\phi12$ 的钢筋穿过格栅每个网孔将其连接在钢网面板上，并将坡面处格栅的端头通过连接棒与其自身连接，形成一个牢固的扣，以便张拉格栅后，格栅和钢网面板之

间的牢固连接。沿坡长方向，相邻土工格栅相互对接。土工格栅必须按设计图纸要求的位置、长度及方向进行铺设。

（3）坡面由钢网，生物垫和格栅形成，有利于植被生长。

（4）在邻近坡面的底格栅上铺填上一定量的回填土料。通过格栅的另一自由端将格栅拉紧，并用填料压上将之固定，碾压时先从格栅尾端进行碾压。

（5）用诸如斗式挖掘机或是带有铲斗的推土机等机械设备来进行填土施工，保证填土通过倾倒的方式摊铺在格栅上。为了避免格栅在施工中受到损伤，机械履带与格栅之间应保持有不小于厚15cm的填土。

（6）在邻近结构面1m范围内，用振动盘压实机或振动碾压机压实填土。对其他部位的回填料用大型压实设备进行充分碾压。

（7）按照设计要求，分层回填、碾压直至下一层底标高。

（8）裁剪出下一层土工格栅，并按规定位置铺设。用 Bodkin 连接棒将该层格栅与反包格栅连接在一起。

（9）用张拉梁对格栅施加张拉力，使格栅绷紧并使在其下坡面上的反包格栅同时绷紧。

（10）在保持张拉格栅绷紧的同时，进行下层回填料的摊铺回填，以保证张拉设备移去后格栅不会回缩。

（11）释放并移去张拉梁。

（12）将格栅固定在模架内侧，并重复（5）～（12）步骤。

（13）最顶层土工格栅应足够长并埋在填土面下，保证填土可提供足够的约束力以永久性地锚固格栅。

8.4.3.6　混凝土浇筑

改建工程需要混凝土浇筑的部位主要有：底板、闸墩、涵洞、闸顶板、胸墙、交通桥、铺盖、消力池、挡墙和垫层。

混凝土施工宜掌握以闸室为中心，按照"先深后浅、先重后轻、先高后矮、先主后次"的原则进行。施工过程中，应从材料选择、配合比设计、温度控制、施工安排和质量控制等方面，采取综合措施，防止产生裂缝和钢筋锈蚀。由于工期紧，混凝土浇筑施工期短，考虑到现场地形条件，为方便施工，在工区就近布置混凝土拌和站。闸墙混凝土浇筑采用1t机动斗车运送，自卸汽车吊配1m³吊罐直接入仓，人工平仓，电动插入式振捣器振捣。采用钢木模板。钢筋由综合加工厂加工制作后由1t机动三轮车运至现场，人工绑扎。闸室上部混凝土浇筑时搭设脚手架，铺设工作平台。

混凝土冬季施工，要按照混凝土冬季施工的要求，提高混凝土浇筑温度，确保混凝土浇筑过程中不结冰，同时加强混凝土表面保护，保证混凝土质量满足《水闸施工规范》（SL 27—91）的要求。

8.4.3.7　砌石工程

闸进出口浆砌石护坡工程砌石料采用自卸汽车运输，材料直接堆放于闸室进出口处，人工砌筑，坐浆法施工。砂浆采用0.4m³混凝土搅拌机拌制，1t机动斗车运输，人工铺浆摊平后砌筑块石，表面用1∶1水泥砂浆勾缝。

砌石材料必须满足质量要求，质地坚硬、新鲜，比重在 2.6t/m³ 以上，风化的山皮石、有裂纹的石块，禁止使用。对于块石，要求上下两面大致平整，无尖角、薄边，块石厚度宜大于 20cm，长度应为厚度的 1.7～3 倍，宽度为厚度的 1.5～2 倍。砌石单块重量应为 25～75kg，且中厚不小于 15cm。

8.4.3.8　闸门、启闭设施

闸门、启闭机安装应统一同考虑，如条件允许，应先安装启闭机后装闸门，以利于闸门安装。闸门安装包括埋件埋设和闸门安装，启闭机的安装应在其承载机架桥完工并达到设计强度后进行。

8.4.3.9　基础处理

（1）水泥土搅拌桩。通过搅拌截渗桩机主机的双驱动动力装置，带动主机上的多个并列的钻杆转动，并以一定的推动力使钻杆的钻头向土层推进到设计深度。在达到设计深度后，开启灰浆泵将水泥浆压入地基中，并且边喷浆边旋转，严格按操作规程控制提升速度提升深层搅拌机。

作为固结剂的水泥采用 425 号普通硅酸盐水泥或矿渣水泥、水泥渗入量（占天然土重的百分比）一般为 8％～12％。水灰比可根据地质报告反映的土质性质，土中孔隙率、孔洞裂隙情况，土层含水量及室内试验数据初步鉴定，然后再根据现场施工情况修正，水灰比一般为 0.8～2。

桩机横移就位调平，多次重复上述过程形成一道截渗墙。桩与桩之间搭接长度应不小于 50mm，随墙深增加而应增加搭接长度；沿桩深方向，若施工时因故停浆应及时通知操作人员记录停浆深度，如在 24h 内恢复输浆，再次喷浆时应将桩机搅拌下沉到停浆面以下 0.5m；若超过 24h，则应和前一根桩进行对接，待水泥土墙具有一定强度后，先在接头处用工程钻机钻孔，然后再灌注水泥砂浆或用黏土连接处理。

深层搅拌截渗桩机建造水泥土截渗墙施工机具主要由深层搅拌机、灰浆拌制机、集料斗、灰浆泵及输浆管路组成，见表 8.4－5。

表 8.4－5　　　　　　　深层搅拌桩机施工机具配套表

名　称	型　号	数量	额定功率 /kW	生产能力	用　途
深层搅拌桩机	SJ₄－500	1	90	150m²/d	钻孔
深层搅拌桩机	SZJ－18	1	120	150m²/d	钻孔
输浆泵	BW250/50	1	17	250L/min	输浆
高速搅拌机	ZJ400	1	7.5	400L/min	搅拌
搅拌桶	ZJ2×200L	1	3	400L/min	存浆
发电机	160KW	1		160kW	供电
发电机	200KW	1		200kW	供电
潜水泵	QS25－24－3	1	3	25m³/h	供水

桩机横移就位调平，多次重复上述过程形成一道截渗墙。桩与桩之间搭接长度应不小于 50mm，随墙深增加而应增加搭接长度；沿桩深方向，若施工时因故停浆应及时通知操

作人员记录停浆深度，如在24h内恢复输浆，再次喷浆时应将桩机搅拌下沉到停浆面以下0.5m；若超过24h，则应和前一根桩进行对接，待水泥土墙具有一定强度后，先在接头处用工程钻机钻孔，然后再灌注水泥砂浆或用黏土连接处理。

深层搅拌截渗桩机建造水泥土截渗墙施工机具主要由深层搅拌机、灰浆拌制机、集料斗、灰浆泵及输浆管路组成。

水泥土搅拌桩施工采用PH-5A型钻机成孔，灰浆搅拌机制浆，灰浆泵压浆，初次成孔后再二次搅拌。

（2）水泥土粉煤灰碎石桩。水泥土粉煤灰碎石桩复合地基施工采用振动沉管灌注成桩。

8.5 施工交通运输

8.5.1 对外交通运输

根据对外交通运输条件，各工程施工期间外来物资运输主要采用公路运输，由工程区至大堤，由大堤至当地县市，可利用堤顶公路及四通八达的当地公路，不在新修对外交通道路。

工程的主要外来物资为施工机械、混凝土材料、油料、房建材料等，本次设计项目外来物资运输总量为5664t。工程主要外来物资运输量见表8.5-1。

表8.5-1 工程主要外来物资运输量表

所属市局	段落桩号	运输量/t					
		施工机械	油料	房建材料	生活物资	其他	小计
开封右岸	0+000～0+978 2+045～3+480	648	760	584	402	120	2514
	三义寨引黄闸工程	810	950	730	510	150	3150

8.5.2 场内交通运输

施工期间各工程场内运输以壤土、黏土料的运输为主，兼有施工机械设备及人员的进场要求，因此设计修建施工干线道路连接工区、料场区和淤区等；场内干线公路路基能利用村间现有道路的应尽量利用，不能利用的考虑新建或改建。场内施工道路路面宽7m，路面结构为改善土路面。

该次设计项目施工共修建场内施工道路5.50km。工程场内施工道路特性见表8.5-2。

表8.5-2 工程场内施工道路特性表

所属市局	段落桩号	公路名称	起迄地点	长度/km	备注
开封右岸	0+000～0+978	1号施工道路	1号料场至大堤	4.00	改建
	2+045～3+480	2号施工道路	黏土料场至大堤	1.50	改建

8.6 施工工厂设施

各工程施工工厂设施主要由机械停放厂，水、电设施等组成。

8.6.1 机械停放场

各工程土方量大，施工强度高，施工机械数量较多，设计布置机械停放场。由于工程施工项目单一，且距当地县市较近，市、县内均可为工程提供一定程度的加工、修理服务。在满足工程施工需要的前提下，本着精简现场机修设施的原则，不再专设修配厂。在工地现场各施工区内配设的机械停放场内可增设机械修配间，配备一些简易设备，承担施工机械的小修保养。

8.6.2 施工供水

根据各工程施工总布置，施工供水分区安排。施工管理及生活区都布置在村庄附近，因此生活用水可直接在村庄附近打井取用或与村组织协商从村民供水井引管网取得；主体工程施工区、壤土黏土料场施工区生产用水量较小，水质要求不高，可直接抽取黄河水；放淤砂料场施工区生产用水量较大，水源采用黄河水。

本次设计项目总用水量为 842.81m³/h。各工程用水量见表8.6-1。

表8.6-1　　　　　　　　　　工 程 用 水 量 汇 总 表

所属市局	段 落 桩 号	用水量/(m³/h)		
		生产用水	生活用水	小　计
开封右岸	0+000～0+978 2+045～3+480	812.65	4.36	817.01
	三义寨引黄闸工程	19.35	6.45	25.80

8.6.3 施工供电

施工用电包括工程生产用电和生活照明用电等。生产用电因农村电网距离远、容量低，用电难以保证，为保证施工进度，采用自备柴油发电机提供生产用电。施工管理区生活用电可从村内电网引接。

本次设计项目总用电负荷为1308.0kW，共需用发电机19台，各工程供电设施及规模见表8.6-2。

表8.6-2　　　　　　　　　　工程供电设施及规模表

所属市局	段 落 桩 号	用电负荷/kW	发电机容量/kW	发电机台数/台
开封右岸	0+000～0+978 2+045～3+480	943	100、30	13
	三义寨引黄闸工程	365	100、30	6

8.6.4 施工通信

各工程施工期通信不设立专门的通信系统，管理区对外通信可接当地市话，各工区之间可采用移动通信联络。

8.7 施工总布置

8.7.1 布置原则

施工总布置主要原则为：

（1）根据作业点比较分散的特点，本着便于生产、生活、方便管理、经济合理的原则，分散布置生产、生活设施。

（2）充分利用当地经济、技术条件，充分利用河务部门现有房屋、现有场地、现有道路进行布置。

（3）施工设施的防洪：三义寨引黄闸工程位于黄河干流上，每年主汛期7～9月不安排施工；冬季寒冷，1～2月也不安排施工。主要生产、生活设施布置在背河或高滩不受洪水影响的地方。

（4）按照环保、水保要求组织施工，取土和弃土堆放场尽量少占耕地，不妨碍行洪和引排水，做到文明施工，保护环境。

8.7.2 场区规划及分区布置

根据以上布置条件、布置原则，各工程均包括3个分区，即主体工程施工区、料场区、生产管理及生活区，本次设计项目施工生产、生活设施建筑规模为4280m²。各工区施工生产、生活设施规模见表8.7-1。

表 8.7-1　　　　　　　　　工程施工生产、生活设施规模表

所属市局	段 落 桩 号	建 筑 面 积/m²					
		生活设施	办公设施	机械停放场	施工仓库	发电机房	合计
开封右岸	0+000～0+978 2+045～3+480	1600	360	30	150	100	2240
	三义寨引黄闸工程	1150	560	30	100	200	2040

8.7.3 施工占地规划

工程占地分永久占地和临时占地，永久占地主要为工程占地，征用范围至淤区背河坡脚外10m范围以内；临时占地主要为料场和施工临时设施占地，料场占用黄河临河滩地，施工临时设施占用耕地。本次设计项目施工占地总面积为902.08亩。各工程施工占地面积见表8.7-2。

表 8.7-2　　　　　　　　　工程施工占地面积表

所属市局	段 落 桩 号	占 地 面 积/亩				
		料 场	施工道路	生产生活设施	其他临时占地	小计
开封右岸	0+000～0+978 2+045～3+480	510.71	90.00	60.18		660.89
	三义寨引黄闸工程	232.16		9.03		241.19
	小计	742.87	90.00	69.21	0.00	902.08

8.8　施工总进度

8.8.1 编制原则及依据

（1）编制原则。黄河干流堤防工程为1级堤防，工程任务以防洪为主。根据工程布置形式及规模等，编制施工总进度本着积极稳妥的原则，施工计划留有余地，尽可能使工程

施工连续进行，施工强度均衡，充分发挥机械设备作用和效率，使整个工程施工进度计划技术上可行，经济上合理。

（2）编制依据。

1）《堤防工程施工规范》（SL 260—98）。

2）《水利水电工程施工组织设计规范》（SL 303—2004）。

3）机械生产率计算依据部颁定额，并参考国内类似工程的统计资料。

4）人工定额参照《水利建筑工程概算定额》（2002）。

5）黄河水利委员会《黄河下游防洪基建工程施工定额》。

8.8.2 施工总进度计划

（1）施工准备期。

主要有以下准备工作：临时生活区建设、水电设施安装、场内施工道路修建及施工设备安装调试等。

准备期安排1～2个月，可利用凌汛期，即第一年2月进行上述几项工作，完成后即可开始进行主体工程施工。

（2）主体工程施工期。按照以上编制原则并结合黄河防洪工程建设的特点和总体部署，各项目总工期根据项目情况分别考虑，闸改建工程考虑在一个黄河枯水期内完成，堤防放淤工程按两年工期考虑，各项目关键线路施工技术指标详见"施工总进度图"。

本工程主要施工技术指标见表8.8-1。

表 8.8-1　　　　　　　　　　工程主要施工技术指标表

所属市局	段 落 桩 号	施工总工期/月	土方填筑高峰强度/（万 m³/月）	高峰期施工人数/（人/d）	总工日/万个
开封右岸	0＋000～0＋978 2＋045～3＋480	10	17.09	400	3.08
	三义寨引黄闸工程	8	6.98	283	2.51

8.8.3 关键路线

根据施工总进度计划分析，放淤工程关键路线为：围格堤施工→淤筑→包边盖顶填筑→辅道填筑→排水沟施工。

新堤填筑工程关键路线为：土方填筑施工。

闸改建工程关键路线为：老闸拆除施工→土方开挖施工→防渗工程施工→混凝土浇筑施工→土方填筑施工→石方填筑施工。

关键路线上的工程都必须按计划规定的时间完工，否则将影响甚至延误整个工程的工期，其他工程在自由时段允许范围进行调整，以使工程资源需求均衡。

8.9 主要技术供应

8.9.1 建筑材料及油料

工程所需主要建筑材料、油料等，可到距工程就近市、县等地采购。本次设计项目所需建筑材料、油料等总量为3294t。各工程用量见表8.9-1。

表 8.9-1　　　　　　　　　　　工程建筑材料及油料用量表

所属市局	段 落 桩 号	油料/t	房建材料/t	其他/t	合计/t
开封右岸	0+000～0+978 2+045～3+480	760	584	120	1464
	三义寨引黄闸工程	950	730	150	1830

8.9.2　主要施工设备

工程所需主要施工机械为中小型机械设备，工程施工机械设备见表8.9-2。

表 8.9-2　　　　　　　　　　　工程主要施工机械设备表

所属市局	段落桩号	组合泵/套	简易吸泥船/艘	振动碾/台	自卸汽车/(10t/辆)	挖掘机/(1m³/台)	推土机/台	发电机/台	油罐车4000L/辆	洒水车GS2000/辆
开封右岸	0+000～0+978 2+045～3+480	2		2	24	3	2	13	1	1
	三义寨引黄闸工程			3	45	5	3	6	1	1

9 三义寨引黄闸占地处理及移民安置评价

9.1 占地实物调查

9.1.1 调查依据

(1)《大中型水利水电工程建设征地补偿和移民安置条例》,2006 年国务院 471 号令。

(2)《水利水电工程建设征地移民安置规划设计规范》(SL 290—2009)。

(3)《水利水电工程建设征地移民实物调查规范》(SL 442—2009)。

(4)《土地利用现状分类标准》(GB/T 21010—2007)。

(5)《房产测量规范》(GB/T 17986.1—2000)。

(6)工程测绘地形图、占压范围图及其他有关资料。

9.1.2 调查范围

实物调查范围为工程建设占压区和建设影响区,包括永久占地和临时占地两部分。永久占地包括主体工程及管护地占地。临时占地包括工程取土料场、施工道路、临时建房、施工仓库、排泥管、退水渠等施工临时用地。

9.1.3 调查内容

工程占压实物调查内容包括农村和专业项目两部分。

农村调查包括个人和集体两部分。个人部分分为人口、房窑、附属物、零星林木、坟墓和农副业设施六部分;集体部分分为土地、房屋、附属物、农副业设施和农村小型水利设施等。

专业项目调查包括交通、电力、电信、广播以及小型水利水电设施等。

9.1.3.1 农村部分

(1)人口。

1)居住在调查范围内,有住房和户籍的人口计为调查人口。

2)长期居住在调查范围内,有户籍和生产资料的无住房人口。

3)上述家庭中超计划出生人口和已结婚嫁入(或入赘)的无户籍人口计为调查人口。

4)暂时不在调查范围内居住,但有户籍、住房在调查范围内的人口,如升学后户口留在原籍的学生、外出打工人员等。

5)在调查范围内有住房和生产资料,户口临时转出的义务兵、学生、劳改劳教人员。

6)户籍不在调查范围内,但有产权房屋的常住人口,计为调查人口。

7)户籍在调查搬迁范围内,但无产权房屋和生产资料,且居住在搬迁范围外的人口,不作为调查人口。

8)户籍在调查范围内,未注销户籍的死亡人口,不作为调查人口。

（2）房屋。

1）按房屋产权可分为居民私有房屋、农村经济组织集体所有房屋。

2）根据项目区房屋结构类别，房屋主要分为下列几种：

①砖混房：指砖或石质墙身、有钢筋混凝土承重梁或钢筋混凝土屋顶的房屋。

②砖木房：指砖或石质墙身、木楼板或房梁、瓦屋面的房屋。

③混合房：指1～3面为砖石墙身，其余墙身为土墙，木瓦屋面，三合土或混凝土地面的房屋。

④土木房：指木或土质打垒土质墙身、瓦或草屋面的房屋。

3）按房屋用途分为主房和杂房。

①主房：层高（屋面与墙体的接触点至地面平均距离）不小于2.0m，楼板、四壁、门窗完整。

②杂房：拖檐房、偏厦房、吊脚楼底层等楼板、四壁、门窗完整，层高小于2.0m的附属房屋。

4）房屋建筑面积以平方米计算。房屋建筑面积按房屋勒脚以上外墙的边缘所围的建筑水平投影面积（不以屋檐或滴水线为界）计算。楼层层高（房屋正面楼板至屋面与墙体的接触点的距离）$H \geqslant 2.0m$，楼板、四壁、门窗完整者，按该层的整层面积计算。对于不规则的楼层，分不同情况计入楼层面积：

①$1.8m \leqslant H < 2.0m$，按该层面积的80%计算。

②$1.5m \leqslant H < 1.8m$，按该层面积的60%计算。

③$1.2m \leqslant H < 1.5m$，按该层面积的40%计算。

④$H < 1.2m$，不计算该层面积。

5）屋内的天井，无柱的屋檐、雨篷、遮盖体以及室外简易无基础楼梯均不计入房屋面积。

6）有基础的楼梯计算其一半面积。没有柱子的室外走廊不计算面积；有柱子的，以外柱所围面积的一半计算，并计入该幢房屋面积。

7）封闭的室外阳台计算其全部面积，不封闭的计算其一半面积。

8）在建房屋面积，按房产部门批准的计划建筑面积统计。

9）房屋层高小于2.0m、基础不完整或未达到标准、四壁未粉刷、房顶未经防水处理或门窗不完整的按临时建房进行统计。

附属建筑物包括围墙、门楼、水井、晒场、粪池、地窖、水窖、蓄水池、沼气池、禽舍、畜圈、厕所、堆货棚等，不同项目以反映其特征的相应单位计量。

（3）土地。土地调查分类执行《土地利用现状分类标准》（GB/T 21010—2007），结合黄河下游的具体情况，土地一级分类共设7类。

1）耕地是指种植农作物的土地，包括熟地、新开发、复垦、整理地、休闲地（含轮歇地、轮作地）；以种植农作物（含蔬菜）为主，间有零星果树、桑树或其他树木的土地；平均每年能保证收获一季的已垦滩地和海涂。临时种植药材、草皮、花卉、苗木等的耕地，以及其他临时改变用途的耕地。耕地中宽度小于2.0m固定的田间沟、渠、道路和田埂（坎），调查时应按相应地类计列。

①水浇地是指有水源保证和灌溉设施，在一般年景能正常灌溉，种植旱生农作物的耕地。包括种植蔬菜的非工厂化的大棚用地。

②旱地是指无灌溉设施，主要靠天然降水种植旱生农作物的耕地。包括没有灌溉设施，仅靠引洪淤灌的耕地。旱地可分为旱平地、坡地、陡坡地。

③河滩地是指平均每年能保证收获一季的已垦滩地和海涂。

2）塘地是指用于养殖水产品或种植莲藕、芦苇等水生农作物的耕地。包括实行水生、旱生农作物轮中的耕地。

3）园地是指种植以采集果、叶、根茎等为主的集约经营的多年生木本和草本作物，覆盖度大于50％或每亩株数大于合理株数70％的土地，包括用于育苗的土地。

①果园：种植果树的园地。

②其他园地：指种植桑树、胡椒、药材等其他多年生作物的园地。

4）林地是指生长乔木、竹类、灌木的土地。包括迹地，不包括居民点内部的绿化林木用地，铁路、公路征地范围内的林木，以及河流、沟渠的护堤岸林。

①有林地：指树木郁闭度不小于20％的乔木林地、包括红树林地和竹林地。

②灌木林地：指灌木覆盖度不小于40％的林地。

③其他林地包括疏林地（指树木郁闭度不小于10％、小于20％的林地）、未成林地、迹地、苗圃等林地。

5）住宅商服等用地，主要包括住宅用地、商服用地、水利用地、交通运输用地和其他土地。

①住宅用地：指主要用于人们生活居住的房基地及其附属设施的土地。

②商服用地：指主要用于商业、服务业的土地。

③水利设施用地：指人工修建用于引、排、灌的渠道和闸、扬水站等建筑物用地，包括渠槽、渠堤等。

④交通运输用地：指用于国道、省道、县道、乡道和村间、田间道路用地。包括设计内的路堤、路堑、道沟、桥梁、汽车停靠站及直接为其服务的附属用地。

⑤其他土地：主要有设施农用地，是指直接用于经营性养殖的畜禽舍、工厂化作物栽培或水产养殖的生产设施用地及其相应附属用地，农村宅基地以外的晾晒场等农业设施用地。

6）工矿仓储用地：指主要用于工业生产、物资存放场所的土地。

（4）农副业设施。包括行政村、村民小组或农民家庭兴办的小型商业（服务）网点和榨油坊、砖瓦窑、采石场、米面加工厂、农机具维修厂、酒坊、豆腐坊等。调查内容包括主产品、原料来源、生产规模，年产量、产值、年利税，主要设备、设备原值、净值，从业人员数量等，调查人员应根据工商营业执照、税务登记证明、纳税证明等资料现场逐项调查。

（5）工商企业。包括工商企业名称、所在地、隶属关系、经济成分、业务范围、经营方式、从业人数、集体户口人数、房屋面积；注册资金；近3年年税金、年利润、年工资总额；固定资产原值；设备和设施名称、规模或型号、数量等，并调查设备和设施是否可搬迁。

（6）文化、教育、卫生、服务设施。包括文化活动站点、小学校、幼儿园、卫生所、兽医站、商业网点等。

9.1.3.2 专业项目

包括交通、输变电、电信、广播电视、水利设施、各类管道、水文站点、测量永久标志、军事设施等。

（1）公路调查。

1）公路分为等级公路和机耕路。等级公路应按交通部门的技术标准划分，机耕路是指四级公路以下可以通行机动车辆的道路。

2）公路调查内容包括线路的名称、起止点、长度、权属、等级、建成通车时间、总投资等；受征地影响线路段的长度和起止地点，路基和路面的最低、最高高程和宽度，路面材料、设计洪水标准等。

（2）输变电工程设施调查。

1）输变电设施是指电压等级在 10kV（或 6kV）及以上线路和变电设施。

2）输变电设施调查内容。

①输电线路：应包括征地涉及线路的名称、权属、起止点、电压等级、杆（塔）型式、导线类型、导线截面等，受征地影响线路段的长度、铁塔高度和数量等。

②变电设施：包括变电站（所）名称、位置、权属、占地面积、地面高程、电压等级、变压器容量、设备型号及台数、出线间隔和供电范围、建筑物结构和面积，构筑物名称、结构及数量等。

（3）电信工程设施调查。

1）电信设施是指电信部门建设的电信线路、基站及其附属设施。

2）电信设施调查内容。包括征地涉及的线路名称、权属、起止点、等级、建设年月、线路类型、容量、布线方式、受征地影响长度等。

9.1.4 调查方法

9.1.4.1 农村部分

（1）人口。

1）被调查户以调查时的户籍为准。调查内容包括被调查户的户主姓名、家庭成员、与户主关系、出生日期、民族、文化程度、身份证号码、户口性质、劳动力及其就业情况等。

2）调查人员查验被调查户的房屋产权证、户口簿、土地承包册等。户籍不在调查范围内的已婚嫁入（或入赘）人口，查验结婚证、身份证后予以登记；对超计划出生无户籍人口，在出具出生证明或乡级人民政府证明后予以登记。

（2）房屋和附属建筑物。以户为单位进行调查，房屋以砖混、砖木、混合、土木、杂房和简易房等结构分类逐幢实地丈量并绘制平面图；按墙面装修、地面装修、天棚装饰、门窗等设施项目对有装修的部分进行丈量登记；丈量和登记各类附属建筑物；分户建立实物调查卡片。

（3）土地。

1）土地面积以水平投影面积为准；计算机量图面积以 mm^2 为计算单位；统计面积采

用亩，对使用其他非标准计量面积单位的换算成亩后分类填表。

2）采用计算机量图，同时建立以行政村、组为单位的土地面积数据库。

3）对每幅图的量算成果进行图幅内平差，允许误差 $F＜±0.0025P$，其中 F 为图幅理论面积允许误差，P 为图幅理论面积。

4）园地或林地（含天然林）面积大于 0.5 亩（含 0.5 亩）或林带冠幅的宽度 10 m 以上的成片土地按面积计算；园地或林地不符合以上规定的按株数或丛（兜）数计量，统计为零星林（果）木，其面积计入其他农用地地类。

5）调查人员会同有关单位（项目法人、国土、林业等）工作人员一起持地形图（永久占地持 1/2000 地类测图，临时用地持 1∶10000 比例尺地形图）现场调查核实行政界线、地类分界线和必要的线状地物，落实土地权属。根据现场调查核实结果，分行政村、组量算各类土地面积。

6）典型调查线状地物面积时，分析调查范围内各类土地利用系数，用图上量得的各类土地面积乘以各类土地利用系数以确定各类土地的实际面积。

（4）农副业设施。对固定资产在 1 万元以下的小型商业，如建材、加工、服务业，在调查时其房屋及附属建筑物随个人或集体部分调查时一并登记，不再单列。其他设施、可搬迁设备、不可搬迁设备及服务性设施，逐一清点核实后计入农副业项目。

（5）小型水利设施。村组集体或个人兴建的渠道、机井、大口井、对口抽、抽水站等，在分清权属后，按建（构）筑物类别和数量，逐项调查登记。田间配套设施不作调查。

（6）文化、教育、卫生、服务设施。现场调查登记其职工及其家属人数、房屋、附属物及基础设施等，对特殊设施拍照存档备案，调查成果由被调查单位负责人签字盖章。

（7）工商企业。工商企业是指注册资金在 10 万元以上、有营业场所、营业执照，从事商业、贸易或服务的企业。注册资金在 10 万元（含 10 万元）以下的，纳入商业门面房调查。

在查验企业各种证件的前提下，对农村工商企业单位现场进行调查。对持有效证件企业，核定其现有生产规模、固定资产、职工及其家属人数，以及工程占压对企业的影响程度；对无效证件的企业，待全面调查后，按国家有关政策进行适当补偿；对停产、倒闭等企业，只调查登记其房屋、附属物、基础设施等。对特殊设施拍照存档备案，调查成果由该企业负责人签字盖章。

（8）其他项目调查。

1）零星果林木。对成片林地以外的田间、地头、路边、房前、屋后的所有果木树（面积不足 0.2 亩）和材树（地块面积不足 0.5 亩）按种类逐一调查。材树分幼树、小树、中树和大树，果树分幼果期、初果期和盛果期。

2）坟墓。以户为单位进行调查。由户主自报，调查人员现场复核。

3）电信、广播电视设施调查。逐户调查电信、广播电视设施数量。

4）居民点基础设施调查。了解居民点基础设施情况，主要包括给水、排水、道路、输变电、通信等。

9.1.4.2 专业项目

先由主管部门提供有关资料和图纸，调查人员实地复核，并按工程名称、隶属关系、等级、起讫地点、占压影响起讫地点、规模、技术指标等内容进行登记。

（1）公路调查。在收集所需资料的基础上，与公路主管部门人员一起，持 1∶2000 比例尺地形图现场调查核对，必要时对重点路段进行测量。对于征地范围内的机耕路，采用 1∶2000 大比例尺地形图量算有关指标，并现场核实。

（2）输变电工程设施调查。输变电线路、设施调查在收集所需资料的基础上，持 1∶2000 比例尺地形图与有关人员到现场进行全面调查。

（3）电信工程设施调查。在收集资料基础上，调查人员与电信部门人员一起到现场全面调查。

9.1.5 调查精度

按《水利水电工程建设征地移民实物调查规范》（SL 442—2009）的有关要求控制调查精度。

9.1.6 调查成果

9.1.6.1 农村部分

（1）土地。工程建设共占压土地 1318.03 亩，其中永久征地 415.95 亩，临时占地 902.08 亩。工程建设永久征地中耕地 400.9 亩，园地 2 亩。

（2）房屋及其附属建筑物。工程占压影响零星房屋 1052m²；其他有零星树 64862 株，零星果树 1276 株，景观树 546 株，坟墓 83 座。

（3）农村工商企业。工程建设影响农村工商 4 处，其中养殖厂 3 处，兰启加油站 1 处（含煤厂），共计占地 14.36 亩，现有职工 16 人。需拆迁各类房屋 2172m²；附属建筑物有砖石墙 1616m²，厕所 8 个，水井 3 眼等。

（4）文化教育卫生服务设施。工程建设影响三义寨引黄闸渠管所房屋 410m²，附属建筑物有砖石墙 810m²，水泥地坪 240m²，厕所 6 个，机井 1 眼。占地 2.7 亩，现有职工 8 人。

（5）小型水利设施。工程建设影响机井 21 眼，对口抽 32 眼。

9.1.6.2 专业项目

（1）交通设施。工程建设影响四级道路（为穿堤辅道）4 条，长 0.81km，为柏油路面，路基宽 8m，路面宽 6m。

（2）工程建设影响 10kV 线路 0.7km，380V 电力线杆 24 杆，变压器 1 台。

（3）电信设施。工程建设影响通信线杆 10 杆，通信光缆 300m 输变电设施。

9.2 移民安置总体规划

9.2.1 规划原则

（1）坚持客观公正、实事求是的原则。正确处理局部与整体、个人与集体、当前与长远关系，提出合理的实施规划方案，确定合适的建设规模。

（2）规划方案应与当地国民经济和社会发展规划以及土地利用总体规划、城市总体规划、村庄和集体规划相衔接，着力解决好与移民切身利益密切相关的问题，切实可行，确保移民及安置区居民长远生计和可持续发展。

（3）移民安置规划设计应贯彻"以人为本"的思想，走开发性移民安置路子。正确处理国家、地方、集体、个人之间的关系，妥善安置移民的生产、生活，使移民的生活水平达到或者超过原有水平，并为其搬迁后的发展创造条件。

（4）坚持对国家负责、对移民负责，实事求是的原则，做到移民安置与资源开发、环境保护、水土保持建设及社会经济发展紧密结合。要按照《中华人民共和国水土保持法》、《中华人民共和国环境保护法》、《中华人民共和国河道管理条例》等法规条例，把开发治理和移民安置紧密结合起来，促进移民安置区的生态环境向良性循环方向发展。

（5）执行国家建设社会主义新农村的政策，促进地方可持续发展，同时应与资源综合开发利用、生态环境保护相协调，满足移民生存生活的需要。

（6）坚持以土为本，大农业安置为主的原则；在对安置区土地资源的调查和环境容量分析的基础上，在环境容量允许的前提下，农村移民应尽可能在本村内实行就近安置，就近安置确有困难的，按照经济、合理和先近后远的安置原则；从实际出发，因地制宜，有偿调整耕地、园地，保障移民的土地资源；在大农业的基础上，根据当地资源优势及居民就业现状，因地制宜开展二产业、三产业安置。

（7）建设征地涉及的交通、电力、电信、广播电视、水利设施等专业项目，需恢复改建的应按原规模、原标准、恢复原功能的原则，结合建设区实际和行业规划，提出有利于区域经济发展，方便群众生活且经济合理的恢复改建方案；不需要恢复或难以恢复的，应根据占压影响情况，给予合理补偿。

（8）对工程建设临时用地中占用的耕地，有条件的应尽可能复垦，并提出土地复垦规划。

（9）农村移民安置工作，实行党委统一领导，政府分级负责，县、乡政府为主体，项目法人参与管理的体制，实行移民任务与投资双包干。

（10）以国家批准的可行性研究设计投资概算为依据，合理控制投资。移民安置方案应经济合理、技术可行。

9.2.2 规划依据

9.2.2.1 法律、法规

（1）《中华人民共和国水法》，2002年8月29日。

（2）《中华人民共和国土地管理法》，2004年8月28日。

（3）《中华人民共和国水土保持法》，1993年8月1日国务院令第120号。

（4）《中华人民共和国环境保护法》，1989年12月26日中华人民共和国主席令第二十二号。

（5）《中华人民共和国河道管理条例》，1988年6月10日国务院令第3号。

（6）《中华人民共和国城乡规划法》，2007年10月28日。

（7）《中华人民共和国森林法实施条例》，2000年1月29日中华人民共和国国务院令第278号。

（8）《中华人民共和国文物保护法》，2007年12月29日。

（9）《中华人民共和国水污染防治法》，2008年2月28日。

（10）《大中型水利水电工程建设征地补偿和移民安置条例》，2006 年国务院 471 号令。

（11）《基本农田保护条例》，1998 年国务院修订。

（12）国家相关法律及省相关法规。

9.2.2.2　主要技术标准

（1）《水利水电工程建设征地移民安置规划设计规范》（SL 290—2009）。

（2）《水利水电工程建设征地移民实物调查规范》（SL 442—2009）。

（3）《水利水电工程建设农村移民安置规划设计规范》（SL 440—2009）。

（4）《镇规划标准》（GB 50188—2007）。

（5）其他相关规范和技术标准。

9.2.2.3　其他相关资料

（1）《黄河下游近期防洪工程建设可行性研究占地处理及移民安置规划大纲》。

（2）《黄河下游近期防洪工程建设可行性研究占地处理及移民安置规划专题报告》。

（3）工程占压影响实物调查成果。

（4）工程建设涉及行政区域图、土地利用现状图及农业、交通、电力等相关专业资料。

（5）具有代表性的已建、在建工程设计资料。

9.2.3　移民安置任务

（1）对工程占压区土地资源逐块复核，以行政村为单位计算生产安置人口，结合占压区相关情况，确定移民安置任务。

（2）落实安置方式和安置去向。

（3）生产安置费用平衡。生产安置补偿费以移民村为单位计算，生产安置投资以安置点为单位计算，以移民村为单位进行生产安置费用平衡。

（4）其他实施规划。主要包括村组副业迁建处理规划、工商企业迁建处理规划、文化教育卫生服务设施迁建规划等内容。

（5）移民安置补偿投资。以实物调查成果为基础，结合安置方案，根据确定的补偿标准和个别项目单价分析结果，编制移民安置补偿投资概算。

（6）编制移民安置专题报告。编制黄河下游近期防洪工程建设占地处理及移民安置报告及相关附件。

9.2.3.1　设计水平年和基准年

移民设计基准年取实物指标调查年，即 2010 年 5 月，移民设计水平年根据工程施工进度，确定为 2013 年 5 月。

9.2.3.2　人口自然增长率

根据河南省"十二五"计划和远景规划目标，结合相关开封市兰考县的人口实际增长率，并听取地方政府意见，确定人口自然增长率为 7.8‰。

9.2.3.3　农村移民安置人口

本阶段农村移民安置规划主要任务是安置农村移民人口和劳力，根据其安置性质主要为生产安置。

移民生产安置任务，指工程占压影响的农村移民中失去劳动对象（主要是耕地）后，需要重新安排劳动的人口，即生产安置人口。

生产安置任务是根据占压影响各行政村征用耕地数量及占压前本村的人均耕地数量，并考虑剩余耕地数量、质量及可利用程度等因素计算。计算公式为：

$$生产安置人口＝征用耕地面积÷征用前人均耕地面积$$

经调查分析，生产安置人口为 420 人。工程建设永久征地范围内生产安置人口计算见表 9.2－1。

表 9.2－1　　　　　　　工程建设永久征地范围内生产安置人口计算表

村庄	耕地 /亩	人口 /人	占压耕地 /亩	人均耕地 /（亩/人）	剩余耕地 /亩	生产安置 人口/人
三义寨村	4495	4799	162	0.94	4333	173
杨圪塔村	2057	1996	244	1.03	1813	237
夹河滩村	2383	2470	10	0.96	2373	10
合计	8935	9265	416		8519	420

按照河南省人口自然增长率控制指标 7.8‰，根据工程进度安排，设计水平年人口计算公式如下：

$$A＝X(1+i)^n$$

式中　A——设计水平年人口；

　　　X——设计基准年人口；

　　　i——人口自然增长率。

$n＝$设计水平年年份－设计基准年年份，由于工程建设项目实物指标调查主要集中在 2013 年，n 取 2.0。

经计算，设计水平年生产安置人口 423 人，其中劳力 233 人。

9.2.4　环境容量分析

（1）土地承载容量。工程建设项目区处于黄河冲积扇或冲积平原区，该区土地平坦，土层深厚，土壤肥沃，土地利用率高，水资源丰富，地下水埋藏浅，是当地主要的粮食产区之一。且大堤背河侧还分布有大量的园地、林地、耕地和鱼塘，具有全面发展农、林、鱼的良好基础，生产潜力巨大。

土地承载容量主要选取以粮食占有量为指标的容量计算模式，计算公式如下：

$$P = \sum_{i=1}^{n} P_i$$

$$P_i＝Y_i/L_i$$

式中　P——区域的土地承载人口；

　　　P_i——以行政区为单位的土地承载人口；

Y_i——该区域（地区）水平年粮食总产量；

L_i——水平年人均粮食占有量；

i——行政区序号；

n——行政区个数。

有关指标选取计算如下：

Y_i：以各村 2008～2010 年统计资料为基础，根据三年平均粮食亩产量和 2010 年末实有耕地数量计算出设计基准年粮食总产量，然后在充分考虑正常耕地递减及耕地单产的逐年增加等因素的影响的基础上（耕地单产年增长系数采用 2.5%，耕地正常年递减系数 0.2%。），计算出设计水平年粮食总产量。

L_i：采用农民家庭人均最低耗粮指标，参照项目区"十二五"计划指标，综合选取加权平均值为 460kg/人（设计水平年）。

P：区域的承载人口：安置区涉及的 3 个村，人口为 9265 人；按河南省人口自然增长率长期控制指标（为 7.8‰）推算，设计水平年安置区人口为 9337 人。根据上述指标，以行政村为单位计算，设计水平年安置区粮食人口容量为 15146 人，扣除安置区水平年人口后，水平年剩余人口容量达 5809 人，与项目区移民安置任务 423 人相比富裕 5384 人，若考虑项目区大量的园地、林地和鱼塘等安置因素，则容量更大。

黄河下游防洪工程建设移民容量分析见表 9.2－2。

表 9.2－2　　　　　　　黄河下游防洪工程建设移民容量分析表

村　庄	设计基准年				设计水平年			土地承载力/人	
	耕地/亩	人口/人	粮食平均亩产/(kg/亩)	粮食总产量/kg	耕地/亩	人口/人	粮食总产量/kg	粮食人口容量	富裕人口
三义寨村	4495	4799	841	3778748	4324	4836	3544389	7705	2869
杨圪塔村	2057	1996	841	1729088	1807	2012	1481393	3220	1209
夹河滩村	2383	2470	841	2003404	2369	2489	1941516	4221	1731
合计	8935	9265		7511240	8500	9337	6967298	15146	5809

（2）水资源环境容量。根据安置区常年用水情况分析，干旱年人畜用水均能保证，正常年景下能保证耕地的灌溉需求。由于移民初选在本村安置，移民调地后对原区域人均水资源量基本无影响。根据以上分析结果，安置区水资源承载力可以保证移民安置。

9.2.5　环境容量分析结论

依据环境容量分析结果，工程永久占地影响的各行政村，土地、水资源容量均能够满足移民后靠安置的要求，说明后靠安置区的选择是适宜的。

9.2.6　安置去向和途径

根据移民的基本情况及安置区环境容量分析结果，确定工程建设占压影响移民全部在本村内安置，生产安置以农业安置为主，二产业、三产业安置为辅的方式进行安置。

9.3 农村移民生产措施规划

9.3.1 规划原则

（1）农村移民安置以土地为基础，以调整农业产业结构、提高土地产出为手段，以搬迁后移民生活水平不低于原水平并安置区原居民同步发展为目标。

（2）安置移民的土地以有偿调整为主，以不降低原居民的生活水平为原则，通过配套农田水利设施、发展高新农业等手段提高土地产出效益，扩大生产安置环境容量。

（3）移民安置方案同区域经济发展和生态保护相结合，通过生产、生活设施建设，促进安置区和原居民基础产业的发展，为移民和原居民生活水平的提高创造条件。

（4）移民生产用地的地块划拨由安置地人民政府落实，应尽量选择水土条件较好，交通便利、区位较好的地方。移民生产用地划拨坚持集中连片、质量均衡、耕作半径适中的原则，切实维护移民合法权益。调整老居民承包地时，调地比例应尽量减少对老居民生产生活的影响。

（5）重视移民的教育和技术培训，提高移民劳动力技术水平，鼓励引进和吸收先进科技成果，提高移民安置区生产力水平。

9.3.2 种植业规划

9.3.2.1 调地原则

（1）在集镇周围或经济发达、不以土地为唯一谋业手段的移民，可根据移民意愿，结合当地实际情况，适当降低土地安置标准。

（2）移民生产用地调整尽量与居民点规划相结合，合理考虑耕作半径，方便移民的生产生活，集中连片。

（3）调整的土地质量与当地群众的大体相当。

9.3.2.2 调整范围

工程永久占压影响各村生产安置人口均在本村范围内后靠安置，生产用地划拨在本村内部进行。耕地划拨顺序原则上先在本组内部进行调整，其次在本村内部进行调整，最后考虑在周边邻近村进行调整。

9.3.2.3 耕地划拨方式和组织形式

行政村根据工程占压前后全村人均耕地数量的减少，在本季粮食收过以后，由村集体根据工程占压影响各户耕地数量的多少，进行调剂、平衡耕地。占压耕地当季青苗补偿，根据占压影响各户耕地数量的多少，由行政村发放给各户。

9.3.2.4 生产用地调整

根据移民安置任务和移民安置规划目标，选定移民种植业安置以大农业结合温室大棚安置为主，通过调整耕地，对农业内部产业结构进行调整，如增加温室蔬菜、花卉种植比重等措施提高移民收入水平，使移民得到妥善安置。

工程建设需进行农业安置典型村人口劳力共计 234 人，可在安置区本村各组间调整生产用地 133 亩，均为水浇地，征地投资按占压区同类耕地补偿标准计算，共需投资 423.05 万元。

黄河下游防洪工程建设移民劳力种植业规划见表 9.3－1。

表 9.3 - 1　　　　　　　　　黄河下游防洪工程建设移民劳力种植业规划表

村庄	劳力/人	人均耕地/(亩/人)	调整耕地/亩	单价/元	征地投资/万元
三义寨村	96	0.91	48	31904	153.14
杨圪塔村	131	0.96	79	31904	250.77
夹河滩村	6	0.92	6	31904	19.14
合计	233		133		423.05

根据移民生产开发资金和，结合安置区的特点及周边地区的经济环境适当发展蔬菜大棚和养殖业，以恢复移民的生产生活水平。

（1）蔬菜大棚。措施属种植业种植结构优化的主要措施，待移民安置稳定后实施。发展蔬菜温室大棚，根据各安置区所处的经济区域，结合兰考县经济发展规划进行。经分析论证，规划发展商品蔬菜基地面积 21.5 亩，可建节能温室 86 个，每个温室投资约 8475 元，年亩产值达 5.23 万元，年亩纯收入可达 1.84 万元。经计算，发展蔬菜大棚共需投资 72.89 万元，安置移民劳力 43 人。

（2）养殖业。措施是为恢复移民原有生活水平的补充措施，规划发展养殖业形式不一，规划养鸡、养牛、养羊、养鱼，养殖形式除养鸡、养鱼集中饲养外，养牛、养羊均为散养。养殖业生产总投资 186 万元，可安排移民劳力 62 人。

9.3.3　临时用地复垦规划

临时用地指施工道路、仓库、施工人员生产生活房屋、取土（料）场、退水渠、管道等用地。由于工程建设战线长，存在取土方量大，占地面积多的特点，根据国家对土地复垦的规定，工程建设完工后，临时用地在交还地方前应进行复垦，因此对被工程建设占用的耕地（不含河滩地）全部进行复垦。

9.3.4　移民生产安置综合评价

（1）劳力安置情况分析。规划水平年需安置劳力 234 人。根据上述生产安置规划，从事种植业安置劳力 137 人，养殖业安置劳力 62 人，蔬菜大棚可安置劳力 43 人，移民劳力可全部得到安置。通过上述多行业安置后，做到了移民生产有出路、劳力有安排、收入有门路。

黄河下游防洪工程建设移民安置劳力平衡情况见表 9.3 - 2。

表 9.3 - 2　　　　　　　黄河下游防洪工程建设移民安置劳力平衡情况表

村庄	需安置劳力/人	生产措施规划/万元				生产措施规划安置劳力/人				剩余劳力/个
		合计	种植业	蔬菜大棚	养殖业	合计	种植业	蔬菜大棚	养殖业	
三义寨村	96	261.65	153.14	30.51	78	98	54	18	26	-2
杨圪塔村	132	389.15	250.77	42.38	96	134	77	25	32	-2
夹河滩村	6	31.14	19.14	0	12	10	6		4	-4
合计	234	681.94	423.05	72.89	186.00	242	137	43	62	-8

（2）生产安置投资平衡分析。移民生产措施规划投资来源于工程建设征地补偿及安置

补助费，生产措施规划能否落实关键看生产措施规划投资是否有保证。根据生产措施规划，生产措施规划投资681.94万元，人均2.91万元，而工程建设征地补偿及安置补助费为1333.59万元，大于规划投资。因此工程建设征地补偿及安置补助费能够满足生产措施规划投资要求。

黄河下游防洪工程建设移民安置规划投资平衡见表9.3-3。

表9.3-3　　　　　黄河下游防洪工程建设移民安置规划投资平衡表

| 村庄 | 征地补偿费/万元 | 生产措施规划投资/万元 | | | | 投资平衡1~2项 |
		合计	种植业	蔬菜大棚	养殖业	
三义寨村	516.84	261.65	153.14	30.51	78	255.19
杨圪塔村	784.84	389.15	250.77	42.38	96	395.69
夹河滩村	31.9	31.14	19.14	0	12	0.76

（3）移民生活水平分析：移民生活水平分析，采用人均粮食和人均纯收入两项指标，通过有、无工程情况指标对比进行分析。

1）无工程情况。无工程情况下，移民按原生产体系正常发展，其设计水平年生活水平，采用现状年有关指标，结合兰考县"十二五"期间实际增长速度推算。无工程时人均粮食810kg，人均收入3516元左右，其中种植业收入2254元，约占64.12%。

2）有工程情况。有工程情况下，移民原有生产体系局部破坏，移民到达安置区后建立新的生产体系，首先恢复种植业收入水平，待移民生产体系完全建立后，恢复移民原有生活水平。根据移民生产措施规划计算，有工程情况下工程占压区移民人均粮食746kg；移民人均纯收入3587元左右，其中种植业收入约占62.57%，其他收入有所增加。

黄河下游防洪工程建设移民安置前后生活水平对比见表9.3-4。

表9.3-4　　　　黄河下游防洪工程建设移民安置前后生活水平对比表　　　　单位：元

| 村　庄 | 无工程时 | | 有　工　程　时 | | | | 收入增加情况 | 人均收入 |
	种植业收入	人均收入	小计	无规划措施时种植业收入	措施实施后种植业纯收入增加	补充措施增加纯收入		
三义寨村	2320	3619	2387	2308	10	69	79	3698
杨圪塔村	2423	3780	2510	2409	11	90	101	3881
夹河滩村	2018	3148	2049	2016	5	28	33	3181

通过分析可以看出，移民安置后由于土地资源量的限制，仅利用种植业规划无法保证移民生活水平的恢复。但按照生产措施规划安排，搞好农田建设，优化种植结构，发展蔬菜大棚和养殖业，兴办特色加工业等措施，移民群众经济收入迅速增长，同无工程时相比，各村移民安置区生活水平基本达到或超过原有生活水平。

9.4 农村工商企业迁建

9.4.1 迁建原则

（1）对正常经营的企业，按照原标准、原规模、恢复原有功能为原则计算补偿资金。由企业根据当地情况，选择迁建、转产迁建或补偿处理的方式。企业的迁建或转产应充分考虑利用原有设备和技术，以不减少损失为原则。

（2）需要迁建的企业，可以结合技术改造和产业结构调整进行统筹规划，对扩大规模、提高标准需要增加的投资，由有关部门自行解决。

（3）对主要生产设施在征用线外的企业，具备后靠复建条件的，原则上采用后靠复建方式；对主要生产设施在征用线内的企业，应考虑就近复建；对征用程度小、防护方案简便易行、运行维护方便的企业，应采取防护措施；对不符合国家产业政策、技术落后、浪费资源、产品质量低劣、污染严重、不具备安全生产条件的企业，应依法关闭。

（4）对于失去其功能的企业，仅考虑合理补偿，由企业自行进行处理。

（5）企业的迁建或转产按当地政府的管理程序报批和实施。

（6）按批复的补偿投资实行迁建任务和投资双包干，由产权人组织实施。

9.4.2 迁建处理

（1）三义寨村养殖场。规划该场新址在村庄西，距原村庄约 1.5km，新址地势较为平坦，有乡村路通过，无不良地质因素，拟以小机井方式取水。迁建新址征地 11.25 亩，场地建设土方 9075m³，对外连接路 120m。

（2）兰启加油站（含煤厂）。规划该加油站新址在其原址附近，新址地势较为平坦，乡村公路邻侧，无不良地质因素，拟以小机井方式取水。新址迁建新征地 3.11 亩，场地建设土方 2904m³，对外连接路 240m。

9.4.3 迁建补偿投资

企业迁建补偿投资包括房屋及附属建筑等补偿费、新址征地、场地平整、供水、供电、对外交通等基础设施补偿费，以及设备拆卸、安装及物资搬迁、搬迁损失费用、停业损失和误工补助和办公设备搬迁补助费等。

黄河下游防洪工程农村工商企业迁建补偿投资共计 250.18 万元。

（1）三义寨村养殖场。三义寨村养殖场迁建投资共计 161.16 万元，其中补偿部分 87.32 万元，迁建处理部分 73.84 万元。三义寨村养殖场迁建补偿投资概算见表 9.4-1。

表 9.4-1　　　　　　　　三义寨养殖场迁建规划投资概算表

序号	项　目	单位	单价/元	数量	投资估算/万元
	合计				161.16
一	补偿部分				87.32
1	房屋	m²		1982	77.48
	砖混房	m²	713	286	20.39
	砖木平房	m²	615	598	36.78
	杂房	m²	185	1098	20.31

序号	项目	单位	单价/元	数量	投资估算/万元
2	附属建筑物				9.83
	围墙	m²	65	971	6.31
	机井	眼	5000	3	1.50
	厕所	个	180	4	0.07
	水池	m³	130	150	1.95
二	迁建处理部分				73.84
（一）	基础设施建设				64.38
1	新址征地				35.89
	水浇地	亩	31904	11.25	35.89
2	场地建设				21.99
	土方综合	m³	24.23	9075	21.99
3	对外连接路				6.50
	柏油路面	m	541.56	120	6.50
（二）	其他补偿费				9.46
	设备设施补偿	处	5000	3	1.50
	搬迁运输费	处	5000	3	1.50
	停产损失费	处	12000	3	3.60
	房屋装修费		5%		2.86

（2）兰启加油站（含煤厂）。兰启加油站迁建补偿投资共计 89.03 万元，其中补偿部分 30.80 万元，迁建处理部分 58.23 万元。兰启加油站迁建补偿投资见表 9.4-2。

表 9.4-2　　　　　　　　　　兰启加油站迁建补偿投资表

序号	项目	单位	单价/元	数量	投资估算/万元
	合计				89.03
一	补偿部分				30.80
1	房屋	m²			13.55
	砖混房	m²	713	190	13.55
2	附属物				17.25
	围墙	m²	65	645	4.19
	混凝土地坪	m²	35	638	2.23
	地下加油池	m²	850	126.5	10.75
	厕所	个	180	4	0.07
二	迁建处理部分				58.23
（一）	基础设施建设				29.96
1	新址征地				9.92
	水浇地	亩	31904	3.11	9.92
2	场地建设				7.04
	土方综合	m³	24.23	2904	7.04

序 号	项 目	单位	单价/元	数量	投资估算/万元
3	对外连接路				13.00
	柏油路面	m	541.56	240	13.00
（二）	其他补偿费				28.28
	搬迁运输费	处	10000	2	2.00
	油罐搬迁调试费	个	60000	2	12.00
	加油机搬迁调试费	个	8000	2	1.60
	钢架棚搬输安装费	个	20000	1	2.00
	停产损失费	处	50000	2	10.00

9.5 文化、教育、卫生、服务设施迁建规划

9.5.1 迁建原则

（1）按照原标准、原规模予以补偿或迁建。

（2）尊重地方各级政府意见，在方便当地居民就学、有利于管理的前提下，以就近迁建为主。

（3）新址的选择应和生产条件、地形地质、水源、交通条件相结合，保证有可靠的水源，做到合理规划布局，提高土地利用率。

9.5.2 迁建处理

规划三义寨闸渠管所迁建至大堤淤区外，有穿堤公路通过，交通便利，无不良地质因素，拟以小机井方式取水。新址征地 2.7 亩，场地建设土方 2520m³。对外交通规划柏油路 1 条，长 182m。

9.5.3 迁建补偿投资

文化教育卫生服务设施投资包括房屋及附属建筑等补偿费、新址征地、场地平整、供水、供电、对外交通等基础设施补偿费，以及设备拆卸、安装及物资搬迁和办公设备搬迁补助费等。

三义寨引黄闸渠管所迁建补偿投资共计 69.99 万元，其中补偿部分 41.86 万元，迁建处理部分 28.13 万元。三义寨引黄闸渠管所迁建补偿投资见表 9.5－1。

表 9.5－1　　　　　三义寨引黄闸渠管所迁建补偿投资表

序号	项　目	单位	单价/元	数量	投资概算/万元
	合计				69.99
一	补偿部分				41.86
1	房屋	m²		410	35.15
	砖混房	m²	782	355	25.31
	砖木平房	m²	632	160	9.84

序号	项 目	单位	单价/元	数量	投资概算/万元
2	附属物				6.71
	砖石墙	m²	65	810	5.27
	水泥地坪	m²	35	240	0.84
	厕所	个	180	6	0.11
	机井	眼	5000	1	0.50
二	迁建处理部分				28.13
1	基础设施建设				24.58
	新址征地	亩	31904	2.70	8.61
	场地建设	m³	24.23	2520	6.11
	对外连接路	m	541.56	182	9.86
2	搬迁运输费	处	18000	1	1.80
3	房屋装修费		10%		1.76

9.6 专业项目复建规划

9.6.1 道路、电力、电信工程复建规划

9.6.1.1 规划原则

(1) 按原标准、原规模恢复占压道路、电力、电信工程的功能，对已失去功能不需要恢复重建的设施，不再进行规划。因扩大规模、提高标准（等级）或改变功能需要增加的投资，由有关部门自行解决。

(2) 道路、电力、电信规划，在不影响现有系统正常运行情况下，就近接线为主。

(3) 鉴于工程占压移民安置为本村后靠，电力规划原则上不考虑增容设施。

(4) 迁建投资不考虑项目区原有设施回收利用。

(5) 对于有防汛功能的道路，其复建所需土方工程量及路面恢复费用统一在工程设计中计列，移民规划仅考虑道路复建新征地投资。

9.6.1.2 规划及其投资

(1) 交通设施。项目区交通规划是指由于工程建设占压，需要重新复建以恢复项目区原有道路交通网络，方便当地群众的生产生活。

规划复建道路长 0.81km，均为柏油路面，路基宽 8m，路面宽 6m，道路复建需新征地 2.66 亩，为水浇地。道路复建土方工程量在工程设计中计列，规划仅考虑路面恢复投资。

(2) 输变电设施。工程占压影响的输变电线路是整个设施的一部分，在工程建设期间，必须将其进行复建，以保证工程建设不影响项目区电信设施的正常运行。工程占压影响的电力线杆规划仅对其进行拔高处理，不再进行迁建。

规划恢复 10kV 线路 0.7km，拔高处理电力线杆 24 杆。

（3）电信设施。工程占压影响的电信、广播电视线路是整个设施的一部分，在工程建设期间，必须将其进行复建，以保证工程建设不影响项目区电信设施的正常运行。工程占压影响的电信、广播电视线杆规划仅对其进行拔高处理，不再进行迁建。

规划共需拔高处理通讯线杆 10 杆，保护光缆 300m。

9.6.2 专业项目复建投资

专业项目复建规划总投资共计 51.46 万元。

9.7 投资概算

9.7.1 概算编制依据和原则

9.7.1.1 编制依据

（1）《中华人民共和国土地管理法》，2004 年 8 月 28 日。

（2）《大中型水利水电工程建设征地补偿和移民安置条例》，国务院令第 471 号 2006 年。

（3）《中华人民共和国河道管理条例》，1988 年 6 月 10 日国务院令第 3 号。

（4）《国务院关于深化改革严格土地管理的决定》（国发〔2004〕28 号）。

（5）《水利水电工程建设征地移民安置规划设计规范》（SL 290—2009）。

（6）《水利水电工程建设农村移民安置规划设计规范》（SL 440—2009）。

（7）国土资源部、国家经贸委和水利部《关于水利水电工程建设用地有关问题的通知》（国土资发〔2001〕355 号）。

（8）《中华人民共和国耕地占用税暂行条例》，国务院令第 511 号。

（9）财政部、国家税务总局《关于耕地占用税平均税额和纳税义务发生时间问题的通知》（财税〔2007〕176 号）。

（10）财政部、国家林业局《关于印发〈森林植被恢复费征收使用管理暂行办法〉的通知》（财综字〔2002〕73 号）。

（11）国土资源部《关于黄河防汛工程建设用地有关问题的函》（国土资函〔2004〕189 号。

（12）河南省财政厅《关于调整耕地占用税适用税额有关问题的通知》（豫财办农税〔2008〕10 号）。

（13）《河南省黄河河道管理办法》，1992 年 8 月 3 日颁布。

（14）河南省发展和改革委员会《关于修订土地复垦收费标准有关问题的通知》（财政厅豫发改收费〔2006〕1263 号）。

（15）河南省人民政府办公厅《关于加强土地调控严格土地管理的通知》（豫政办〔2007〕33 号文件）。

（16）国家及河南省有关行业规范及定额等。

9.7.1.2 基础资料

（1）兰考县统计年鉴（2008～2010 年）。

（2）项目涉及的各县（市、区）物价局对小麦、玉米等收购价的监测资料（2010 年第三季度）。

（3）收集的统计局、林业局、物价局、土地局、水利局、财政局等单位有关的其他经济社会统计资料及典型调查资料。

9.7.1.3 编制原则

（1）征地移民投资概算，以调查的实物量和移民安置规划成果为基础，按照国务院颁布的有关法规和地方政府的有关规定计算。凡国家和地方政府有规定的，按规定执行；无规定或规定不适用的，依据实际情况，参考全国已建、在建水利水电工程执行标准，实事求是地合理确定；地方政府规定与国家规定不一致时，以国家规定为准。

（2）妥善处理好国家、地方、集体、个人之间的利益关系。贯彻国家提倡和支持开发性移民方针，使移民安置后达到或超过原有生活条件、水平，包括住宅、基础设施和经济收入。

（3）基础设施、专业项目等部分采用恢复改建，按"原规模、原标准、恢复原功能"的原则计算规划投资标准，不需恢复改建的占用对象，只计拆除运输费或给予必要的补助。凡结合迁移、改建需提高标准或扩大规模增加的投资，应由地方人民政府或有关单位自行解决。

9.7.2 价格体系

（1）采用 2011 年第三季度物价水平。

（2）耕地占用税、耕地开垦费、森林植被恢复费等税费标准按国家或河南省有关规定计取。

9.7.3 项目设置

根据水利部《水利水电工程建设征地移民安置规划设计规范》（SL 290—2009）项目设置情况设置。

征地移民补偿投资包括农村部分、专业项目、其他费用、基本预备费及有关税费。

农村部分包括征地补偿补助、房屋及附属建筑物补偿、小型水利设施补偿、文化教育卫生服务、农村工商企业等单位迁建补偿、搬迁补助、其他补偿和过渡期补助等。

专业项目包括交通、输变电和电信广播设施。

其他费用包括前期工作费、勘测设计科研费、实施管理费、技术培训费和监督费。

有关税费包括耕地开垦费和耕地占用税。

9.7.4 概算标准

9.7.4.1 农村部分

9.7.4.1.1 土地

（1）土地补偿补助标准。土地分耕地、园地和其他用地。

1）征收耕地：按照《大中型水利水电工程建设移民安置条例》第二十二条规定："大中型水利水电工程建设征收耕地的，土地补偿费和安置补助费之和为该耕地被征收前三年平均年产值的 16 倍"执行。征收园地、塘地，根据省规定参照征收耕地的补偿补助倍数16 倍计算。

2）其他地包括林地、苇塘和未利用地等，"征收其他土地的土地补偿费和安置补助费标准，按照工程所在省、自治区、直辖市规定的标准执行"。

3）征收其他土地补偿费。按照《河南省〈实施土地管理法〉办法》三十四条规定

127

"征用其他土地的土地补偿费标准参照征用耕地的土地补偿费标准执行"。林地、苇塘采用6倍，未利用地采用3倍。

4）征用其他土地安置补助倍数。河南省：按照河南省实施《中华人民共和国土地管理法》办法三十四条规定"征用其他土地的安置补助费标准参照征用耕地的安置补助费标准执行"，采用10倍。

（2）亩产值确定。

1）根据实地调查，工程建设征用耕地主要为水浇地。按照《中华人民共和国土地管理法》的规定，耕地亩产值按被征用耕地前3年平均亩产值计算。粮食价格依据地方粮食部门2011年的现行价结合市场价分析确定。

据实地调查和有关资料分析，项目区农作物种植结构大致相同，夏季以种植小麦为主，有少量油菜，秋季主要种植玉米，黄豆、花生、薯类及菜类等。有关资料显示，工程征地前三年秋、夏两季主要粮食平均亩产量一般在900kg/亩左右。据调查，小麦价格2.1元/kg，玉米价格2.15元/kg，豆类4.12元/kg，稻谷3.2元/kg，谷子2.8元/kg，红薯2元/kg，花生4.16元/kg，棉花10.35元/kg，高粱1.95元/kg，芝麻15元/kg等，副产品产值占主产品产值的15.0%。按前3年统计资料，耕地亩产值为1994元/亩。

2）园地。园地包括果园和其他园。项目区园地一般具备较好的浇灌条件。按河南省相关规定，其亩产值按水浇地标准执行，另外考虑地上附着物补偿。

经实地查勘，每亩果园种植果树40棵（苹果园、梨园），按中等标准给予补偿，每棵120元，确定果园地上附着物补偿4800元/亩。

（3）补偿补助标准。

1）永久征地：按各类土地亩产值乘相应的补偿补助倍数确定。

2）临时用地：耕地中的水浇地根据农作物种植规律，结合使用年限给予补偿。

9.7.4.1.2 房屋及附属建筑物补偿标准

（1）房屋补偿标准。房屋分楼房、砖混房、砖木平房、混合房、土木平房、杂房和简易房。

根据《中华人民共和国土地管理法》第四十七条规定："被征用土地上附着物和青苗补偿标准，由省、自治区、直辖市规定"。结合物价上涨情况，参考已建、在建工程有关标准确定。黄河下游防洪工程房屋补偿标准见表9.7-1。

表9.7-1　　　　　　　　黄河下游防洪工程房屋补偿标准表

序号	名　称	单位	单价/元
1	一般农村住房		
	砖混房	m²	648
	砖木房	m²	559
	混合房	m²	495
	土木房	m²	447
	杂房	m²	185
	简易房	m²	100

序号	名　称	单位	单价/元
	简易棚	m²	45
2	企事业单位用房		
	砖混房	m²	713
	砖木房	m²	615

（2）附属建筑物补偿标准。根据河南省有关规定结合典型调查资料分析确定。黄河下游防洪工程附属建筑物补偿标准见表9.7-2。

表9.7-2　　　　　黄河下游防洪工程附属建筑物补偿标准表

序号	项　目	单位	单价/元
1	砖围墙	m²	65
2	水泥地面	m²	35
3	厕所	个	180
4	地窖	个	300
5	牲口棚	个	50
6	禽窝	个	50
7	粪坑	个	50

9.7.4.1.3　小型水利设施补偿

依据国家对黄河下游已批复项目所采用标准，机井5000元/眼，大口井3000元/眼，对口抽500元/眼。

9.7.4.1.4　农村工商企业补偿

（1）房屋补偿费：房屋按企事业单位房屋补偿标准执行。

（2）新址征地费：按永久征地中同类耕地补偿标准。

（3）设施、设备补偿费：机械设备搬迁运输安装调试费按设备原值的10%～15%计算，设施补偿按照企业经营情况而定，需要重新规划的，按照"三原"原则重新规划，不需规划的项目，一次性给予合理补偿。

（4）搬迁运输费：根据企业大小和库存分析确定。

（5）停产损失费：分析计算企业年利润、税收和人员工资确定。

9.7.4.1.5　文化、教育、卫生、服务设施迁建

（1）房屋补偿费：房屋按企事业单位房屋补偿标准执行。

（2）新址征地费：按永久征地中同类耕地补偿标准。

（3）搬迁运输费：根据单位大小和运输工程量分析确定。

（4）基础设施建设费：结合单位选定的安置位置合理分析确定。

9.7.4.1.6　其他补偿费

其他补偿费包括新征地附着物补偿、青苗补助费、零星树、坟墓、林木补偿和土地复垦费等。

（1）新征地附着物补偿按 800 元/亩。

（2）青苗补助费按同类耕地一季产值补助。

（3）零星树，果树：幼龄期 75 元/棵，初果期 210 元/棵，盛果期 450 元/棵。材树：大树 55 元/棵，中树 40 元/棵，小树 20 元/棵，幼树 4 元/棵。大树风景 200 元/株，小风景树 52 元/株，花椒树 50 元/株。

（4）坟墓 600 元/座。

（5）林木补偿费按 1104 元/亩。

（6）土地复垦费按照省规定结合实施分析确定，放淤料场按 2200 元/亩，包边盖顶和黏土料场按 1000 元/亩，压地按 600 元/亩。

（7）过渡期生活补助费按生产安置人口 600 元/人进行补偿。

（8）临时用地复垦期补助费按同类耕地年产值补偿。

（9）已征地果木清理单价为 4800 元/亩，林木清理按 3600 元/亩。

（10）房屋装修费：随着农村经济的发展，农民生活水平不断提高，农村居民的主要房屋都有不同程度的装修。经典型调查，主要房屋（只计主房）的装修费用一般占建筑费用的 10％左右，经分析确定房屋装修费，按主房房屋补偿费的 10％计列。

9.7.4.2 专业项目复建

专业项目包括交通、输变电、通信设施、水利设施、水文及其他设施。

根据项目区实际情况，工程占压的等级公路、机耕路和桥梁，按照等级给予补偿或功能恢复；占压的高压线路，为施工安全起见，按原标准、原规模、恢复原功能的原则迁移至建设区之外，低压线路和通讯线路按拔高恢复处理。

9.7.4.3 其他费用

包括前期工作费、勘测设计科研费、实施管理费、技术培训费和监督费。

（1）前期工作费：按直接费的 2.5％计列。

（2）勘测设计科研费：按直接费的 3％计列。

（3）实施管理费：按直接费的 3％计列。

（4）技术培训费：按农村移民补偿费的 0.5％计列。

（5）监督费：按直接费的 1.5％计列。

9.7.4.4 基本预备费

按直接费和其他费用之和的 8％计列。

9.7.4.5 有关税费

税费包括耕地占用税和耕地开垦费。工程建设方案调整后，放淤固堤工程淤背体建成后仍作为耕地使用，未改变其原有使用性质，因此淤背区征用土地不再考虑耕地占用税和耕地开垦费。工程建设引起专业项目迁建新征地的耕地占用税和耕地开垦费仍计列。

（1）耕地占用税。根据河南省财政厅文件《河南省财政厅关于调整耕地占用税适用税额有关问题的通知》（豫财办农税〔2008〕10 号），征收标准均为 22.00 元/m²。

（2）耕地开垦费。根据河南省人民政府办公厅《关于加强土地调控严格土地管理的通知》（豫政办 2007〔33〕号）文件规定和国土资源部、国家经贸委、水利部相关文件规定，该工程主要以防洪为主，其耕地开垦费标准按 14 元/m² 的 70% 计列，水浇地为 6537 元/亩。

9.7.5 概算投资

黄河下游防洪工程占地处理及移民安置规划总投资 3726.30 万元，其中农村移民补偿费 2856.54 万元；专业项目恢复改建费 51.46 万元；其他费用 305.08 万元；基本预备费 257.04 万元，有关税费 256.18 万元。

10 三义寨引黄闸水土保持评价

10.1 设计依据

(1)《中华人民共和国水土保持法》(2011 年 3 月 1 日)。

(2)《土壤侵蚀分类分级标准》(SL 190—2007)。

(3)《水利水电工程等级划分及洪水标准》(SL 252—2000)。

(4)《开发建设项目水土保持技术规范》(GB 50433—2008)。

(5)《开发建设项目水土流失防治标准》(GB 50434—2008)。

(6)《造林技术规程》(GB/T 15776—2006)。

(7)《水土保持监测技术规程》(SL 277—2002)。

(8)《水利水电工程制图标准 水土保持图》(SL 73.6—2001)。

(9)《开发建设项目水土保持设施验收管理办法》(水利部令第 16 号)。

(10)《关于规范生产建设项目水土保持监测工作的意见》(水利部办水保〔2009〕187 号)。

(11)"关于划分国家级水土流失重点防治区的公告"(水利部公告 2006 年第 2 号)。

(12)《河南省人民政府关于划分水土流失重点防治区的通告》(1999 年 7 月 1 日)。

(13)《黄河下游近期防洪工程建设可行性研究报告》。

(14)《黄河下游近期防洪工程建设水土保持方案报告书(报批稿)》(水保〔2008〕525 号)。

10.2 项目概况

10.2.1 工程概况

工程建设内容包括三义寨引黄闸改建和渠侧堤防放淤加固工程。工程建设新征土地总面积 87.87hm²,其中主体工程建设新征永久占地 27.73hm²,施工临时占地 60.14hm²。

10.2.2 区域概况

项目建设区属暖温带,半湿润大陆性季风气候。年平均气温为 14.1℃,最冷月为 1月,月平均气温为 -0.3℃,最热月为 7 月,月平均气温 27.0℃。年平均降水量 619.3mm,6～8 月降水量占全年降水量的 57.8%。多年平均蒸发量 1937.0mm,平均相对湿度为 68%。该区冬季寒冷干燥,春冬干旱多风沙,秋季天高气爽,夏季高温多雨。该区域地处黄河冲积、洪积平原区,地貌形态主要由平原、丘陵组成,地下水主要为松散岩类孔隙水。

10.2.3 水土保持现状

项目区降水量年际变化较大，年内分配也很不均匀，历来是洪涝旱灾害频繁地区，水淹沙压灾情较重，经济损失大。该次项目建设区集中在黄河河道滩地，地势较平坦，滩面水土流失轻微，侵蚀类型以水蚀为主，根据调查分析侵蚀模数一般在 $200\sim500t/(km^2 \cdot a)$，再塑后侵蚀模数一般在 $1500\sim3500t/(km^2 \cdot a)$。项目所在区域 20 世纪 70 年代以来开展了大规模的水土保持工作，主要水土保持措施为建设基本农田、修筑堤埝、修建排水渠道等，水土流失治理程度达到 $55\%\sim70\%$。

根据《河南省人民政府关于划分水土流失重点防治区的通告》（1999 年 7 月 1 日）全省水土流失重点防治区划分为水土流失重点预防保护区、重点监督区和重点治理区。该次项目建设区域毗邻水土流失重点预防保护区，因此，本项目水土保持设计应以防止水土流失，改善生产条件和生态环境为主。

10.3 水土流失预测

项目建设将会改变原有的地形地貌和植被覆盖，各种施工活动会改变原有的土体结构，致使建设区土壤抗侵蚀能力降低、土壤侵蚀加速，进而增加水土流失。不同施工区域造成的水土流失的影响因素有较明显的差别，产生水土流失的形式及流失量亦有所不同，因此应分类分区分时段进行水土流失预测，并根据预测提出不同的防护措施，减少水土流失，保证工程的正常运行。

10.3.1 预测时段及方法

通过对本工程建设和工程运行期间可能造成的水土流失情况分析，确定工程建设所造成的新增水土流失预测时段分施工期和自然恢复期两个时段。水土流失预测方法首先是针对该项施工期和运行期可能产生水土流失的特点和形式进行分析，然后根据查阅主体工程设计相关资料，结合现场调查勘测等方法进行综合统计分析，最终得出预测结果。

施工期预测时段根据主体工程施工工期而定，包含施工准备期和施工期，对主体施工期经过一个汛期，预测时段不足一年的按一年计算；对主体施工期未经过一个汛期，预测时段不足半年年的按半年计算。因此，本项目施工期预测时段确定为 1 年。

随着工程施工的结束，工程建设引起水土流失的各种影响因素在各项水土保持措施实施后将逐渐消失，受生态自我修复能力的影响，生态环境平衡将逐渐得到恢复，水土流失量逐渐减少。由于生物措施的滞后性，根据项目区气候、降水、土壤等自然条件，结合对类比工程的调查，经分析项目建成 2 年后区域内植被防止水土流失功能基本恢复。因此，确定本工程的自然恢复期水土流失预测年限为 2 年。

10.3.2 预测内容

根据工程建设特点，水土流失预测内容主要包括以下几个方面：①工程施工过程中扰动原地貌和破坏植被情况预测；②损坏和占压的水土保持设施数量预测；③可能产生的弃渣量预测；④可能造成的水土流失量预测；⑤可能造成的水土流失危害预测。

10.3.3 扰动原地貌和破坏的植被

扰动原地貌和破坏的植被主要发生在施工期，主要是项目征占地范围内的土地。扰动原地貌和破坏的植被总面积为 $87.87hm^2$，见表 10.3-1。

表 10.3-1

表 10.3-1 　　　　　　　　　　扰动原地貌和破坏植被面积　　　　　　　　　单位：hm²

项　　目	闸改建工程	堤防加固工程	合计
耕地	23.00	63.87	86.87
园地		0.13	0.13
建设用地		0.87	0.87
合计	23.00	64.87	87.87

10.3.4　弃渣量预测

根据主体工程设计和施工组织设计资料，并进行挖填平衡分析，预测工程施工总弃渣量为 2.01 万 m³，见表 10.3-2。弃渣主要为清基清表土和拆除渣料，堆放于工程所在地对应的堤防外 10m 宽的护堤地内，堆高不超过 1m，渣场沿堤坝呈带状布置。

表 10.3-2 　　　　　　　　　　　土石方平衡表　　　　　　　　　　　单位：万 m³

项　目	开挖		填筑		利用		借方		弃方	
	土方	石方	土方	石方	土方	石方	土方	石方	土方	石方
闸改建工程	16.98	0.36	11.71	0.98	2.72		8.99	0.98	0.68	0.36
堤防加固工程	9.61		56.99		19.70		37.29		0.97	
合计	26.59	0.36	68.70	0.98	22.42		46.28	0.98	1.65	0.36

10.3.5　损坏水土保持设施数量

通过实地查勘和对征地情况分析，该项目新征用地均为河滩地，且建设区域内没有水土保持林草措施分布，工程建设中的防治水土流失措施方案设计合理，满足水土保持要求。根据《河南省水土保持补偿费、水土流失防治费征收管理暂行办法》的规定，没有损坏水土保持设施。

10.3.6　可能造成的水土流失量预测

工程建设造成的水土流失量采用侵蚀模数法进行预测，工程造成的水土流失量预测采用的计算公式为：

$$W = \sum_{i=1}^{n} (F_i M_i T_i)$$

式中　W——施工期、自然恢复期扰动地表所造成的总水土流失量，t；

　　　F_i——各个预测时段各区域的面积，km²；

　　　M_i——各预测时段各区域的土壤侵蚀模数，t/(km²·a)；

　　　T_i——各预测时段各区域的预测年限，a；

　　　n——水土流失预测的区域个数，包括主体工程建设区、施工生产生活区、施工道路区、取土场和弃渣场区等。

主要计算参数的确定采用类比方法，以 2005 年黄河下游防洪工程作为本项目的类比工程，预测期及土壤侵蚀模数见表 10.3-3。经计算，项目区预测水土流失总量为 0.58 万 t，施工期和自然恢复期预测新增水土流失 0.50 万 t，见表 10.3-4。

表 10.3－3　　　　　　　　　　　水土流失预测时段及土壤侵蚀模数

项目	施工期/a	侵蚀模数背景值/[t/(km²·a)]	施工期土壤侵蚀模数/[t/(km²·a)]	自然恢复期/a	自然恢复期土壤侵蚀模数/[t/(km²·a)]
主体工程区	1	300	4800	2	380
取土场	1	300	6500	2	900
弃渣场	1	300	700	2	1000
施工道路	1	300	3800	2	600
施工生产生活区	1	300	3800	2	560
放淤其他占地区	1	300	3500	2	500

表 10.3－4　　　　　　　　　　　预测水土流失量　　　　　　　　　　　单位：t

项目	背景流失量	工程建设期流失量			新增流失量	新增比例/%
		施工期	自然恢复期	小计		
主体工程区	250	1331	211	1542	1292	25.77
取土场	388	2802	776	3578	3190	63.60
弃渣场	58	45	128	173	115	2.30
施工道路	54	228	72	300	246	4.91
施工生产生活区	11	46	13	59	48	0.97
放淤其他占地区	31	120	34	154	123	2.46

10.3.7　水土流失危害预测

项目为穿堤建筑物改建和堤防加固工程，工程建设对滩区生态环境影响较大，建设造成的水土流失如不加以处理将对该地区生态环境造成较大的破坏，同时也会影响堤防本身的安全。在施工建设过程中，边坡及基础开挖、施工生产生活区布设、料场开采、施工道路修建会对原地貌和地表结构造成破坏，加重水土流失。弃渣沿大堤堆放，若不采取防治措施在暴雨的作用下容易发生冲蚀，可能会造成农田灌溉系统的淤塞从而影响农业生产。取土场位于临河老滩内，工程建设如果不采取完善的水土保持措施，将会产生大量的水土流失，影响河道行洪，增加下游泥沙淤积。

10.3.8　预测结果和综合分析

工程建设扰动地表面积为 87.87hm²，不涉及损坏水土保持设施，建设过程中弃渣总量为 2.01 万 m³。经预测计算，工程建设如果不采取水土流失防治措施，新增水土流失量为 0.50 万 t。综合分析认为，施工期是项目建设过程中水土流失的重点时期，弃渣场和取土场是项目建设过程中水土保持的重点区域，水土保持措施布设和监测工作开展也应以施工期的这些区域为主。

通过对工程建设中可能产生的水土流失进行预测分析，工程建设过程中不可避免的会产生人为因素的水土流失，因此要根据预测结果有针对性地布设水土保持预防和治理措施，使水土保持措施与主体工程同时建设、同时投入运行，把因工程建设引起的水土流失降到最低点。

10.4 水土流失防治总则

10.4.1 水土流失防治原则

本着"预防为主，全面规划，综合防治，因地制宜"的方针，以"谁开发谁保护，谁造成水土流失谁治理"为基本原则。与此同时，坚持突出重点与综合防治相结合，坚持"水土保持工程必须与主体工程同时设计、同时施工、同时投产使用"，坚持工程措施与植物措施相结合，坚持水保措施进度与主体工程进度相衔接，坚持"生态优先"等原则。水土保持工作应以控制水土流失、改善生态环境、服务主体工程为重点，因地制宜地布设各类水土流失防治措施，全面控制工程及其建设过程中可能造成的新增水土流失，恢复和保护项目区内的植被和其他水土保持设施，有效治理防治责任范围内的水土流失，绿化、美化、优化项目区生态环境，促进工程建设和生态环境协调发展。

10.4.2 水土流失防治目标

根据批复的《黄河下游近期防洪工程建设水土保持方案报告书（报批稿）》，确定该项目采用一级防治标准。经分析计算，确定该项目水土流失防治责任范围内在设计水平年的防治目标为：扰动土地整治率达到95％，水土流失总治理度、林草植被恢复率和林草覆盖率分别达到96％、98％、26％，土壤流失控制比达到0.8，拦渣率达到95％。

10.4.3 水土流失防治责任范围

根据"谁开发谁保护、谁造成水土流失谁负责治理"的原则，凡在生产建设过程中造成水土流失的，都必须采取措施对水土流失进行治理。依据《开发建设项目水土保持方案技术规范》（SL 204—98）的规定，结合本工程建设及运行可能影响的水土流失范围，确定该项工程水土流失防治责任范围为项目建设区和直接影响区，总面积为91.22hm²。

（1）项目建设区。项目建设区主要包括工程永久占地和施工临时占地区。弃渣场位于主体工程建设区征地范围内的部分其项目建设区包含在主体工程建设区，见表10.4-1。

（2）直接影响区。直接影响区主要指工程施工及运行期间对未征、租用土地造成影响的区域，按照各单项工程施工及运行情况进行分析计算，见表10.4-1。

水土流失防治责任范围包括项目建设区和直接影响区，总面积为91.22hm²，其中项目建设区面积为87.87hm²，直接影响区面积为3.35hm²，见表10.4-1。

表 10.4-1　　　　　　水土流失防治责任范围　　　　　　　　单位：hm²

类　　别	项目建设区	直接影响区	防治责任范围
主体工程区	27.73		27.73
取土场	43.11	2.59	45.69
弃渣场	6.40	0.45	6.85
施工道路	6.00	0.18	6.18
施工生产生活区	1.20	0.04	1.24
放淤其他临时占地区	3.43	0.10	3.53
合计	87.87	3.36	91.22

10.4.4 水土流失防治分区

根据该工程区的自然状况、工程建设时序、施工造成的水土流失特点及主体工程线性布局的特点等，结合分区治理的规划原则，本设计按照项目施工功能将该工程水土流失防治区分为：主体工程防治区、施工生产生活防治区、施工道路防治区、弃渣场防治区、取土场防治区和放淤其他临时占地区，见表10.4-2。

表 10.4-2 水土流失防治分区及特点

名　称	区　域　特　点
主体工程防治区	施工过程中基础开挖和填筑时开挖面和临时堆土容易产生风蚀和水蚀，施工围堰的修筑容易产生水蚀，开挖废料在运往弃渣场堆弃的过程中容易产生风蚀
施工生产生活防治区	施工期生产工作繁忙，施工人员流动较大，施工活动对原地表扰动剧烈
施工道路防治区	车辆碾压及人为活动频繁，路面扰动程度较大，大风天气的风蚀和降雨后的水蚀作用明显
弃渣场防治区	临时堆土和弃渣表面容易产生风蚀和水蚀
取土场防治区	剥离表土临时堆放和开采后边坡容易产生风蚀和水蚀
放淤其他占地区	淤背区排水沟、截渗沟开挖，扰动地表，破坏植被，造成水土流失

10.4.5 主体设计中具有水土保持功能工程分析

工程涉及内容主要包括穿堤建筑物改建和放淤固堤工程。在主体工程设计中，对于堤顶硬化、辅道硬化、淤区排水、堤防边坡绿化以及护堤地的绿化均进行了较合理的设计，具有水土保持功能且满足水土保持的要求。

主体工程施工组织设计要求施工单位在进场前需要对场地平整，并在场地四周设置排水明沟及沉沙池等，施工结束后退场时要求对施工场地进行清理，清除各种临时建筑物和垃圾，同时进行平整，这些措施均具有水土保持功能并满足水土保持要求。另外，主体工程施工组织的设计布置科学合理、施工工艺先进，避开了水土流失相对严重的汛期进行施工，满足水土保持要求。

10.4.6 水土流失分区防治措施体系

本着"预防为主，保护优先，防治结合"的原则，工程首先考虑工程设计过程中和工程施工过程中的预防措施，然后布设水土流失治理措施，最后考虑水土保持监测措施。水土流失防治措施的布设应贯彻"预防为主，全面规划，综合防治，因地制宜，加强管理，注重效益"的水土保持工作方针，体现"谁造成水土流失，谁负责治理"的原则。同时，要依据国家水土保持有关法规和技术规范，充分考虑项目建设的影响，结合区域自然地理条件和水土流失特点进行科学合理的布设。

（1）主体工程区。主体工程设计中采用的堤顶硬化、辅道硬化、排水沟、行道树等措施，为具有水土保持功能措施。主体工程设计的工程和植物措施已满足水土保持的要求，在建设过程中须加强对临时开挖表面和临时堆土区的管理，主体工程竣工后，该区不再新增水土保持措施。

（2）取土场区。根据施工需要，土料场分两类，一类为放淤料场；另一类为包边盖顶、堤防帮宽填筑用的土料场。放淤料场位于临河嫩滩，雨季或来洪后该区域一般自行复淤，不考虑新增水保措施。填筑用的土料场由于开挖扰动破坏植被和地表，需增设水保措施进行防治，最大限度地降低和减少施工造成的严重水土流失。土料场新增削坡防护措施、土料场四周临时挡水埂措施、表土剥离采取临时拦挡防护措施，土料场土地复耕措施由移民专业负责。

工程措施：料场削坡。

植物措施：挡水埂撒播草籽、土地复垦（移民规划设计中已考虑）。

临时措施：挡水埂、临时拦挡。

（3）弃渣场。弃渣场区是水土流失防治的重点区域。弃渣场布置在堤防护堤地、护坝地内，主要为清基清坡开挖的土料，渣性主要为土性质。弃渣沿大堤呈线性堆放，堆高低于1m，设计边坡为1：1.75。本方案新增水保措施为：弃渣场平整、修坡，形成稳定坡角后进行植物措施防护，主要采取渣顶撒播草籽、边坡栽植葛笆草护坡、弃渣场排水措施防护。

工程措施：渣场整治、排水沟、挡水子埝。

植物措施：渣场坡面植草，渣顶撒播草籽。

（4）施工道路区。施工期由于车辆、机械频繁碾压，对路面造成严重土壤板结，不易下渗，很容易形成雨水集聚，侵蚀路面影响施工的现象。针对施工道路区的具体情况，水保方案新增临时排水措施，满足施工要求。

（5）施工生产生活区。主体工程对施工前期的场地整治，施工结束后的场地清理进行了设计。为改善场区环境、防止径流集中造成水蚀，方案新增场区临时排水措施及临时绿化措施。放淤输泥管线、截渗沟、退水渠占压，新增水保防护措施为对开挖的弃土进行整治、然后进行植物绿化，防止水土流失。

工程措施：场区土地整治、场地清理、土地复垦（主体已设计）。

临时措施：场区布设临时排水沟。

（6）放淤及其他临时占地区。主要为放淤输泥管线、截渗沟、退水渠占压，新增水保防护措施为对开挖的弃土进行平整，防止水土流失。放淤及其他临时占地复垦措施由移民专业负责。

工程措施：土地整治。

10.5 水土保持措施典型设计

通过分析，主体工程中具有水土保持功能的措施基本能够满足要求，为避免重复设计和投资，根据工程实际情况有针对性地在取土场区、弃渣场区、施工临时道路区和施工生产生活区新增水土保持措施，其他区域不再新增水土保持措施。

10.5.1 取土场防治区

（1）工程措施。土料场削坡，考虑到土地复耕要求，土料场边坡坡度应小于1：3。

（2）临时措施。

①对堆放的剥离表土布设临时拦挡措施防护，临时拦挡采用填筑袋装土摆放在堆土的四周，袋装土土源直接取用剥离表土，单个装土袋长0.8m、宽0.5m、高0.25m，拦挡高度按照三层摆放，摆放后拦挡断面面积为0.45m²。为保证摆放稳定，底层袋装土应垂直堆土放置，第二三层平行于堆土放置。土料场剥离表土堆放高度3m，边坡1：1，由表层

土剥离量计算出土料场需临时拦挡的长度。

②为防止降雨时土料场周围的汇水携带泥沙流入、冲刷取土坑内，在土料场外侧人工修筑高0.30m，顶面宽0.30m，边坡为1:1的临时挡水埂。

（3）植物措施。挡水埂撒播草籽，土料场的临时措施典型设计见图10.5-1和图10.5-2。

图10.5-1　临时挡水埂设计图（单位：m）

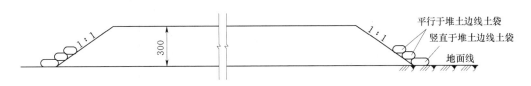

图10.5-2　临时拦挡典型设计图（单位：m）

10.5.2　弃渣场防治区

（1）工程措施。

①采用推土机对渣场进行渣场平整，平整后顶面坡度应小于5°，边坡修整至1:1.75以满足边坡稳定条件。

②弃渣场坡脚布设排水沟，排水沟与周边沟渠相结合，对坡面汇水进行疏导，防止雨水乱流。排水沟采用梯形断面，断面底宽0.30m，沟深0.40m，边坡比1:0.5，内部采用预制混凝土块砌筑，厚度5cm。

③渣顶子埝：用于约束渣顶雨水，设计渣顶子埝高0.15m，顶宽0.5m，内坡1:2，外坡1:75。

（2）植物措施。

①弃渣场边坡人工植草：渣场经过土地平整，边坡修整，形成稳定坡角后进行植草护坡。植草选择适宜当地生长的耐旱、易活的葛笆草，墩距0.2m，梅花型布置。

②弃渣场撒播，除渣坡植草面积外，其余渣场面积采取草籽撒播方式，草籽选用紫花苜蓿或狗芽根，撒播密度65kg/hm²。弃渣场典型设计见图10.5-3。

10.5.3　施工道路防治区

施工道路两侧设置临时排水沟，临时排水沟与周边沟渠相结合，对路面汇水进行疏导，防止道路两侧地面的侵蚀。临时排水沟采用土沟形式、内壁夯实，断面采用梯形断面，断面底宽0.40m，沟深0.40m，边坡比1:1。临时排水沟设计图如图10.5-4所示。

10.5.4　施工生产生活防治区

（1）工程措施。采用人工对施工生产生活区迹地进行土地整治。

（2）临时措施。施工生产生活区四周布设临时排水沟与周边沟渠相结合对路面汇水进

图 10.5-3 弃渣场典型设计图 (单位：m)

图 10.5-4 临时排水沟设计图 (单位：m)

行疏导，防止地面的侵蚀。排水沟采用土沟形式、内壁夯实，梯形断面，断面底宽 0.40m，沟深 0.40m，边坡比 1:1。

10.5.5 放淤其他临时占地区

工程措施。采用人工对放淤输泥管线、截渗沟、退水渠开挖的弃土进行平整。新增水土保持措施工程量见表 10.5-1。

表 10.5-1　　　　　　　　　　　新增水土保持措施工程量

序号	工程或费用名称	单位	闸改建工程	堤防加固工程
一	第一部分　工程措施			
1	渣场整治	hm²	3.23	3.21
2	放淤占地整治	hm²		5.40
3	土料场削坡	m³	1328	1774

序号	工程或费用名称		单位	闸改建工程	堤防加固工程
4	渣场挡水埝		m³	384	384
5	渣场排水沟		m³	2030	2030
6	渣场排水沟混凝土板		m	3200	3200
二	第二部分 植物措施				
1	渣场边坡植草	栽植	hm²	0.21	0.08
		草皮	hm²	0.05	0.02
2	渣场顶面撒播种草	撒播	hm²	3.02	3.13
		草籽	kg	196.17	203.34
3	土料场挡水埂临时绿化	撒播	hm²	0.18	0.24
		草籽	kg	11.87	15.85
三	第三部分 临时工程				
1	袋装土临时拦挡		m³	260	260
2	土排水沟		m³	99	5585
3	挡水土埂		m³	283	378

10.5.6 施工组织及进度安排

根据水土保持"三同时"制度，规划的各项防治措施应与主体工程同时进行，在不影响主体工程建设的基础上，尽可能早施工、早治理，减少项目施工期的水土流失量，以最大限度地防治水土流失。

根据水土保持设计，本工程水土保持措施主要有两部分内容：一是主体工程设计中具有水土保持功能的各项措施；二是水土保持新增措施。其中主体工程原设计包含的具有水土保持功能的各项措施，按主体工程提出的工程时序安排施工。新增水土保持设施应根据主体工程施工对区域影响情况及工程完工情况，在不影响主体工程施工的前提下与主体工程交叉进行，达到早施工、早发挥效益的目的。具体的新增水土保持措施中，各区域的防护措施按照工程的施工进度及时进行；各区域的植被恢复和绿化措施，安排在各单项工程完成后的第一个季度；各种临时防护措施与主体工程同时进行。

10.6 水土保持监测

水土保持监测是从保护水土资源和维护良好生态环境出发，运用多种手段和办法，对水土流失的成因、数量、强度、影响范围和后果进行监测，是防治水土流失的一项基础性工作，它的开发对于贯彻水土保持法规，搞好水土保持监督管理工作具有十分重要的意义。

根据《水土保持监测技术规程》（SL 227—2002）的规定，该项目水土保持监测主要是对工程施工中水土流失量及可能造成的水土流失危害进行监测；方案实施后主要监测各类防治措施的水土保持效益。

10.6.1 监测时段

水土保持监测时段分施工期和自然恢复期两个阶段，水土保持监测主要在施工期。在施工期内的每月监测一次，在自然恢复期每年进行两次监测。

10.6.2 监测内容

水土保持监测的具体内容要结合水土流失6项防治目标和各个水土流失防治区的特点，主要对施工期内造成的水土流失量及水土流失危害和运行期内水土保持措施效益进行监测。主要监测内容如下：

（1）项目区土壤侵蚀环境因子状况监测，内容包括：影响土壤侵蚀的地形、地貌、土壤、植被、气象、水文等自然因子及工程建设对这些因子的影响；工程建设对土地的扰动面积，挖方、填方数量及面积，弃土、弃石、弃渣量及堆放面积等。

（2）项目区水土流失状况监测，内容包括：项目区土壤侵蚀的形式、面积、分布、土壤流失量和水土流失强度变化情况，以及对周边地区生态环境的影响，造成的危害情况等。

（3）项目区水土保持防治措施执行情况监测，主要是监测项目区各项水土保持防治措施实施的进度、数量、规模及其分布状况。

（4）项目区水土保持防治效果监测，重点是监测项目区采取水保措施后是否达到了开发建设项目水土流失防治标准的要求。监测的内容主要包括水土保持工程措施的稳定性、完好程度和运行情况；水土保持生物措施的成活率、保存率、生长情况和覆盖度；各项防治措施的拦渣、保土效益等。

为了给项目验收提供直接的数据支持和依据，监测结果应把项目区扰动土地治理率、水土流失治理度、土壤流失控制比、拦渣率、植被恢复系数和林草植被覆盖率等衡量水土流失防治效果的指标反映清楚。

10.6.3 监测点布设

工程水土流失重点监测地段为弃渣场、取土场及施工道路区。在施工期重点监测内容为：弃渣场边坡的稳定及弃渣流失情况；取土场水蚀及风蚀情况；工程开挖地段原坝体拆除开挖时局部滚石和小规模崩塌或滑坡以及施工对周围生态环境破坏等；工程填筑地段坝基填筑、黏土坝胎施工过程中的土壤的流失等。在恢复期，主要监测水土保持措施的防护效果，监测施工区内的植物生长情况和生态环境的变化，监测弃渣场和施工道路采取水土保持措施后的水土流失量变化等，主要监测点布设情况见表10.6-1。

表10.6-1　　　　　　　　　　主要监测点布设情况表

时段	监测内容	监 测 点
施工期	风蚀、水蚀	堤防建设区、施工道路、取土场、弃渣区分别布设监测点
自然恢复期	风蚀、水蚀	大堤边坡、取土场、弃渣区分别布设监测点

10.6.4 监测方法及设备

水土保持监测的主要方法是结合工程施工管理体系进行动态监测，并根据实际情况采用定点定位监测，必要时设立监测断面和简易监测小区，监测沟道径流及泥沙变化情况，从中判断水土保持措施的作用和效果。其中对各项量化指标的监测需要选定不同区域具有代表性的地段或项目进行不同时段的监测；水土流失量的监测要设置简易监测小区，采用水土流失常规监测方法；水土流失危害的监测地段，宜采用常规水文观测结合水土流失监测方法进行；水土保持工程效益的监测，宜采用定点监测。

简易监测小区建设尺寸按照《水土保持监测技术规程》（SL 277—2002）小区规定根据实际地形调整确定。监测小区需要配备的常规监测设备包括自计雨量计、坡度仪、钢卷尺和测钎等耗材，调查监测需配备便携式 GPS 机，监测内容和方法见表 10.6-2。

表 10.6-2　　　　　　　　　　监 测 内 容 和 方 法

监测内容	监测方法
建设区域地形、地貌变化情况	实地调查
占用地面积和扰动地表面积	实地调查
项目建设动用土石方量	调查统计
各区域风蚀、水蚀量和相关气象因子监测	定位观测
施工破坏的植被面积及数量	实地调查
水土流失治理面积	实地调查
防护措施的效果监测	实地测量、定位观测

10.6.5　监测机构

水土保持监测应委托具有相应水保监测资质和监测经验的单位进行。对每次监测结果进行统计分析，作出简要评价，及时报送水行政主管部门与水土保持方案设计单位。监测工作全部结束后，对监测结果作出综合评价与分析，编制监测报告。水土保持监测成果应能核定建设过程及完工后 6 项防治目标的实现情况并指导施工，水土保持监测成果报告应满足水土保持专项验收要求。同时，监测单位要及时把监测报告报送业主与有关水行政主管部门。

10.7　水土保持投资概算

10.7.1　原则和依据

（1）编制原则。设计概算按照现行部委颁布的有关水利工程概算的编制办法、费用构成及计算标准，并结合黄河下游工程建设的实际情况进行编制。

（2）编制依据。

1）《开发建设项目水土保持工程概（估）算编制规定》（水利部水总〔2003〕67 号）。

2）《水土保持工程概算定额》（水利部水总〔2003〕67 号）。

3）《工程勘察设计收费标准》（2002 年修订本，国家发展计划委员会、建设部）。

4）《关于开发建设项目水土保持咨询服务费用计列的指导意见》（水保监〔2005〕22号）。

5）《开发建设项目水土保持设施验收管理办法》（水利部第 16 号令）。

6）《建设工程监理与相关服务收费管理规定》（发改价格〔2007〕670 号）。

7）《河南省水土保持补偿费、水土流失防治费征收管理办法》（河南省财政厅、物价局、水利厅、豫财预外字〔2000〕33 号文）。

8）《国家计委关于加强对基本建设大中型项目概算中"价格预备费"管理有关问题的通知》（国家发计委 计投资〔1999〕1340 号）。

10.7.2 基础资料

（1）人工单价。按水土保持工程工资标准六类地区 190 元/月，补贴标准按水土保持工程及河南省补贴标准计算。人工预算单价：工程措施为 21.27 元/工日，2.66 元/工时；植物措施为 17.83 元/工日，2.23 元/工时。

（2）电、水及砂石料等基础单价。根据主体工程施工组织设计提供的资料和数据进行计算，风价 0.12 元/m³，水价 0.5 元/m³，电价计算为 1.26 元/(kW·h)。

（3）主要材料价格和其他材料价格。主要材料价格参照主体工程的材料价格，其他材料（如苗木草种等）的价格根据市场调查确定。新增水土保持工程为土方工程与植物措施工程，不涉及水泥、钢筋、木材等价格。由于工程为线性工程，施工比较分散，材料主要为苗木、种子等，就近采购方便，运杂费由卖方承担，采购保管费按材料运到工地价格的2%计算，主要材料价格见表 10.7-1。

表 10.7-1　　　　　　　　　　主 要 材 料 价 格 表

序号	名称及规格	单位	预算价格	备注
1	草袋	个	1.72	含采购及保管费
2	草籽（一级）	kg	60.0	含采购及保管费
3	草皮	m²	6.00	含采购及保管费

10.7.3 费用构成

根据《开发建设项目水土保持工程概（估）算编制规定》和《关于开发建设项目水土保持咨询服务费用计列的指导意见》，水土保持方案投资概算费用构成为：工程费（工程措施、植物措施、临时工程），独立费用（建设管理费、工程建设监理费、勘测设计费、水土保持监测费、水土保持设施竣工验收费），预备费（基本预备费、价差预备费），建设期融资利息，水土保持设施补偿费。本水土保持设计不计建设期融资利息，因此水土保持设计投资由工程费、独立费用、预备费以及水土保持设施补偿费组成。

（1）工程措施及植物措施工程费。工程措施及植物措施工程费由工程措施和植物措施单价乘以工程量计算。水土保持工程措施和植物措施工程单价由直接工程费（包括直接费、其他直接费和现场经费）、间接费、企业利润和税金组成，见表 10.7-2 和表10.7-3。

表 10.7-2　　　　　　　　　　工程措施单价汇总表

序号	工程名称	单位	单价/元	人工费	材料费	机械使用费	其他直接费	现场经费	间接费	企业利润	税金
1	挡水埂修筑	100m³	1469.46	1120.66	33.62	41.13	11.95	59.77	63.36	93.13	45.84
2	人工排水沟	100m³	400.92	312.82	9.38		7.41	16.11	17.29	25.41	12.51
3	袋装土填筑	100m³	5981.81	3088.57	1732.15		96.41	241.04	257.91	379.13	186.61
4	填筑袋拆除	100m³	570.71	446.54	13.40		9.20	23.00	24.61	36.17	17.80

144

序号	工程名称	单位	单价/元	其中							
				人工费	材料费	机械使用费	其他直接费	现场经费	间接费	企业利润	税金
5	人工场地整治	100m³	117.10	88.84	8.88		2.25	3.91	4.16	5.40	3.65
6	弃渣场整治	100m²	157.17	3.99	0.44	122.23	2.53	6.33	6.78	9.96	4.90
7	土料场削坡	100m²	152.39	107.73	15.08		2.46	6.14	6.57	9.66	4.75

表 10.7 - 3　　　　　　　植物措施单价汇总表

序号	工程名称	单位	单价/元	苗木种子费/元	栽植单价	其中						
						人工费	材料费	其他直接费	现场经费	间接费	企业利润	税金
1	护坡植草	100m²	173.49	144.00	29.49	18.64	6.28	0.25	1.00	1.05	1.36	0.92
2	撒播草籽种草	100m²	197.28	120.00	77.28	58.25	7.05	0.65	2.61	2.74	3.57	2.41
3	栽草皮种草	hm²	4078.06	3900.00	178.06	33.45	127.00	1.50	6.02	6.32	8.21	5.55

其中单价各项的计算或取费标准如下：

1）直接费：按定额计算。

2）其他直接费率：建筑工程按直接费的 2.5％计算。

3）现场经费费率见表 10.7 - 4。

表 10.7 - 4　　　　　　　现 场 经 费 费 率 表

序号	工程类别	计算基础	现场经费费率/％
1	土石方工程	直接费	5
2	混凝土工程	直接费	6
3	植物及其他工程	直接费	4

4）间接费费率见表 10.7 - 5。

表 10.7 - 5　　　　　　　间 接 费 费 率 表

序号	工程类别	计算基础	间接费费率/％
1	土石方工程	直接工程费	5
2	混凝土工程	直接工程费	4
3	植物及其他工程	直接工程费	3

5）计划利润。工程措施按直接工程费与间接费之和的 7％计算，植物措施按直接工程费与间接费之和的 5％计算。

6）税金。项目属于市区和城镇以外的工程，税金按直接工程费、间接费、计划利润之和的 3.22％计算。

（2）临时工程费。临时工程费按工程措施费和植物措施费的 2％计算。

（3）独立费用。独立费用包括建设管理费、工程建设监理费、勘测设计费、水土保持监测费和水土保持设施竣工验收费。

1）建设管理费。按工程措施投资、植物措施投资和临时工程投资三部分之和的2%计算。

2）工程建设监理费。参照《建设工程监理与相关服务收费管理规定》（发改价格〔2007〕670号）的有关规定，结合项目实际情况计取。

3）勘测设计费。参照《工程勘察设计收费管理规定的通知》（计价格〔2002〕10号）的有关规定取费。另外，根据工程实际设计情况，取各单项勘测设计费之和的5%为汇总设计费计入总的勘测设计费。

4）水土保持监测费

参照《开发建设项目水土保持工程概（估）算编制规定》（水利部水总〔2003〕67号）的规定并结合工程实际情况计取。

5）水土保持设施竣工验收费。根据《关于开发建设项目水土保持咨询服务费用计列的指导意见》并结合工程实际情况计取。

（4）预备费。

1）基本预备费：按表10.7-6中的第一部分至第四部分合计的3%计算。

表10.7-6　　　　　　　　　　新增水土保持投资概算表　　　　　　　　单位：万元

序号	工程或费用名称		闸改建工程	堤防加固工程
一	第一部分　工程措施		15.83	22.29
1	渣场整治		6.49	6.45
2	放淤占地整治			6.32
3	土料场削坡		0.53	0.71
4	渣场挡水埝		0.56	0.56
5	渣场排水沟		0.81	0.81
6	渣场排水沟混凝土板		7.43	7.43
二	第二部分　植物措施		1.45	1.44
1	渣场边坡植草	栽植	0.06	0.02
		草皮	0.08	0.03
2	渣场顶面撒播种草	撒播	0.06	0.06
		草籽	1.18	1.22
3	土料场挡水埝临时绿化	撒播	0.004	0.005
		草籽	0.07	0.10
三	第三部分　临时工程		2.51	4.97
1	袋装土临时拦挡		1.70	1.70
2	土排水沟		0.04	2.24
3	挡水土埝		0.42	0.56
4	其他临时工程		0.35	0.47
	第一至第三部分总和		19.79	28.70

序号	工程或费用名称	闸改建工程	堤防加固工程
四	第四部分　独立费用	9.79	14.21
1	建设管理费	0.40	0.57
2	工程监理费	2.57	3.73
3	勘测设计费	2.97	4.31
4	水土保持监测费	2.47	3.59
5	水土保持设施竣工验收费	1.38	2.01
	第一至第四部分合计	29.58	42.91
五	基本预备费	0.89	1.29
	总投资	30.47	44.20

2）价差预备费：暂不计列。

（5）水土保持设施补偿费。根据《河南省水土保持补偿费、水土流失防治费征收管理暂行办法》的规定，本次项目不涉及。

10.7.4　概算结果

根据上述费用构成计算方法和取费标准，计算各单项工程的单价，用计算的单价乘以各项措施的工程量即得出各项工程的投资，各项工程投资加上临时工程费、独立费用、基本预备费和水土保持补偿费等其他费用，构成本设计总投资。

本次新增水土保持设计总投资为74.67万元，其中工程措施费38.12万元，植物措施费2.88万元，临时工程措施费7.48万元，独立费用24.00万元，基本预备费2.17万元，见表10.7-6。

10.7.5　效益分析

水土保持各项措施的实施，可以预防或治理开发建设项目因工程建设造成的水土流失，这对于改善当地生态经济环境，保障下游水利工程安全运营都具有极其重要的意义。水土保持各项措施实施后的效益，主要表现为生态效益、社会效益和经济效益。新增水土保护投资概算。

10.8　实施保证措施

为贯彻落实《中华人民共和国水土保持法》、《中华人民共和国水土保持法实施条例》和国家计委、水利部、国家环保局发布的《开发建设项目水土保持方案管理办法》，确保本工程水土保持措施的顺利实施，在工程建设实施过程中，业主单位应切实做好水保工程的招投标工作，落实工程的设计、施工、监理、监测工作，要求各项任务的承担单位具有相应的专业资质，尤其要注意在合同中明确承包人的水土流失防治责任，并依法成立方案实施组织领导小组，联合水行政主管部门做好水土保持工程的竣工验收工作。

水土保持工作实施过程中各有关单位应切实做好技术档案管理工作，严格按照国家档案法的有关规定执行。由于本工程建设而发生在工程建设区及直接影响区的各项水土保持措施所需资金均来源于工程建设投资，与主体工程建设资金同时调拨，并做到专款专用，保证本水土保持计中的各项工程尽快实施，尽早发挥效益。

11 三义寨引黄闸环境保护评价

11.1 综述

11.1.1 环境保护设计依据、原则、标准和目标

11.1.1.1 设计依据的法规和技术文本

（1）法律法规及部门规章。

《中华人民共和国环境保护法》（1989 年 12 月 26 日）。

《中华人民共和国环境影响评价法》（2003 年 9 月 1 日）。

《中华人民共和国水法》（2009 年 8 月 27 日）。

《中华人民共和国水污染防治法》（2008 年 6 月 1 日）。

《中华人民共和国固体废物污染环境防治法》（2005 年 4 月 1 日）。

《中华人民共和国大气污染防治法》（2000 年 9 月 1 日）。

《中华人民共和国环境噪声污染防治法》（1997 年 3 月 1 日）。

《中华人民共和国土地管理法》（2004 年 8 月 28 日）。

《中华人民共和国水土保持法》（2011 年 3 月 1 日）。

《中华人民共和国防洪法》（2009 年 8 月 27 日）。

《中华人民共和国野生动物保护法》（2009 年 8 月 27 日）。

《中华人民共和国自然保护区条例》（2011 年 1 月 10 日）。

《中华人民共和国野生植物保护条例》（1997 年 1 月 1 日）。

《建设项目环境保护管理条例》（1998 年 11 月 29 日）。

《中华人民共和国河道管理条例》（2011 年 1 月 8 日）。

《建设项目环境保护设计规定》（1987 年 3 月）。

（2）技术规范。

《水利水电工程初步设计报告编制规程》（DL 5021—93）。

《水利水电工程环境保护设计规范》（SL 492—2011）。

《水利水电工程环境保护概估算编制规程》（SL 359—2006）。

《室外排水设计规范》（GB 50014—2006）。

《地表水和污水监测技术规范》（HJ/T 91—2002）。

《水利水电工程沉砂池设计规范》（SL 269—2001）。

《民用建筑物隔声设计规范》（GBJ 118—88）。

（3）技术标准。

《地表水环境质量标准》（GB 3838—2002）。

《地下水质量标准》（GB/T 14848—93）。

《生活饮用水卫生标准》（GB 5749—2006）。

《环境空气质量标准》（GB 3095—1996）。

《声环境质量标准》（GB 3096—2008）。

《污水综合排放标准》（GB 8978—1996）。

《大气污染物综合排放标准》（GB 16297—1996）。

《建筑施工场界噪声限值》（GB 12523—90）。

（4）其他相关文件。

《黄河下游近期防洪工程建设可行性研究报告》（2008 年 4 月）。

《黄河下游近期防洪工程建设环境影响报告书》（2008 年 7 月）。

11.1.1.2 设计原则

环境保护设计应根据环境影响评价结论，针对工程建设对环境的不利影响，进行系统分析，将工程开发建设和地方环境规划目标结合起来，进行环境保护措施设计，力求项目区工程建设、社会、经济与环境保护协调发展。为此，环境保护设计应遵循以下原则：

（1）预防为主、以管促治、防治结合、因地制宜、综合治理的原则。

（2）各类污染源治理，经污染控制处理后相关指标应达到国家规定的相应标准。

（3）在设计中充分考虑废弃物处理后的循环利用，最大限度提高资源利用率。

（4）应尽可能减少施工活动对环境的不利影响，力求施工结束后工程区环境质量得以恢复或改善。

（5）环境保护对策措施的设计应切合工程区实际，力求做到：技术上可行，经济上合理，并具有较强的可操作性。

11.1.1.3 设计标准

（1）环境质量标准。

1）环境空气。环境空气执行《环境空气质量标准》（GB 3095—1996）中的二级标准，主要指标的标准值见表 11.1-1。

表 11.1-1　　　　　　　　　　环 境 空 气 质 量 标 准　　　　　　　　单位：mg/m³

浓度限值	二 级 标 准	
	TSP	NO₂
日平均	0.30	0.12
1 小时平均	—	0.24

2）地表水环境。开封段黄河河段执行《地表水环境质量标准》（GB 3838—2002）中的Ⅲ类标准。主要指标的标准值见表 11.1-2。

表 11.1-2　　　　　　　　　　地表水环境质量标准　　　　　　　　单位：mg/L

类型	溶解氧（DO）	高锰酸盐指数（CODMn）	化学需氧量（COD）	生化需氧量（BOD5）	氨氮（NH3-N）
Ⅲ	≥5	≤6	≤20	≤4	≤1.0

3）声环境。声环境执行《声环境质量标准》（GB 3096—2008），其中工业区执行 2 类区标准，交通干线两侧执行 4a 类区标准，施工周围村庄执行 1 类标准，自然保护区执行 0 类标准。主要指标的标准值见表 11.1-3。

表 11.1-3　　　　　　　　　　　声环境质量标准　　　　　　　　　　单位：dB（A）

类型	昼间	夜间
0	50	40
1	55	45
2	60	50
4	70	55

（2）污染物排放标准。

1）大气污染物排放。大气污染物排放执行《大气污染物综合排放标准》（GB 16297—1996）中的二级标准。主要指标的标准值见表 11.1-4。

表 11.1-4　　　　　　　　　　大气污染物综合排放标准　　　　　　　　单位：mg/m³

污染物	浓度	
SO_2	0.5	无组织排放监控浓度限值（监控点与参照点浓度差值）
氮氧化物	0.15	
颗粒物	5.0	

2）废水污染物排放。开封段黄河河段执行《污水综合排放标准》（GB 8978—1996）中的一级排放标准。主要指标的标准值见表 11.1-5。

表 11.1-5　　　　　　　　　　　污水综合排放标准　　　　　　　　　单位：mg/L

污染物	BOD_5	COD	SS	氨氮	挥发酚
一级标准	20	100	70	15	0.5
二级标准	30	150	150	25	0.5

3）施工期噪声。施工期噪声执行《建筑施工场界噪声限值》（GB 12523—90）。主要指标的标准值见表 11.1-6。

表 11.1-6　　　　　　　　　　建筑施工场界噪声限值　　　　　　　　单位：dB（A）

施工阶段	主要噪声源	昼间噪声限值	夜间噪声限值
土石方	推土机、挖掘机、装载机等	75	55
打桩	各种打桩机等	85	禁止施工
结构	混凝土搅拌机、振捣棒、电锯等	70	55
装修	吊车、升降机等	65	55

11.1.1.4　环境保护目标

（1）生态环境：项目区生态系统功能、结构不受到影响。

（2）沿河取水口取水水质不因本工程的修建而受到影响。

（3）黄河下游水体不因工程修建而使其功能发生改变。

（4）最大程度减轻施工区废水、大气、固废和噪声等对周边居民的影响。

（5）移民安置区的生活水平和生活环境不因工程兴建而降低，并能得到改善。

（6）施工技术人员及工人的人群健康问题得到保护。

11.1.2 环评主要结论

11.1.2.1 综合结论

黄河下游防洪工程建成后，将减免洪水对下游工农业生产和生态环境造成的毁灭性灾害，为下游防洪保护区的经济持续发展提供了保障。淤区防护林和边坡植被建设，将在黄河沿岸形成较大规模的绿化林带，有利于改善生态环境。

本项目不利环境影响主要是工程占压土地资源。移民安置划拨土地将导致安置区土地资源量的减少，加大了安置区农业开发强度。

工程施工可能在局部地区产生短期的水环境、噪声和大气污染，但通过采取适当措施可以得到减免。

综上所述，工程的环境效益和社会效益巨大，环境方面潜在的不利影响可采取对策措施加以减免。因此，从环境方面分析，工程的兴建是可行的。

11.1.2.2 主要不利影响

（1）施工影响分析。

1）水环境影响。淤区退水量较大，排水不畅会影响农田及房屋。施工人员和机械车辆数量较少，且居住在大堤或村庄里，污水不易进入黄河，对黄河水体不会产生大的影响。

2）环境空气影响。由于大气污染排放源分布较为分散，且施工区域地势为平原区，有较好的空气扩散稀释条件，因此，施工所产生的粉尘及燃油机械尾气污染物排放，不会对区域环境空气整体质量产生明显的影响。工程对环境空气的污染影响主要为汽车运输产生的道路扬尘和淤筑区沉降期扬沙污染，采取环境保护对策措施后可有效得以减免。

3）噪声环境影响。工程施工机械噪声较大，但其对环境敏感点的影响较小。施工时，应将高噪声设备安置在距离敏感点较远的地方，并采取一定的隔声防护措施；同时，尽量避免夜间施工，进一步减缓对声敏感点的影响。

4）固体废物影响。该工程固体废物有生产弃渣和施工人员生活垃圾。生产弃渣按施工设计定点堆放，生活垃圾及时清运，采取这些措施后，固体废物对环境影响很小。

（2）占地影响。该工程共占压土地 1318.03 亩，永久占地为 415.95 亩，挖地、压地等临时占地为 902.08 亩。

永久占地将由建设单位给予补偿，当地政府进行土地调整，保证占地影响人口的生活水平不会降低。临时挖地、临时踏压地应在工程结束后及时复耕，充分利用土地资源。

（3）陆生植物影响。在淤区种植防护林，边坡种植草皮。形成了一个较长的绿化林带，增加了植被覆盖率，有利于防风固沙，改善生态环境。

工程影响植被均为人工栽植，且是常见树种。工程完工后所恢复植被均为当地常见树种，不会影响生物的多样性，也不会造成珍稀濒危种的损失。

（4）对水生生物的影响。由于工程只在黄河大堤或滩地上施工，不影响黄河干流水体，对黄河水生生物没有影响。

（5）取土料场环境可行性分析。取土场全部为滩地农田，不涉及基本农田保护区。

（6）弃渣场环境可行性分析。弃渣场选择在低洼地，渣场经覆土后可进行复耕或绿化，从环境保护角度考虑弃渣场设置是合理的。

（7）施工对沿河取水口的影响。本次闸改建及放淤施工，因工程规模较小，且施工期短，对取水口周边环境及取水设施等影响较小。

（8）水土流失影响分析。工程项目区不属于水土流失重点防治区。施工过程中可能造成水土流失的主要是工程区的水蚀和风蚀，只要严格落实水土保持方案措施，加强施工组织管理，因项目建设所产生的水土流失可以得到控制。

（9）人群健康。工程建设期间施工人员居住相对密集，卫生条件较差，易引起传染病的流行，但采取有效措施后，这种影响可以减免。

11.2 环境保护设计

开封下游防洪工程为三义寨引黄闸改建及护岸放淤。三义寨引黄闸改建工程施工高峰期总人数为 283 人，施工总工日为 2.51 万个；放淤工程施工高峰期总人数为 400 人，施工总工日为 3.08 万个。施工过程中对环境的影响主要有水环境影响、大气环境影响、噪声影响、固体废弃物影响等方面。

11.2.1 水污染控制

（1）淤区退水。放淤工程中会产生淤区退水，这些退水一般悬浮物含量较高，间歇排放，水量较大。根据工程设计提供的工程量数据，该工程淤填土方总量约为 30.59 万 m^3。淤区退水量可按照下面的比例进行估算：使用组合泵放淤，淤区退水量为放淤量的 2 倍；使用吸泥船放淤，淤区退水量为放淤量的 2.5 倍。取两种放淤方式的平均值进行计算，则本次放淤固堤工程的淤区退水总排放量约为 68.8 万 m^3。

淤区退水应当严格执行工程设计中的截渗、导流措施，对排水沟渠应及时疏挖，防止淤区退水漫溢进入周边地区土壤环境中。

（2）生活污水。生活污水主要包括施工营地的食堂和厕所等产生的废水，主要污染物是 COD、BOD_5、氨氮等。三义寨引黄闸工程施工总工日为 2.51 万个，施工高峰期人数为 283 人；放淤工程施工总工日为 3.08 万个，高峰期人数为 400 人。施工期施工人员用水量以 $0.08m^3/(d \cdot 人)$ 计，污水排放系数取为 0.8，则三义寨引黄闸改建工程施工高峰期生活污水排放量为 18.1 m^3/d，整个施工期生活污水排放量为 1606.4m^3；放淤工程高峰期生活污水排放量为 25.6 m^3/d，整个施工期生活污水排放量为 1971.2m^3。

为保证黄河水体和周围水体水质不受污染，在生活营地和施工区设立环保厕所。在施工营地设置食堂隔油池和生活污水沉淀池，污水经收集沉淀后用于场地绿化和洒水降尘；粪便污水采用集中外运处理。

（3）生产废水。

1）混凝土养护废水。在三义寨引黄闸改建工程混凝土浇筑施工时会产生一些混凝土养护废水，其主要污染是悬浮物和 pH 值较高。这些碱性冲洗废水，如不经处理，随意排放，将不利于农作物生长和施工迹地恢复。按照 $1m^3$ 混凝土需要 0.35 m^3 养护水计算，三义寨引黄闸改建工程产生的混凝土废水量为 4130 m^3。

为避免混凝土养护废水污染周围环境，对该废水的处理采用间歇式自然沉淀的方式去除易沉淀的砂粒。先将碱性废水收集至集水池中，由于废水中 pH 值较高，可在沉淀池中加入适量的酸调节 pH 值至中性，再进行沉淀处理，上清液可循环使用，沉淀物运往附近垃圾处理厂处理。

2）机械车辆冲洗废水。施工过程中，各工区都设有简易机械保养厂，主要承担机械及汽车的保养、清洗和小修任务。根据施工方案，三义寨引黄闸改建工程施工机械数量为 60 台，放淤工程自卸汽车数量为 33 台。按照每台机械设备冲洗水平均用水量约为 0.6 m^3/d 计，则三义寨引黄闸改建工程和放淤工程废水排放量分别为 36.0 m^3/d、19.8 m^3/d。废水中主要污染物为石油类和悬浮物，石油类浓度一般 50～100 mg/L，悬浮物浓度一般为 500 mg/L。

在施工区设置的机械修配场，应设置集水沟，收集检修冲洗废水，建设隔油沉淀处理系统，经破乳、除油、沉淀处理后，冲洗废水的石油类浓度可降至 5 mg/L 以下，悬浮物大大降低。沉淀后泥浆用于低洼处填埋，经过处理后的施工机械车辆检修冲洗废水可用于喷洒施工道路，既可有效降低施工扬尘，又解决该部分的废水排放。施工期废（污）水处理情况统计见表 11.2 - 1。

表 11.2 - 1　　三义寨引黄闸改建和放淤工程施工期废（污）水处理情况表　　单位：座

所属市局	生活污水沉淀池	食堂隔油池	环保厕所	混凝废水处理池	洗车含油废水处理池
三义寨引黄闸	1	1	1	1	1

11.2.2　大气污染控制

（1）尾气、扬尘及粉尘控制。施工期大气污染主要来自施工道路扬尘、放淤工程包边盖顶等填筑用的壤土与黏土料场挖掘作业产生的粉尘，车辆、施工机械燃油排放的尾气等，污染物主要成分为 CO、CO_2、SO_2、NO_x、总悬浮颗粒物等。

控制上述大气污染应采取以下几项措施：

1）进场机械设备尾气排放必须符合环保相关标准，应尽可能选用优质燃料，减少汽车尾气的排放。

2）加强运输车辆管理，保持良好车况，尽量减少因机械、车辆状况不佳造成的污染。

3）土料场开挖应采取湿法作业，避免在大风天气作业，以减少扬尘。

4）土料运输时加强防护，避免漏撒。临近居民区时车辆实行限速行驶，以防止扬尘。

5）道路、施工现场要适时洒水，洒水频度可视具体情况确定，一般情况下每天洒水 2 次。

（2）淤堤顶面飞沙防护。淤背工程放淤结束后，淤背区需要一个自然沉降固结过程，然后再进行包边盖顶等项工程的施工。在此期间，淤堤顶面松散的浮沙遇到风力扰动，就会产生扬沙，造成大气中总悬浮颗粒物（TSP）超标，致使环境空气质量恶化。这种现象不仅对临近堤防加固区一定范围内的城镇、乡村居民造成空气污染，对距淤背区较近的庄稼、蔬菜和果树园区也将产生不同程度的损害。同样，在包边盖顶后，因气候、工程安排等原因，暂时无法进行植树，在此期间也会因淤堤顶面松散的浮土遇到风力扰动而产生扬尘。

淤背沉降期飞沙对大气环境产生的污染，业主和工程承包除加强施工组织管理外，对淤背区还应采取每天2次洒水、用合适覆盖物予以遮挡、或采取其他相关有效防护措施予以妥善处置，并尽快安排淤区植树绿化。

11.2.3 噪声污染控制

施工区噪声主要来源于交通车辆噪声和施工机械噪声。为了控制噪声污染，必须加强以下几方面的工作：

（1）进场设备噪声必须符合环保标准。

（2）临近居住区堤段禁止夜间施工，运输车辆限速行驶，禁止使用高音喇叭。合理安排运输时间，尽量避免车辆噪声影响居民的休息；做好运输车辆的维护工作，避免因车况不佳增加交通噪声。

（3）对推土机、挖土机等高噪音环境下作业人员实行轮班制，并发放耳塞等劳保用品，减轻噪声危害。

11.2.4 移民安置环保设计

本期工程共占压土地1490.54亩，永久占地为415.95亩，挖地、压地等临时占地为1033.90亩。由于工程占压涉及村庄永久征地面积较少，对原有居民的经济社会和生活居住环境影响相对较小。

工程建设占压土地资源所导致的土地调整，若处理不当将带来一系列的社会环境问题，甚至影响当地的政治稳定和社会经济发展。因此，对因土地占压所产生的社会环境影响问题，必须引起足够的重视。考虑到移民安置区可持续性发展的需要，对移民安置区生产生活需要做出科学合理的规划和安排；除此之外，移民安置区的环境保护还需采取以下措施：

（1）受影响村民安置要以大农业为主，以土地为依托，充分挖掘当地资源优势，多形式、多产业发展生产，使失去耕地的村民达到或超过原有生活水平。

（2）尽量减少对安置区原居民的影响，通过适当的经济补偿和生产开发措施，弥补安置区原居民因划拨耕地所造成的损失。

（3）移民安置及土地资源调整必须充分考虑对环境的影响因素，重视安置区的环境建设。把开发与治理紧密结合起来，使安置区的生态环境保持良性循环，确保社会—人—自然的关系实现和谐与可持续发展。

（4）移民生产安置措施规划中，农牧渔副业的产业结构调整应尽可能遵循优先安排发展农业生态型和绿色有机产业的原则。

11.2.5 固体废弃物处理

施工期产生的固体废弃物主要有工程弃土（渣）、施工人员的生活垃圾等。其中工程弃土（渣）的处理在水土保持设计中另行考虑。

三义寨引黄闸改建工程施工高峰期总人数为283人，施工总工日为2.51万个；放淤工程施工高峰期总人数为400人，施工总工日为3.08万个。按每人每天排放1kg生活垃圾计算，则，水闸工程施工高峰期日产垃圾0.3t，整个施工期产垃圾25.1t；放淤工程施工高峰期日产垃圾 0.4t，整个施工期产垃圾 30.8t。生活垃圾含有细菌及病原体，又是传播疾病媒介——苍蝇和蚊子的孳生地，为疾病的发生和流行提供了条件，若不及时清理，将污染附近水域、破坏环境卫生、影响景观，有害施工人员身体健康。

为防止垃圾乱堆乱倒，污染周边生产生活环境，各施工承包人在其生产、生活营区，应设置垃圾收集装置，禁止随意排放，在每个施工营地设置垃圾桶，安排 1～2 人负责生活垃圾的清扫和转运，生活垃圾可交给当地环卫部门运往附近垃圾场统一处理。垃圾桶需经常喷洒灭害灵等药水，防止苍蝇等传染媒介滋生。

11.2.6 人群健康保护

（1）生活饮用水处理。为了保证施工人员的身体健康，防止肠道传染病的发生，必须对饮用水进行加氯消毒。由于施工人员居住分散，供水规模小，建议采用漂白粉或漂白精片进行消毒。

根据漂白粉的有效氯含量推算，$1m^3$ 水中应加入漂白粉 8g 左右，若使用漂白精片，$1m^3$ 水中加入 10 片左右。

（2）卫生防疫。施工人员的医疗保健和急救及意外事故的现场急救与治疗由施工单位与卫生部门协商解决。施工人员进场前应进行体检，防止将传染病带入施工区，体检人数一般为施工人员的 10%～20%，食堂人员应全部体检。为保证工程的顺利进行，保障施工人员的身体健康，应加强流感、肝炎、痢疾等传染病的预防与监测工作。施工现场应设置简易厕所，不应随意大小便，粪便应及时清理。

施工区流行性疾病防治措施：

1）自然疫源性疾病。开展有计划有组织的灭鼠活动，可采用简便高效的毒饵法，在某一范围内同时投放毒饵，每年至少安排两次。

2）介水传染病。加强饮用水的管理，加强对食品的卫生监督，集体食堂要做到严格消毒。重视疫情监测，及早发现病人，以便及时采取措施，防止疫情蔓延。

3）虫媒传染病。蚊虫是疟疾、乙脑的主要传播媒体，其根本防治措施是消灭蚊虫孳生地（如积水坑、污水暗管排放处等）；喷洒药物进行灭蚊。夏、秋蚊虫活动频繁的季节，施工人员应挂蚊帐、不露宿，减少蚊虫叮咬机会，服用抗疟药物，以达到控制其流行的目的。

11.3 环境管理规划

工程的环境保护措施能否真正得到落实，关键在于环境管理规划的制订和实施。

11.3.1 环境管理目标

根据有关的环保法规及工程的特点，环境管理的总目标为：

（1）确保本工程符合环境保护法规要求。

（2）以适当的环境保护措施充分发挥本工程潜在的效益。

（3）实现工程建设的环境、社会与经济效益的统一。

11.3.2 环境管理机构及其职责

11.3.2.1 环境管理机构设置

在工程建设管理单位设置环境管理员，安排专业环保人员负责施工中的环境管理工作。为保证各项措施有效实施，环境管理员应在工程筹建期设置。

11.3.2.2 环境管理员职责

（1）贯彻国家及有关部门的环保方针、政策、法规、条例，对工程施工过程中各项环保措施执行情况进行监督检查。结合工程特点，制定施工区环境管理办法，并指导、监督实施。

（2）做好施工期各种突发性污染事故的预防工作，准备好应急处理措施。

（3）协调处理工程建设与当地群众的环境纠纷。

（4）加强对施工人员的环保宣传教育，增强其环保意识。

（5）定期编制环境简报，及时公布环境保护和环境状况的最新动态，搞好环境保护宣传工作。

11.3.3 环境监理

为防止施工活动造成环境污染，保障施工人员的身体健康，保证工程顺利进行，应在工程开工时聘请有专业背景的单位开展施工区环境监理工作。环境监理工作要贯穿工程施工的整个过程。环境监理工程师职责如下。

（1）按照国家有关环保法规和工程的环保规定，统一管理施工区环境保护工作。

（2）监督承包商环保合同条款的执行情况，并负责解释环保条款。对重大环境问题提出处理意见和报告。发现并掌握工程施工中的环境问题。对某些环境指标，下达监测指令。对监测结果进行分析研究，并提出环境保护改善方案。

（3）协调业主和承包人之间的关系，处理合同中有关环保部分的违约事件。根据合同规定，按索赔程序公正的处理好环保方面的双向索赔。

11.3.4 环境监测

环境监测结果是评估施工区环境质量状况的依据，也是环境监理工程师处理环境问题的依据，环境监理工程师只有依据可靠的现场监测资料才能进行科学的决策。因此在开展环境监理工作的同时，必须开展环境监测工作。环境监测要委托有监测资质的单位来进行，并根据监测结果提交监测分析报告。

施工区环境监测主要包括水、噪声、大气等。

（1）地表水监测。主要对施工期可能受施工影响的地表水体进行监测，以掌握工程建设对附近水域的影响情况。监测方案见表 11.3-1。

表 11.3-1　　　　　　　　　　　　施工期地表水环境质量监测方案

项目	内容
监测布点	三义寨引黄闸下游南岸设一个监测点
监测项目	一般为 pH 值、悬浮物、溶解氧、化学需氧量、生化需氧量、挥发酚、氰化物、铅、镉、石油类、总磷、总氮、氨氮，可根据具体情况而定
监测方法	按《地表水环境质量标准》（GB 3838—2002）中规定的方法进行。涉及生活用水取水口的断面执行供水水源地相关规定
监测频率	选择在施工期内的平水期和枯水期各监测 2 期，共监测 4 期，每期监测 1 天，每天采样 1 次

（2）施工人员生活饮用水监测。施工人员生活饮用水水质监测方案见表11.3-2。

表 11.3-2　　　　　　　施工期施工人员生活饮用水水质监测方案

项目	内容
监测布点	三义寨引黄闸改建工程和放淤工程施工营地生活污水排放口各设一个监测点
监测项目	总大肠菌数、菌落总数、总硬度、浑浊度、硝酸盐、氯化物、氟化物、挥发酚、铁、锰、砷、汞、镉等。其他项目可根据具体情况酌情增加
监测方法	按《生活饮用水标准检验方法》（GB/T 5750）中规定的方法进行
监测频率	施工期监测1次
执行标准	《生活饮用水卫生标准》（GB 5749—2006）

（3）施工期生产生活废污水监测。施工人员生活饮用水水质监测方案见表11.3-3。

表 11.3-3　　　　　　　　　　施工期废污水监测方案

项目	内容
监测布点	三义寨引黄闸改建工程混凝土废水排放口设一个监测点
监测项目	一般为pH值、悬浮物、溶解氧、生化需氧量、挥发酚、氨氮、石油类等，可根据具体情况而定
监测方法	按《污水综合排放标准》（GB 8978—1996）中规定的方法执行
监测频率	在施工期监测两次
执行标准	保护区内的工程段执行《城市污水再生利用 城市杂用水水质》（GB/T 18920—2002）；保护区外的执行《污水综合排放标准》（GB 8978—1996）的一级标准（河南段）及《山东半岛流域水污染物综合排放标准》（DB 37/676—2007）中的一级标准（山东段）

（4）环境空气质量监测。施工期环境空气质量监测方案见表11.3-4。

表 11.3-4　　　　　　　　　施工期环境空气质量监测方案

项目	内容
监测布点	工程附近受影响居民点设一个监测点
监测项目	TSP、PM_{10}
监测方法	采样频率和分析方法可按《环境空气质量标准》（GB 3095—96）中规定执行
监测频率	在施工期内可监测2期：取暖期一次，非取暖期一次。非取暖期选在风沙较大的4～5月。每期监测5日
执行标准	《环境空气质量标准》（GB 3095—96）中的1类、2类标准（保护区内为1类，其他为2类）

（5）声环境监测。对施工期工程沿线的声环境质量进行监测，了解施工机械噪声的影响范围，改进作业方式，减少环境影响。监测点布设与环境空气质量相同，施工期噪声监测方案见表11.3-5。

项目	内 容
监测布点	工程附近受影响村镇取一个监测点
监测项目	环境噪声等效声级
监测方法	按《声环境质量标准》（GB 3096—2008）规定执行
监测频率	在施工期内监测 2 期，每期 2 日，含昼夜。可与大气监测同步
执行标准	保护区内工程段执行《声环境质量标准》（GB 3096—2008）中的 0 类标准，其他工程段执行 1 类噪声标准

11.4 环境保护投资概算

11.4.1 编制原则与依据

（1）编制原则。

1）执行国家相关法律、法规，依据国家标准、规范和规程。

遵循"谁污染，谁治理，谁开发，谁保护"原则。对于为减轻或消除因工程兴建对环境造成不利影响需采取的环境保护、环境监测、环境工程管理等措施，其所需的投资均列入工程环境保护总投资内。

"突出重点"原则。对受工程影响较大，公众关注的环境因子进行重点保护，在环保经费投资上给予优先考虑。

"一次性补偿"原则。对工程所造成的难以恢复的环境损失，采取替代补偿，或按有关补偿标准给予一次性合理补偿。

2）首先执行国家和行业有关的定额和规定，当国家和地方没有适合的定额和规定时，参照类似工程资料。

3）环保投资估算采用 2011 年第三季度价格水平。

（2）编制依据

1）《水利水电工程环境保护概估算编制规程》（SL 359—2006）。

2）《工程勘察设计收费标准》（2002 年修订本，国家发展计划委员会、建设部）。

3）《国家计委关于加强对基本建设大中型项目概算中"价格预备费"管理有关问题的通知》（国家发计委 计投资〔1999〕1340 号）。

4）《开发建设项目水土保持工程概（估）算编制规定》（水利部水总〔2003〕67 号）。

5）《水土保持工程概算定额》（水利部水总〔2003〕67 号）。

6）《建设工程监理与相关服务收费管理规定》（发改价格〔2007〕670 号）。

11.4.2 按投资项目划分

项目环境保护投资划分为环境监测措施、仪器设备安装、环保临时措施、独立费用、基本预备费。

（1）环境监测措施：包括水环境、大气、噪声、生态监测等。

（2）仪器设备安装：包括油水分离器、垃圾桶。

（3）环保临时措施：主要包括施工期生产生活废污水沉淀池、扬尘控制、噪声防护、垃圾处理、人群健康保护等费用。

（4）独立费用：包括建设管理、环境监理、环保科研勘测设计等投资。

11.4.3 环保投资概算

工程环境保护总投资 39.01 万元，其中环境监测措施费 3.34 万元，仪器设备及安装费 1.50 万元，临时措施费 21.88 万元，独立费用 9.06 万元，基本预备费 2.12 万元。环境保护投资见表 11.4-1。

表 11.4-1　　　　　　　　　　　环境保护投资概算表

序号	工程或费用名称	单位	单价/元	放淤 0+100～0+978, 2+045～3+480		三义寨引黄闸		合计	
				数量	投资	数量	投资	数量	投资
	第一部分　环境保护措施								
	第二部分环境监测措施				0.84		2.50		3.34
	水质监测				0		1.20		1.20
1	地表水	次	2500	0	0	2	0.50	2	0.50
	生活饮用水	次	2500	0	0	2	0.50	2	0.50
	生产生活废水	次	1000	0	0	2	0.20	2	0.20
	地下水	次	10000	0	0	0	0	0	0
2	环境空气监测	次	2500	0	0	2	0.50	2	0.50
3	声环境监测	次	1000	0	0	2	0.20	2	0.20
4	人群健康监测	人	105	80	0.84	57	0.60	137	1.44
5	生态监测	次	35000	0	0	0	0	0	0
	第三部分仪器设备及安装				1.00		0.50		7.88
一	环境保护设备				0				
1	油水分离器	套	5000	2	1.00	1	0.50	3	1.50
	第四部分环保临时措施				10.77		8.60		19.37
一	施工生产生活废污水处理				7.18		6.73		13.91
1	洗车含油废水处理池	座	15000	1	1.50	1	1.50	2	3.00
2	食堂隔油池	座	8000	1	0.80	1	0.80	2	1.60
3	生活污水处理池	座	20000	1	2.00	1	2.00	2	4.00
4	混凝土废水处理池	座	8000	0	0	1	0.80	1	0.80
5	粪便清运	m³	80	360.00	2.88	203.76	1.63	563.8	4.51
二	施工期噪声防治				0		0		0
1	临时挡板	m²	80	0	0	0	0	0	0
2.	噪声补偿费	户	240	0	0	0	0	0	0
三	固体废弃物处理				0.43		0.37		0.80
1	临时厕所	座	2000	1	0.20	1	0.20	2	0.40
2	生活垃圾清运人工费	t	50	30.80	0.15	25.10	0.13	55.90	0.28

序号	工程或费用名称	单位	单价/元	放淤 0+100~0+978，2+045~3+480		三义寨引黄闸		合计	
				数量	投资	数量	投资	数量	投资
3	垃圾桶	个	200	4	0.08	2	0.04	6	0.12
四	环境空气质量控制				2.07		0.74		2.81
1	洒水水费	台时	80.48	209.20	1.68	67.50	0.54	276.70	2.23
2	临时堆土抑尘网	m²	6.50	600.00	0.39	300.00	0.20	900	0.59
五	人群健康保护				1.08		0.77		1.85
1	生活区消毒	m²	0.50	1600.00	0.08	1150.00	0.06	2750	0.14
2	灭蚊蝇	人·年	5	2000.00	1.00	1415.00	0.71	3415	1.71
六	生态及自然保护区保护措施				0		0		0
1	警示牌	个	5000	0	0	0	0	0	0
2	投食	点	10000	0	0	0	0	0	0
	第五部分　独立费用				4.40		8.20		12.60
一	建设管理费				0				0
1	环境管理人员经常费				0.38		0.35		0.73
2	环保竣工验收费				0.44		0.41		0.85
3	宣传教育费				0.32		0.29		0.61
二	科研勘设费				0				0
1	环境评价费				1.00		3.00		4.00
2	环境保护勘测设计费				1.26		1.16		2.42
三	环境监理费				1.00		3.00		4.00
	基本预备费				1.02		1.19		2.21
	静态总投资				18.02		20.99		39.01

12 三义寨引黄闸工程管理设计

12.1 管理机构

按照国务院、水利部及黄委会对基层单位"管养分离"改革的总体部署，建立职能清晰，权责明确的黄河工程管理体系。本期工程建成后，由开封管理局下设的开封县黄河河务局负责管理，并制定管理标准、办法和制度；具体工程、设施的维修、养护、运行操作、观测、巡查、管护等业务由专门的维修养护队伍承担。

工程竣工后交原管理单位管理，不另增设机构。

12.2 工程管理区及保护区范围

为保证管理机构正常履行职责，使水闸安全运行，需划定管理范围，并设立标志。

根据《水闸工程管理设计规范》（SL 170—96）的规定，划分苏泗庄引黄闸改建工程管理范围如下。

（1）水闸上游防冲槽至下游海漫段的水闸出口段以及建筑物上下游外轮廓线外50m范围内。

（2）两侧建筑物、渠道坡脚向外30m范围内。

工程管理范围以内的土地及其上附属物归管理单位直接管理和使用，其他单位和个人不得擅入或侵占。

12.3 工程观测

（1）应经常对建筑物各部位、闸门、启闭机、机电设备、通信设施、管理范围内的河道、水流形态进行检查。每月一次，遇不利情况，应对易发生问题部位加强检查观测。

（2）每年汛前、汛后或引水期前后应对水闸部位及各项设施进行全面检查。

（3）当水闸遇强烈地震和发生重大工程事故时，必须及时对工程进行特别检查。

（4）砌石部位应检查有无塌陷、松动、隆起、底部淘空、垫层散失；排水设施有无堵塞、损坏。

（5）混凝土建筑物有无裂缝、腐蚀、剥蚀、露筋及钢筋锈蚀；伸缩缝有无损坏、漏水及填筑物流失等。

（6）水下工程有无破坏；消力池、门槽内有无砂石堆积；预埋件有无损坏；上下游引河有无淤积、冲刷。

（7）闸门表面涂层剥落情况、门体变形、锈蚀、焊缝开裂或螺栓、铆钉松动；支撑行走机构是否运转灵活。

（8）启闭机运转情况，机电设备运转情况。

（9）应对水位、流量、沉降、水流形态等进行观测。在发生特殊变化时进行必要的专门观测。

（10）应按有关规定对水闸进行养护、岁修、抢修和大修。

12.4　交通及通信设施

工程建设完成后利用堤顶道路作为对外交通公路。交通运输设备暂采用原管理单位的现有设备，以后根据需要配备。

12.5　其他维护管理设施

原三义寨渠首闸管理处位于大堤上游，地势较低，下雨积水问题严重。而且改建后距新闸较远，管理不便。为保证管理机构能正常履行其职责，生产、生活设施和庭院建设按照黄河水利委员会《黄河堤防工程管理设计规定》（黄建管〔2005〕44 号文）的规定执行，配备必要的供水、配电、通信等附属设施，满足一线职工日常生产、生活需要。

按照统一规划的原则，初步选定在新闸下游右岸新建管理处，占地面积 100m×100m。

（1）办公用房：336m²。

（2）职工宿舍：280m²。

（3）活动室：50m²。

（4）仓库：50m²。

（5）生活文化福利设施：140 m²。

（6）启闭机室布设防洪闸板启闭设备和放置叠梁闸板，面积 306m²。

（7）变配电室主要布置变压器、配电柜，面积 45 m²。

（8）井房：1 座。

（9）配电线路：500m（380kV）。

12.7　工程管理运用

工程竣工后，管理部门应立即明确人员，负责坝垛及各项附属工程的监测与维护工作，并对工程保护区内的各种设施进行维护。结合工程的实际运用情况及规范要求，制定相应的工程监测工作制度，定期进行巡视检查，发现问题尽快处理维修，以确保工程的安全运用。

13 三义寨引黄闸节能设计

13.1 工程概况

三义寨引黄闸位于黄河右岸开封市兰考境内，相应大堤桩号 130＋000，该水闸于 1958 年建成，为大型开敞式水闸，属 1 级水工建筑物。闸室为钢筋混凝土结构，安装弧形钢闸门，共分三联 6 孔，每 2 孔为一联，每孔净宽 12m，闸总宽 84.6m。该闸于 1974 年和 1990 年进行了两次改建。二次改建后的设计流量为 141m³/s，担负着开封、商丘两市十县的农业用水任务。

根据水利部颁发的《水闸安全鉴定规定》（SL214－98）和《水闸安全鉴定管理办法》（水建管〔2008〕214 号）及相关规范要求，有关单位完成了该闸的各项调查、检测和安全复核工作。该闸评定为四类闸，需要进行拆除改建。

该水闸重建工程的建筑物包括上游引渠、上游防渗铺盖、闸室、下游消力池、下游海漫和抛石槽以及与两侧堤防连接段、堤防加固等。

13.2 设计依据和设计原则

13.2.1 设计依据

（1）《中华人民共和国节约能源法》。

（2）《工程设计节能技术暂行规定》（GBJ 6—85）。

（3）《电工行业节能设计技术规定》（JBJ 15—88）。

（4）《公共建筑节能设计标准》（GB 50189—2005）。

（5）《中国节能技术政策大纲》2006 修订，国家发展和改革委员会、科技部联合发布。

（6）《国家发展改革委关于加强固定资产投资项目节能评估和审查工作的通知》（发改投资〔2006〕2787 号）。

（7）《国家发展改革委关于印发固定资产投资项目节能评估和审查指南（2006）的通知》（国家发展和改革委员会文件：发改环资〔2007〕21 号）。

13.2.2 设计原则

节能是我国发展经济的一项长远战略方针。根据法律法规的要求，依据国家和行业有关节能的标准和规范合理设计，起到节约能源，提高能源利用率，促进国民经济向节能型发展的作用。

水利水电工程节能设计，必须遵循国家的有关方针、政策，并应结合工程的具体情况，积极采用先进的技术措施和设施，做到安全可靠、经济合理、节能环保。

工程设计中选用的设备和材料均应符合国家颁布实施的有关法规和节能标准的规定。

13.3 工程节能设计

13.3.1 工程总布置及建筑物设计

根据对四个闸址方案的比选，确定新闸址位于老闸下游引渠上，采用胸墙式水闸布置方案。设计中通过多方案比较，确定了合理的闸址和闸型，减轻了对防洪的影响，对堤防进行了加固，方案中减少工程占地量，建筑物布置紧凑合理，交通方便，运行管理简便，有利于降低工程运行管理费用和能源消耗。

13.3.2 金属结构设计

在金属结构设备运行过程中，操作闸门的启闭设备消耗了大量的电能，在保证设备安全运行的情况下降低启闭机的负荷，减少启闭机的电能消耗，实现节能。

13.3.3 电气设备设计

采用高效设备，合理选择和优化电气设备布置，以降低能耗；尽量使电气设备处于经济运行状态；灯具选用高效节能灯具并选用低损耗镇流器。

13.3.4 施工组织设计

（1）施工场地布置方案。在进行分区布置时，分析各施工企业及施工项目的能耗中心位置，尽量使为施工项目服务的设施距能耗（负荷）中心最近，工程总能耗最低。

规划的施工变电所位置尽量缩短与混凝土施工工厂、水厂等的距离，以减少线路损耗，节省能耗。

（2）施工辅助生产系统及其施工工厂设计

施工辅助生产系统的耗能主要是砂石料加工系统、混凝土拌和系统、供风、供水等。在进行上述系统的设计中，采取了以下的节能降耗措施：

1）供风系统。尽量集中布置，并靠近施工用风工作面，以减少损耗。

2）供水系统。在工程项目实施时，为节约能源，应根据现场情况，砂石料生产系统单独供水，其余施工生产和生活用水采用集中供水。

3）混凝土加工系统。在胶凝材料的输送工艺选择上，采用气力输送工艺比机械输送工艺能有效地降低能耗。混凝土生产系统的主要能耗设备为拌和机、空压机。在设备选型上，选择效率高能耗相对较低的设备。

（3）施工交通运输。由于工程对外交通便利，场内外交通运输均为公路运输，结合施工总布置进行统筹规划，详细分析货流方向、货运特性、运输量和运输强度等，拟定技术标准，进行场内交通线路的规划和布置，做到总体最优，减少运输能耗。

（4）施工营地、建设管理营地建筑设计。按照建筑用途和所处气候、区域的不同，做好建筑、采暖、通风、空调及采光照明系统的节能设计。所有大型公共建筑内，除特殊用途外，夏季室内空调温度设置不低于26℃，冬季室内空调温度设置不高于20℃。

建筑物结合地形布置，房间尽可能采用自然采光、通风；外墙采用240mm厚空心水泥砌块；窗户采用塑钢系列型材，双层中空保温隔热效果好；面采用防水保温屋面。

采用节能型照明灯具，公共楼梯、走道等部位照明灯具采用声光控制。

13.4 工程节能措施

13.4.1 设计与运行节能措施

（1）变压器选用低损耗产品。

（2）合理选用导线材料和截面，降低线损率。

（3）主要照明场所应做到灯具分组控制，以使工作人员可根据不同需要调整照度。

（4）合理确定运行方式，选用优化的管道直径和敷设，降低水头损失。

（5）对照明变压器应尽量避免运行电压波动过大，提高灯具的运行寿命。主要照明场所应做到灯具分组控制，根据不同工作环境的照明需要调整照度，不需要照明的时候应随时关掉电源，以达到全区节能运行。

（6）设备选择效率高、耗能小的国家名优产品。

（7）选择水头损失小的，操作合理的阀门。

13.4.2 施工期节能措施

（1）主要施工设备选型及配套。为保证施工质量及施工进度，工程施工时以施工机械化作业为主，因此施工机械的选择是提高施工效率及节能降耗的工作重点。工程在施工机械设备选型及配套设计时，按各单项工程工作面、施工强度、施工方法进行设备配套选择，使各类设备均能充分发挥效率，降低施工期能耗。

（2）施工技术及工艺。推广节能技术，推广应用新技术、新工艺、利用科技进步促进节能降耗。

13.5 综合评价

13.5.1 分析

在工程施工期，对于土石方工程施工工艺与设备、交通运输路线与设备和砂石加工及混凝土生产系统布置与设备选型需进行细致研究，以便节省施工期能耗。

工程运行期通过合理选择运行设备，加强运行管理和检修维护管理，合理选择运行方案，加强节能宣传，最大限度降低运行期能耗。

13.5.2 建议

工程建设期间，以"创建节约型社会"为指导，树立全员节能观念，加大节能宣传力度，提高各参建单位的节能降耗意识，培养自觉节能的习惯。

工程运行期，合理组织，协调运行，加强运行管理和检修管理，优化检修机制，节约能源。

14 三义寨引黄闸设计概算

14.1 编制原则和依据

（1）编制原则。设计概算按照现行部委颁布的有关水利工程概算的编制办法、费用构成及计算标准，并结合黄河下游工程建设的实际情况进行编制。价格水平年为 2012 年第一季度。

（2）编制依据。

1）水利部水总〔2002〕116 号文"关于发布《水利建筑工程预算定额》、《水利建筑工程概算定额》、《水利工程施工机械台时费定额》及《水利工程设计概（估）算编制规定》的通知"。

2）水利部水总〔2005〕389 号文《关于发布水利工程概预算补充定额的通知》。

3）水利部水建管〔1999〕523 号文关于发布《水利水电设备安装工程预算定额》和《水利水电设备安装工程概算定额》的通知；

4）水利部黄河水利委员会黄建管〔2004〕13 号文关于发布《黄河下游放淤（泵淤）工程预算定额》（试行）的通知。

5）水利部黄河水利委员会黄建管〔2005〕55 号文关于发布《黄河下游放淤（船淤）工程预算定额》（试行）的通知。

6）国家发展和改革委员会、水利部 2006 年度黄河下游防洪工程建设实施方案审查意见。

7）水利部 2007 年度黄河下游防洪工程建设实施方案初审修改意见。

8）其他各专业提供的设计资料。

14.2 基础价格

（1）人工预算单价。根据水总〔2002〕116 号文的规定，经计算工长 7.10 元/工时、高级工 6.61 元/工时、中级工 5.62 元/工时、初级工 3.04 元/工时。

（2）材料预算价格及风、水、电价格。价格水平年采用 2012 年第一季度，根据施工组织设计确定的材料来源地及运输价格计算主材预算价格，汽油 9950 元/t，柴油 9100 元/t，水泥 460 元/t，钢筋 4800 元/t。

砂石料按限价 70 元/m³ 进入单价计算，超过限价部分计取税金后列入建筑工程中；汽油、柴油、钢筋、水泥分别按限价 3600 元/t、3500 元/t、3000 元/t、300 元/t 进入单价计算，超过限价部分计取税金后列入独立费用中。

电价：根据施工组织设计，工程采用 85kW 柴油发电机，计算电价 1.26 元/（kW·

h)，补柴油材差 0.257kg/(kW·h)。

水价：0.5 元/m³。

风价：0.12 元/m³。

14.3 建筑工程取费标准

（1）其他直接费：包括冬雨季施工增加费、夜间施工增加费及其他，建筑工程按直接费的 2.0％计；安装工程按直接费的 3.2％计

（2）现场经费：

土方工程	占直接费	9.0％
石方工程	占直接费	9.0％
混凝土工程	占直接费	8.0％
模板工程	占直接费	8.0％
钻孔灌浆工程	占直接费	7.0％
疏浚工程	占直接费	5.0％
其他工程	占直接费	7.0％
安装工程	占人工费	45％

（3）间接费：

土方工程	占直接工程费	9.0％
石方工程	占直接工程费	9.0％
混凝土工程	占直接工程费	5.0％
模板工程	占直接工程费	6.0％
钻孔灌浆工程	占直接工程费	7.0％
疏浚工程	占直接工程费	5.0％
其他工程	占直接工程费	7.0％
安装工程	占人工费	50％

（4）企业利润：按直接工程费与间接费之和的 7％计算。

（5）税金：按直接工程费、间接费和企业利润之和的 3.284％计算。

14.4 概算编制

14.4.1 第一部分 建筑工程

（1）主体工程部分按设计工程量乘以工程单价计算。放淤固堤工程中淤筑土方工程单价的计算，执行黄河水利委员会黄建管〔2004〕13 号文和〔2005〕55 号文颁布的《预算定额》，乘以 1.03 的扩大系数。

行道林	20 元/棵
护堤地植树	10 元/棵
植草	1.51 元/m²
排水沟	50 元/m
坝号桩	50 元/根

（2）交通工程。

新建堤顶道路	1000000 元/km

（3）房屋建筑工程。

启闭机房   1000 元/m²

涵闸管理处房   800 元/m²

室外工程按 10% 计取。

（4）供电线路。10kV 架空线路 100000 万元/km

（5）其他建筑工程。内外部观测工程及其他建筑工程按主体建筑工程投资的 3.0% 计算。

14.4.2 第二部分 机电设备及安装工程

设备费为设备原价，另计运杂费、保险及采保费后乘以设计工程量计算，安装费按设计工程量乘以安装单价计算。

14.4.3 第三部分 金属结构设备及安装工程

设备费为设备原价，另计运杂费、保险及采保费后乘以设计工程量计算，安装费按设计工程量乘以安装单价计算。

主要设备价格：

平面闸门   11500 元/t

闸门埋件   10500 元/t

移动式启闭机 20000 元/t

卷扬式启闭机 25000 元/t

14.4.4 第四部分 施工临时工程

（1）施工仓库 按 200 元/m² 计算。

（2）办公、生活文化福利设施按建安工作量的 2.0% 计取。

（3）其他施工临时工程按建安工作量的 2.0% 计算。

14.4.5 第五部分 独立费用

（1）建设管理费

①建设单位人员经常费

建设单位人员经常费：按占建安工作量 1% 计取。

工程管理经常费：按建设单位人员经常费的 20% 计取。

②工程监理费

按发改委、建设部《建设工程监理与相关服务收费管理规定》发改价格〔2007〕670 号文测算。

（2）科研勘测设计费

①科学研究试验费

按工程建安工作量的 0.2% 计取。

②勘测设计费

按 14.4.1~14.4.4 节部分投资的 6.09% 计取。

14.5 预备费

基本预备费：按 14.4.1~14.4.5 节部分投资的 5% 计算，不计价差预备费。

14.6 移民占地、环境保护、水土保持部分

按移民、环保、水保专业提供的投资计列。

14.7 概算投资

工程静态总投资为 10734 万元，其中：建筑工程 4012 万元，机电设备及安装工程 196 万元，金属结构设备及安装工程 428 万元，施工临时工程 248 万元，独立费用 1685 万元，基本预备费 329 万元，施工场地征用及移民补偿费 3726 万元，水土保持费 75 万元，环境保护费 36 万元。

14.8 概算表格

表 14.8－1　　　　　　　　工　程　概　算　总　表　　　　　　　单位：万元

序号	工程或费用名称	建安工程费	设备购置费	独立费用	合计
I	工程部分投资				6897.49
	第一部分　建筑工程	4012.06			4012.06
一	主体工程	3197.68			3197.68
二	交通工程	133.50			133.50
三	房屋建筑工程	118.08			118.08
四	供电线路工程	8.00			8.00
五	其他建筑工程	554.80			554.80
	第二部分　机电设备及安装工程	96.43	99.68		196.11
	第三部分　金属结构设备安装工程	56.75	371.14		427.89
	第四部分　施工临时工程	248.19			248.19
一	导流工程	48.17			48.17
二	交通工程	4.83			4.83
三	房屋建筑工程	87.48			87.48
四	其他工程	107.71			107.71
	第五部分　独立费用			1684.79	1684.79
一	建设管理费			124.27	124.27
二	科研勘测设计费			306.28	306.28
三	其他			1254.24	1254.24
	第一至第五部分合计	4413.43	470.82	1684.79	6569.04
	基本预备费				328.45
	静态投资				6897.49
	总投资				6897.49

序号	工程或费用名称	建安工程费	设备购置费	独立费用	合计
II	施工场地征用及移民补偿费				3726.30
	农村移民补偿费				2856.54
	专业项目复建费				51.46
	其他费用				305.08
	基本预备费				257.04
	有关税费				256.18
III	水土保持工程				74.67
IV	环境保护工程				35.56
	静态总投资				10734.02
	总投资				10734.02

表 14.8-2   建 筑 工 程 概 算 表

序号	工程或费用名称	单位	数量	单价/元	合价/万元
	第一部分　建筑工程				4012.06
一	主体工程				3197.68
（一）	堤防加固工程				759.65
	泵淤土方（5500m）	m³	229300	10.89	249.71
	排泥管安装拆除	m	11000	7.47	8.22
	新堤填筑（5km）	m³	107400	24.20	259.91
	包边土方（5km）	m³	6300	25.04	15.78
	盖顶土方（利用清基土）	m³	36500	4.92	17.96
	盖顶土方（淤区取土）	m³	38300	9.84	37.69
	黏土隔水层（3.5km）	m³	29900	22.96	68.65
	围格堤土方	m³	61100	5.07	30.98
	清基、清坡	m³	40600	4.92	19.98
	排水沟	m	2826	50.00	14.13
	原排水沟拆除	m³	10	50.00	0.05
	辅道硬化	m²	2315	80.00	18.52
	植草	m²	43347	1.51	6.55
	护堤地植树	棵	4390	10.00	4.39
	行道林	棵	1087	20.00	2.17
	界桩	根	27	50.00	0.14
	截渗沟开挖	m³	9500	1.76	1.67
	自吸泵	眼	5	6100.00	3.05
	涂塑软管	m	200	5.00	0.10

序号	工程或费用名称	单位	数量	单价/元	合价/万元
（二）	拆除工程				33.76
	钢筋混凝土拆除	m³	3630	92.77	33.68
	平板闸门拆除	套	4	200.00	0.08
（三）	两岸连接提防工程				291.40
	清基、清坡（弃土 0.5km）	m³	831	8.67	0.72
	清基、清坡（利用 50m）	m³	3324	3.22	1.07
	新堤填筑（5km）	m³	69759	24.20	168.82
	浆砌石护坡	m³	3867	222.17	85.91
	砂砾石垫层	m³	1160	117.61	13.64
	备防石倒运	m³	476	33.82	1.61
	复合土工膜	m²	7734	24.11	18.65
	草皮	m²	5141	1.51	0.78
	行道林	棵	330	6.00	0.20
（四）	上游引渠及护砌渠道工程				107.44
	清淤土方（泵淤 1500m）	m³	106397	6.21	66.07
	排泥管安装拆除	m	3000	7.47	2.24
	浆砌石护坡	m³	1099	222.17	24.42
	砂砾石垫层	m³	549	117.61	6.46
	土工布 350g/m²	m²	7326	11.26	8.25
（五）	新建涵闸工程				2005.43
	人民跃进渠清淤（泵淤 1500m）	m³	17563	6.21	10.91
	排泥管安装拆除	m	1500	7.47	1.12
	土方开挖（利用 50m）	m³	23873	4.33	10.34
	土方开挖（弃土 0.5km）	m³	5968	8.67	5.17
	新堤填筑（利用料）	m³	23117	4.53	10.47
	新堤填筑（5km）	m³	6235	24.20	15.09
	房台填筑（5km）	m³	17975	22.40	40.26
	平面模板	m²	12678	42.23	53.54
	曲面模板	m²	742	111.76	8.29
	牛腿模板	m²	67	363.48	2.44
	混凝土涵洞 C30	m³	9392	349.82	328.55
	混凝土底板 C30	m³	940	321.65	30.24
	混凝土闸墩 C30	m³	838	345.98	28.99
	混凝土胸墙 C30	m³	102	377.94	3.85
	混凝土顶板 C30	m³	373	396.11	14.77

序号	工程或费用名称	单位	数量	单价/元	合价/万元
	混凝土交通桥及机架桥 C25	m³	93	368.38	3.43
	桥面铺装 C30	m³	4.4	401.69	0.18
	混凝土铺盖 C25	m³	464	347.73	16.13
	混凝土消力池 C25	m³	1616	329.33	53.22
	混凝土挡土墙 C25	m³	3036	364.72	110.73
	混凝土垫层 C10	m³	531	309.34	16.43
	钢筋制安	t	1547	5443.67	842.14
	闭孔聚乙烯板	m²	1563	80.00	12.50
	聚硫密封胶	m²	45	1300.00	5.85
	无砂混凝土排水柱	m³	8	336.96	0.27
	浆砌石护坡	m³	419	222.17	9.31
	浆砌石护底	m³	951	215.85	20.53
	干砌石护坡	m³	321	141.20	4.53
	干砌石护底	m³	414	136.76	5.66
	砂砾石垫层	m³	710	117.61	8.35
	抛石	m³	271	107.39	2.91
	土工布 350g/m²	m²	8823	11.26	9.93
	深层水泥搅拌桩截渗墙（厚 60cm）	m²	1946	170.99	33.27
	CFG 桩（厚 60cm，桩长 11m 以内）	m³	3155	614.41	193.85
	粗砂垫层	m³	1233	117.61	14.50
	细部结构	m³	17389.4	44.67	77.68
二	交通工程				133.50
	堤顶道路（连接段）	km	0.295	1000000.00	29.50
	堤顶道路（放淤段）	km	1.04	1000000.00	104.00
三	房屋建筑工程				118.08
	启闭机房	m²	306	1000.00	30.60
	管理所用房	m²	901	800.00	72.08
	室外工程	%	15	102.68	15.40
四	供电线路工程				8.00
	10kV 架空线路	km	0.8	100000.00	8.00
五	其他建筑工程				554.80
	块石	m³	7974.61	151.62	120.91
	碎石	m³	20573.85	129.93	267.32
	砂	m³	13975.81	56.81	79.40
	其他建筑工程	%	3	2905.66	87.17

编号	设备名称及规格	单位	数量	单价/元		合价/万元	
				设备费	安装费	设备费	安装费
	第二部分　机电设备及安装工程					99.68	96.43
1	电气设备及安装工程					36.23	89.80
	电气设备					36.23	5.79
(1)	电气设备	项	1	342000.00		34.20	
	运杂费 5.93%					2.03	
	安装费	％	16.93		57900.60		5.79
(2)	接地装置						8.97
	接地装置	t	5.65		15873.29		8.97
(3)	电缆						75.04
	电力电缆（10kV）	km	0.08		280715.55		2.25
	电力电缆（动力电缆）	km	2		67783.21		13.56
	控制电缆（控制信号电缆）	km	8		51096.11		40.88
	电力电缆（低压盘至启闭机室）	km	1		99077.05		9.91
	电力电缆（低压盘至检修箱）	km	1		35446.24		3.54
	电力电缆（低压盘至照明箱）	km	0.2		41705.01		0.83
	电力电缆（室外照明）	km	1		40661.88		4.07
2	计算机监控系统					56.45	5.58
(1)	监控系统设备					42.31	3.30
	系统设备	项	1	399420.00		39.94	
	运杂费 5.93%					2.37	
	安装费	％	8.27		33032.03		3.30
(2)	系统软件					14.14	
	系统软件	项	1	141400.00		14.14	
(3)	电缆						2.28
	控制电缆（视频电缆）	km	0.4		33275.14		1.33
	控制电缆（非屏蔽双绞线）	km	0.2		24888.81		0.50
	控制电缆（光纤）	km	0.3		14930.03		0.45
3	其他					7.00	1.05
	闸前摄像机、水位计杆塔和基础	套	1	50000.00	7500.00	5.00	0.75
	闸后摄像机、水位计杆塔和基础	套	1	20000.00	3000.00	2.00	0.30
	第三部分　金属结构设备及安装工程					371.14	56.75
1	引水闸门					371.14	56.75
2	检修平面闸门′（1扇）	t	3	11500.00	1652.12	3.45	0.50
3	工作平面闸门（7扇）	t	63	11500.00	1652.12	72.45	10.41

编号	设备名称及规格	单位	数量	单价/元		合价/万元	
				设备费	安装费	设备费	安装费
4	闸门埋件'（14套）	t	63	10500.00	3215.41	66.15	20.26
5	加重块	t	42	5550.00	258.59	23.31	1.09
6	移动式启闭机（4.5t/台）	台	1	100000.00	22500.00	10.00	2.25
7	卷扬式启闭机（10t/台）	台	7	250000.00	29000.00	175.00	20.30
8	轨道	双10m	1.6		12136.16		1.94
	小计					350.36	56.75
	运杂费5.93%					20.78	

表 14.8－4　　　　　　　　　工 程 概 算 表

序号	工程或费用名称	单位	数量	单价/元	合价/万元
	第四部分　施工临时工程				248.19
	导流工程				48.17
一	导流明渠开挖（0.5km）	m³	27033	8.67	23.44
	围堰填筑（利用开挖料）	m³	5551	4.53	2.51
	纺织袋装土（利用开挖料）	m³	330	50.36	1.66
	土工布	m²	4752	11.26	5.35
	土工膜（200/0.5）	m³	1952	24.11	4.71
	围堰拆除	m³	5581	3.22	1.80
	导流明渠回填	m³	27033	3.22	8.70
二	交通工程				4.83
	施工道路土方	m³	15000	3.22	4.83
三	房屋建筑工程				87.48
1	施工仓库	m²	200	200.00	4.00
2	办公、生活福利建筑	%	2	41740700.00	83.48
	其他工程				107.71
	井点降水（安装）	根	188	111.72	2.10
四	井点降水（拆除）	根	188	27.52	0.52
	井点降水（使用）	套天	300	618.18	18.55
	其他施工临时工程	%	2	4326.89	86.54

表 14.8－5　　　　　　　　　工 程 概 算 表

序号	工程或费用名称	单位	数量	单价/元	合价/万元
	第五部分　独立费用				1684.79
一	建设管理费				124.27
1	项目建设管理费				52.96

序号	工程或费用名称	单位	数量	单价/元	合价/万元
(1)	建设单位人员经常费	％	1	44134300.00	44.13
(2)	工程管理经常费	％	20	441300.00	8.83
2	工程监理费	％	1.46	48842500.00	71.31
二	科研勘测设计费				306.28
1	工程科学研究试验费	％	0.2	44134300.00	8.83
2	工程勘测设计费	％	6.09	48842500.00	297.45
三	其他				1254.24
1	安全鉴定费	万元			40.00
	材料价差				1214.24
	柴油	t	1339.86	5783.904	774.96
2	汽油	t	15.004	6558.534	9.84
	钢筋	t	1651.29	1859.112	306.99
	水泥	t	7410.24	165.25	122.45

15 韩墩闸特色分析

15.1 工程概况

韩墩引黄闸位于滨城区梁才乡韩墩，位于黄河左岸大堤桩号 286+925 处，该闸为两联六孔，每孔净宽宽 3m，净高 3m 的钢筋混凝土箱式涵洞，全长 70m 共分 7 段，每节长 10m，首节涵洞中墩厚 1m，边墩厚 0.7m，缝墩厚 0.8m，高度均为 8m，在高程 14.30m（大沽高程，下同，该闸的大沽与黄海高差 1.381m）和高程 18.25m 上分别设有钢筋混凝土撑梁。胸墙底高程 13.50m，顶高程 18.50m，厚 0.4m，闸首底板长 3.65m，厚 1.70m，其余洞顶、底板厚均为 0.85m。其余 6 段中墙、缝墙均厚 0.45m，边墙厚 0.70m，顶、底板厚均为 0.85m，顶、底板与洞墙交角都设有 0.3m×0.3m 的抹角。每联各节均为整体结构，两联间及节间均设有厚 0.5m，宽 1m 的钢筋混凝土垫梁。闸门采用钢筋混凝土肋形结构的平面闸门，扇宽 3.62m，高 3.15m，自重 17t，采用 80t 单吊点启闭机启闭。

韩墩引黄闸设计流量 60m³/s，加大流量 100m³/s，设计引黄水位 12.86m。底板高程 10.50m，堤顶高程 22.37m，设计防洪水位 22.80m。1982 年建设，1983 年建成投入使用。灌溉面积 75 万亩，灌区主输水渠道长 29km，设计过流量 60m³/s。近几年平均放水量在 1.5 亿 m³ 左右，主要供滨州、沾化、东营的利津共两县一区 15 个乡镇，504 个自然村的农村灌溉和滨州市区（东郊水厂）、沾化县城（思源湖水库）的城市生活用水和工业供水。

该闸由山东黄河河务局规划设计室（现黄河水利委员会山东黄河设计院设计），施工单位为黄河惠民建筑安装队施工。韩墩闸建成后，一直属于滨城区河务局管理，2006 年 7 月移交给滨州供水分局管理，已运行 29 年。

15.2 设计施工情况

韩墩引黄闸工程建筑物等级按 Ⅰ 级设计。设计地震烈度该地区为 7 度。

设计防洪水位（以 2011 年为准）：22.8m。

校核防洪水位：23.8m。

闸前设计引水位：12.88m（大河相应水位 13.24m，流量 117m³/s）。

设计引水流量：60m³/s。

闸前最大设计引水位：13.70m（大河相应水位 14.06m，流量 400m³/s）。

最大设计引水量：100m³/s。

闸前最高运用水位：20.32m（相应于 2011 年大河 5000m³/s 的水位）。

闸前设计淤沙高程：20.80m。

闸前校核淤沙高程：21.80m。

闸底板设计高程：10.50m。

堤顶设计高程：24.90m。

堤顶校核高程：25.90m（本期工程填筑高程22.30m）。

闸前启门运用最大淤沙高程：18.32m。

工程于1982年2月15日开工，至10月底全部竣工。工程由惠民地区农办、惠民修防处、滨县和沾化两县等联合组成施工指挥部。惠民黄河安装队负责混凝土和钢筋混凝土工程施工，桓台县公社石工队承包石方工程，土方工程由沾化县组织民工完成。其他观测、止水安装、供电、排水等由安装队承包。

完成的工程主要有：挖基、黏土环及铺盖回填、垫梁和垫层浇筑、底板浇筑、闸室洞身浇筑、基坑及大堤回填、闸门吊装、机架桥浇筑、启闭机安装、全部砌石工程。

共完成开挖土方43803m³，回填土方38429m³，管理台土方8951m³，石方2956m³，混凝土及钢筋混凝土4647.5m³。

韩墩引黄闸原工程特性见表15.1－1。

表15.1－1　　　　　　　　　韩墩引黄闸原工程特性表

序号	名　　称	单位	数量	备注
1	工程级别	级	1	
2	抗震设防烈度	度	7	
3	特征水位及流量			
3.1	设计防洪防水位	m	22.80	
3.2	校核洪防水位	m	23.80	
3.3	设计引水流量	m³/s	60	闸前设计引水位12.88m
3.4	加大引水流量	m³/s	100	闸前最高运用水位20.32m
4	水闸主要参数			
4.1	水闸型式		涵洞式	
4.2	闸孔数	孔×联	3×2=6	
4.3	闸首底板高程	m	10.50	
4.4	洞身尺寸（宽×高）	m×m	3×3	
4.5	洞身总长	m	70	
5	金属结构			
5.1	闸门型式		直升式	
5.2	启闭机型式		移动式启闭机	
5.3	启闭机容量	kN	6×800	

15.3　水闸运行情况

韩墩闸建成后，一直属于滨城区河务局管理，2006年7月移交给滨州供水分局管理。已运行26年。

韩墩引黄闸建成投入运用后，管理单位制定并落实了各项管理制度，严格执行《涵闸闸门及启闭机操作规程》、《涵闸启闭机检修规程》、《观测设备操作规程》、《发电机操作规程》，严格落实了各项岗位责任制。按规定进行了工程、水文观测、日常管理、维修养护，保证了闸门启闭，运用安全。

15.4　安全鉴定结论

根据水利部颁发的《水闸安全鉴定规定》（SL 214—98）和《水闸安全鉴定管理办法》（水建管〔2008〕214 号）及相关规范要求，有关单位完成了韩墩引黄闸的各项调查、检测和安全鉴定工作。依据黄河水利委员会《关于印发山东黄河西双河等八座引黄闸安全鉴定报告书的通知》（黄建管〔2009〕13 号，2009 年 4 月）有关韩墩引黄闸的安全分析评价内容及水闸安全鉴定结论，韩墩引黄闸存在以下主要问题：

（1）闸基各沉降观测点的最终沉降值在 29.5～32.8cm 之间，最大沉降值 32.8cm，出现在闸首段，均超过规范值。由于洞身不均匀沉降，导致洞身结构出现垂直于水流方向的 24 条裂缝，其中 23 条裂缝的最大宽度超过 0.3mm，最大裂缝宽度 1.25mm。

（2）闸基防渗长度 83.4m，根据规范计算需要防渗长度 123m，不满足要求。水平段渗透坡降最大值为 0.48，超过规范允许值，闸基渗透安全不能保证。

（3）在地震作用下，由于混凝土强度达不到现行规范的要求，排架柱与闸墩顶相接处抗剪能力不足，地震时会产生排架断裂、倒塌。

（4）洞身混凝土质量较差，保护层厚度不均匀，局部偏小，并有多处混凝土顺筋剥落及钢筋锈蚀现象。

（5）闸门滚轮支座处钢筋混凝土板的抗剪强度不够，门槽埋件锈蚀严重，滚轮因锈蚀均不能灵活转动。启闭机老化，4 号闸门无法控制启闭高度，不适应防汛快速操作的需要。

（6）电气设备和室外线路老化，存在安全隐患。

（7）12 个沉陷观测点由于堤顶硬化或压盖等原因未挖出而不能使用，6 个测压管由于堵塞无法使用。

综上所述，该闸评定为三类闸。

15.5　核查结论

2011 年 9 月水利部黄河水利委员会安全鉴定核查组对该闸安全鉴定进行了核查，核查意见认为：该工程安全鉴定程序、鉴定单位资质、安全鉴定专家组成员资格符合《水闸安全鉴定管理办法》的要求，安全鉴定书面成果基本反映了水闸存在的主要问题。

闸基最大沉降量超过规范允许值；洞身结构多处出现垂直于水流方向的裂缝，闸基防渗长度及渗透坡降不满足要求；在地震作用下，排架柱与闸墩顶相接处抗剪能力不足；洞身多处出现混凝土顺筋剥落及钢筋锈蚀现象；门槽埋件锈蚀严重，滚轮锈死；电气设备线路老化；启闭机已超过规定折旧年限，观测设施部分损坏。

同意三类闸的鉴定结论。

15.6　勘测设计任务

受山东黄河河务局的委托，黄河勘测规划设计有限公司依据山东大学土建与水利学院测时中心等单位 2008 年 12 月编写的《韩墩引黄闸安全评价总报告》、黄河水利委员会山东黄河河务局 2009 年 3 月组织完成的韩墩引黄闸《水闸安全鉴定报告书》等文件，以及有关规程规范，开展韩墩引黄闸除险加固工程初步设计。

初步设计主要对水闸除险加固工程进行了复核，确定除险加固工程内容和各建筑物加固设计方案、闸门及启闭设备型式和接入电力系统方式等，选定施工总布置和总进度、主要建筑物施工方法及主要施工设备等，提出了投资概算。

16 韩墩闸洪水标准研究

16.1 流域概况

黄河是我国第二条大河，发源于青藏高原巴颜喀拉山北麓的约古宗列盆地，流经青海、四川、甘肃、宁夏、内蒙古、陕西、山西、河南、山东九省（自治区），在山东垦利县注入渤海。干流全长 5464km，总落差 4830m，流域面积 75 万 km²，多年平均天然径流量约 580 亿 m³。黄河自河源至内蒙古托克托县的河口镇为上游，河口镇至河南郑州以北的桃花峪为中游，桃花峪至入海口为下游。

黄河下游流域面积 2.3 万 km²，仅占全流域的面积的 3％，河道全长 878km，河道上宽下窄，比降上陡下缓，由 2.65‰ 到 1‰，按其特性可分为四段：白鹤至高村河段，长 299km，河宽水散，冲淤幅度大，主槽摆动频繁，为典型的游荡性河段，两岸大堤堤距一般为 5～10km，最宽处达 20 多 km，河道比降 2.65‰～1.72‰，支流伊洛河、沁河在此河段汇入；高村至陶城铺河段，长 165km，属于游荡性向弯曲性转化的过渡性河段，通过河道整治，主流已趋于稳定，堤距 1.4～8.5km，大部分在 5km 以上，河道平均比降 1.15‰；陶城铺至垦利宁海河段，长 322km，现状为受工程控制的弯曲性河段，堤距 0.4～5km，一般为 1～2km，河道平均比降 1‰ 左右，支流汶河在此段汇入；宁海以下为河口段，长 92km，随着黄河口的淤积、延伸、摆动，流路相应改道变迁，现行入海流路是 1976 年人工改道的清水沟流路，现已行河 31 年。

目前黄河干流上已建的大型水利工程有龙羊峡、刘家峡、三门峡、小浪底水库等，其中龙羊峡水库设计总库容 247 亿 m³，对黄河上游的洪水有较大的调节作用；小浪底水库设计总库容 126.5 亿 m³，是黄河下游防洪工程体系的骨干工程之一。

韩墩引黄闸工程位于黄河下游泺口至利津水文站之间黄河北岸大堤桩号 286＋925 处，泺口与利津之间河道长约 170km，韩墩闸下距利津水文站约 25km。

16.2 气象

韩墩闸距离滨州不远，工程处的气象要素可借用滨州气象站资料为代表进行统计，资料年份为 1957～1980 年，见表 2.2－1。滨州站多年平均气温 12.4℃，极端最高气温 40.9℃，极端最低气温－22.8℃，多年平均降水量 589.7mm，多年平均蒸发量 1943mm（20cm 蒸发器），历年最大冻土层深度小于 57cm，多年最大风速 25.0m/s。

项目		单位	资料年份	月　份												全年
				1	2	3	4	5	6	7	8	9	10	11	12	
气温	平均气温	℃	1957～1980	−3.8	−1.4	5.4	13.0	19.8	24.5	26.5	25.5	20.3	13.9	5.9	−0.9	12.4
	平均最高	℃	1957～1980	2.2	4.8	12.0	19.8	26.9	31.1	31.5	30.3	26.3	20.4	12.0	4.6	18.5
	平均最低	℃	1957～1980	−8.2	−6.0	0.2	6.9	13.1	18.5	22.2	21.3	15.0	8.4	1.1	−5.0	7.3
	极端最高	℃	1957～1980	14.8	22.8	26.7	34.0	37.5	40.9	39.2	39.6	33.5	31.5	25.3	18.3	40.9
	极端最低	℃	1957～1980	−22.8	−20.9	−13.5	−4.2	0.1	9.3	12.8	13.1	4.5	−2.3	−10.1	−18.7	−22.8
平均相对湿度		％	1957～1980	62	62	61	58	57	63	79	81	74	71	70	67	67
地温	平均地温	℃	1957～1980	−3.5	−0.6	6.8	15.1	23.6	28.6	29.4	28.4	22.5	14.7	5.7	−1.1	14.1
	平均最高	℃	1957～1980	9.2	12.8	22.5	32.2	42.9	47.3	43.7	42.5	37.7	29.6	18.4	9.9	29.1
	平均最低	℃	1957～1980	−10.7	−18.4	−2.1	4.6	11.1	17.0	21.5	20.7	13.4	6.1	−1.1	−6.9	5.4
	极端最高	℃	1957～1980	24.5	31.0	43.5	54.9	62.1	66.0	68.4	64.0	56.1	48.0	36.9	24.3	68.4
	极端最低	℃	1957～1980	−28.1	−26.1	−20.8	−7.7	−1.3	7.4	10.8	11.0	1.4	−7.5	−11.7	−23.1	−28.1
最大冻土深度		cm	1959～1980	52	56	57							10	36		57
平均降水量		mm	1957～1980	5.7	9.0	10.3	32.8	26.0	73.2	191.5	134.0	51.0	31.2	17.3	7.7	589.7
≥0.1mm 天数		d	1957～1980	2.5	3.0	3.7	6.3	5.1	8.8	14.8	11.0	6.9	5.1	4.2	3.3	74.7
≥5mm 天数		d	1957～1980	0.4	0.7	0.5	2.0	1.8	3.2	7.7	5.3	2.6	1.6	1.1	0.6	27.4
蒸发量		mm	1957～1980	49.3	65.4	136.1	232.6	311.9	319.4	224.5	184.8	161.7	133.2	77.7	46.8	1943
最大风速		m/s	1958～1980	17.9	16.0	18.0	25.0	24.0	20.7	19.3	13.0	12.3	16.0	16.0	16.0	25.0
最大风速的风向			1958～1980	NNW	NE NNE	NE	NE	NE	WSW	NNW	ENE	NE NNE	WNW NE	NE	NNW	NE
最多风向			1957～1980	C NW	C NE	E	ESE	SE	ESE	SE	C SE	C SE	C SSE	C WSW	C WSW	C SE
频率			1957～1980	10，9	9，8	8	8	10	11	12	15，9	17，7	14，7	13，8	12，8	10，8

16.3　水文基本资料

韩墩引黄闸工程改建有关的水文测站有黄河干流的三门峡（潼关）、小浪底、花园口、夹河滩、高村、孙口水文测站，伊洛河的东湾（嵩县）、陆浑、龙门镇、长水（故县）、宜阳、白马寺（洛阳）、黑石关，沁河的山路平、五龙口、小董（武陟）等，以上各站均为黄河干支流的一等水文站，测验精度较高，其实测水文资料均经过黄河水利委员会有关单位的系统整编和多次复核审查，其精度可以满足黄河下游设计洪水分析计算的要求。

16.4　洪水

16.4.1　洪水特性

黄河下游洪水主要由中游地区暴雨形成，洪水发生时间为 6～10 月。黄河中游的洪水，分别来自河龙间、龙三间和三花间这三个地区。各区洪水特性分述如下：

（1）河龙间和龙三间。河龙间属于干旱或半干旱地区，暴雨强度大（点暴雨一般可达 400~600mm/d，最大点暴雨达 1400mm/d），历时较短（一般不超过 20h，持续性降雨可达 1~2 天），日暴雨 50mm 以上的笼罩面积达 20000~30000km²，最大可达 50000~60000km²。一次洪水历时，主峰过程为 1d，持续历时一般可达 3~5d，形成了峰高量小的尖瘦型洪水过程。区间发生的较大洪水，洪峰流量可达 11000~15000m³/s，实测区间最大为 18500m³/s（1967 年），日平均最大含沙量可达 800~900kg/m³。本区间是黄河粗泥沙的主要来源区。

龙三间的暴雨特性与河龙间相似，但由于受到秦岭的影响，暴雨发生的频次较多，历时较长，一般为 5~20d，秋季连阴雨的历时可达 18d 之久（1981 年 9 月）。日降雨强度为 100mm 左右，中强降雨历时约 5d 左右，大于 50mm 雨区范围达 70000km²。本区间所发生的洪水为矮胖型，洪峰流量为 7000~10000m³/s。本区间除泾河支流马莲河外，为黄河细泥沙的主要来源区，渭河华县站的日平均最大含沙量为 400~600kg/m³。

以上两个区间洪水常常相遭遇，如 1933 年和 1843 年洪水。这类洪水主要是由西南东北向切变线带低涡天气系统产生的暴雨所形成，其特点是洪峰高、洪量大，含沙量也大，对黄河下游防洪威胁严重。下游防洪中把这类洪水简称为"上大洪水"。

（2）三花间。三花间属于湿润或半湿润地区，暴雨强度大，最大点雨量达 734.3mm/d（1982 年 7 月），一般为 400~500mm/d，日暴雨面积为 20000~30000km²。一次暴雨的历时一般为 2~3d，最长历时达 5d。本区间所发生的洪水，多为峰高量大的单峰型洪水过程，历时为 5d（1958 年洪水）；也发生过多峰型洪水过程，历时可达 10~12d（1954 年洪水）。区间洪水的洪峰流量一般为 10000m³/s 左右，实测区间最大洪峰流量为 15780m³/s，洪水期的含沙量不大，伊洛河黑石关站日平均最大含沙量为 80~90kg/m³。三花间的较大洪水，主要是由南北向切变线加上低涡或台风间接影响而产生的暴雨所形成，具有洪水涨势猛、洪峰高、洪量集中、含沙量不大、洪水预见期短等特点，对黄河下游防洪威胁最为严重。这类洪水称为"下大洪水"。

小浪底水库建成后，威胁黄河下游防洪安全的主要是小花间洪水，据实测资料统计，小花间的年最大洪峰流量从 5~10 月均有出现，而较大洪峰主要集中在 7 月、8 月。值得注意的是，小花间的大洪水，如 223 年、1761 年、1931 年、1935 年、1954 年、1958 年、1982 年等，洪峰流量均发生在 7 月上旬至 8 月中旬之间，时间更为集中。

由于小花间暴雨强度大、历时长，主要产洪地区河网密集，有利于汇流，故形成的洪水峰高量大。一次洪水历时约 5d，连续洪水历时可达 12d。

16.4.2 洪水遭遇与组成

由于黄河流域面积大，上中下游各区的气候特性和暴雨特性各不相同，故各区所发生的洪水并不同时遭遇。从实测和调查资料统计分析，花园口站大于 8000m³/s 的洪峰流量，都是以中游地区来水为主所造成的；兰州站相应来水流量一般仅 2000~3000m³/s，组成花园口洪水的部分基流。下游为地上河，汇入水流较少。花园口站各类较大洪水的峰、量组成见表 16.4-1。

表 16.4－1　　　　　　　　　　　花园口各类较大洪水峰、量组成表

单位：洪峰流量 m³/s；洪量亿 m³

洪水组成	洪水发生年份	花园口		三门峡			三花间			三门峡占花园口的比重/％	
		洪峰流量	12d洪量	洪峰流量	相应洪水流量	12d洪量	洪峰流量	相应洪水流量	12d洪量	洪峰流量	12d洪量
三门峡以上来水为主，三花间为相应洪水	1843	33000	136.0	36000		119.0		2200	17.0	93.3	87.5
	1933	20400	100.5	22000		91.90		1900	8.60	90.7	91.4
三花间来水为主，三门峡以上为相应洪水	1761	32000	120.0		6000	50.0	26000		70.0	18.8	41.7
	1954	15000	76.98		4460	36.12	10540		40.86	29.73	46.92
	1958	22300	88.85		6520	50.79	15780		38.06	29.24	57.16
	1982	15300	65.25		4710	28.01	10590		37.24	30.78	37.3
三门峡与三花间同时发生洪水	1957	13000	66.3		5700	43.1		7300	23.2	43.8	65.0

注　相应洪水流量系指组成花园口洪峰流量的相应来水流量，1761年和1843年洪水系调查推算值。

表中可以看出，以三门峡以上来水为主的洪水，三门峡洪峰流量占花园口的90％以上，12d洪量占花园口的85％以上。以三花间来水为主的洪水，三门峡洪峰流量占花园口的20％～30％，12d洪量占花园口的40％～60％。

从表2.4－1中还可看出，以三门峡以上来水为主的"上大洪水"和以三花间来水为主的"下大洪水"一般不相遭遇。

16.4.3　干流有关站及区间设计洪水

（1）设计洪水峰、量值。与黄河下游防洪工程建设设计洪水有关的干流站及区间有三门峡、花园口、三花间。以上各站及区间的设计洪水，曾进行过多次频率分析。在1975年，为满足黄河下游防洪规划的需要，曾对三门峡、花园口、三花间等站及区间的洪水进行了比较全面的频率分析（采用洪水系列截止1969年），其中主要站及区间的成果经水利电力部1976年审查核定。

在小浪底水利枢纽初步设计和西霞院水利枢纽可行性研究中，分别于1980年、1985年、1994年三次对以上各站及区间的设计洪水进行了分析计算，设计洪水成果与1976年审定成果相比减小5％～10％，根据水利部规划设计总院审查意见，仍采用1976年审定成果。各有关站及区间设计洪水峰、量值见表16.4－2。

近期完成的《黄河下游长远防洪形势和对策研究报告》中，将三门峡、花园口站的洪水系列延长至1997年，对其设计洪水成果又进行了复核。复核后的三门峡、花园口两站设计洪水成果较原审定成果略有减小，但变化不大。三门峡洪峰流量减小10％左右，时段洪量减小5％左右；花园口各频率洪峰、洪量减少5％以内；三花间设计洪峰流量减小10％左右，设计洪量变化不大；小花间设计洪峰流量减小10％左右，设计洪量减小5％左右。洪水成果尚未审查，从安全考虑，本次仍推荐采用1976年审定成果。

表 16.4 - 2　　　　　　　　　花园口、三门峡、三花间天然设计洪水成果表

单位：洪峰流量 m³/s；洪量亿 m³

站名	集水面积 /km²	项目	系 列			统 计 参 数			频率为 P/%，设计值		
			N	n	a	均值	C_v	C_s/C_v	0.01	0.1	1.0
三门峡	688421	洪峰流量	210	47	1	8880	0.56	4	52300	40000	27500
		5d 洪量		54		21.6	0.50	3.5	104	81.5	59.1
		12d 洪量		47		43.5	0.43	3	168	136	104
		45d 洪量		47		126	0.35	2	360	308	251
花园口	730036	洪峰流量	215	39	1	9770	0.54	4	55000	42300	29200
		5d 洪量		51		26.5	0.49	3.5	125	98.4	71.3
		12d 洪量		44		53.5	0.42	3	201	164	125
		45d 洪量		44		153	0.33	2	417	358	294
三花间	41615	洪峰流量	215	34	1	5100	0.92	2.5	45000	34600	22700
		5d 洪量		34		9.80	0.90	2.5	87.0	64.7	42.8
		12d 洪量		34		15.03	0.84	2.5	122	91.0	61.0

（2）设计洪水过程线。黄河下游大堤的设防标准是以花园口断面的洪水为准，按放大典型洪水的方法计算设计洪水过程。

根据黄河下游洪水的来源及特性，以三门峡以上来水为主的"上大洪水"，选 1933 年 8 月洪水为典型。以三花间来水为主的"下大洪水"，选 1954 年 8 月、1958 年 7 月、1982 年 8 月洪水作为典型。各典型洪水地区组成情况见表 2.4 - 3。从表中可知，"下大洪水"的三个典型小陆故花间（无控制区）洪水占三花间的比例在 40% 以上，12d 洪量的最大比例可达 57.0%，与无控制区占三花间的面积比（62.8%）接近，因此，三个典型年可以代表无控制区来水为主的洪水，对黄河下游防洪是安全的。

表 16.4 - 3　　　　　　　　　　各典型洪水花园口断面洪水地区组成表

单位：Q_m m³/s；W_5、W_{12} 亿 m³

典型洪水年份	项目	花园口	三门峡相应	三门峡占花园口/%	三花间	小陆故花间	小陆故花间占三花间/%
1954	Q_m	15000	4460	29.73	10540	6760	64.1
	W_5	38.5	14.1	36.6	24.4	11.98	49.1
	W_{12}	76.98	36.12	46.92	40.86	19.93	48.8
1958	Q_m	22300	6520	29.24	15780	8000	50.7
	W_5	57.02	25.7	45.1	31.34	13.30	42.4
	W_{12}	88.85	50.79	57.16	38.06	16.03	42.8
1982	Q_m	15300	4710	30.78	10590	5130	48.4
	W_5	51.24	13.6	26.6	37.64	21.9	58.2
	W_{12}	75.07	28.01	37.3	47.06	27.5	58.4
1933	Q_m	20400	19060	93.43	1340		
	W_5	56.69	51.46	90.77	5.23		
	W_{12}	100.3	91.63	91.37	8.66		

设计洪水的地区组成：对不同来源区的洪水采用不同的地区组成，对三门峡以上来水为主的"上大洪水"，地区组成为三门峡、花园口同频率，三花间相应；对三门峡至花园口区间来水为主的"下大洪水"，地区组成为三花间、花园口同频率，三门峡相应。设计洪水过程组成：按峰、量同频率控制放大。

16.4.4 工程运用后黄河下游的设计洪水

小浪底水库建成后，黄河下游防洪工程体系的上拦工程有三门峡、小浪底、陆浑、故县四座水库；下排工程为两岸大堤，设防标准为花园口22000m³/s流量；两岸分滞工程为东平湖滞洪水库，进入黄河下游的洪水须经过防洪工程体系的联合调度。

（1）水库联合防洪运用方式。

1）小浪底水库防洪运用方式。当五站（龙门镇、白马寺、小浪底、五龙口、山路平）预报（预见期8小时）花园口洪水流量小于8000m³/s，控制汛限水位，按入库流量泄洪；预报花园口洪水流量大于8000m³/s，含沙量小于50kg/m³，小花间来洪水流量小于7000m³/s，小浪底水库控制花园口8000m³/s。此后，小浪底水库须根据小花间洪水流量的大小和水库蓄洪量的多少来确定不同的泄洪方式。

①水库在控制花园口8000m³/s运用过程中，当蓄水量达到7.9亿m³时，反映了该次洪水为"上大洪水"且已超过了5年一遇标准，小浪底水库可按控制花园口10000m³/s泄洪。此时，如果入库流量小于控制花园口10000m³/s的控制流量，可按入库流量泄洪。当水库蓄洪量达20亿m³，且有增大趋势，说明该次洪水已超过三门峡站百年一遇洪水，为了使小浪底水库保留足够的库容拦蓄特大洪水，需控制蓄洪水位不再升高，可相应增大泄洪流量，允许花园口洪水流量超过10000m³/s，可由东平湖分洪解决。此时，如果入库流量小于水库的泄洪能力，按入库流量泄洪；入库流量大于水库的泄洪能力，按敞泄滞洪运用。当预报花园口10000m³/s以上洪量达20亿m³，说明东平湖水库将达到可能承担黄河分洪量17.5亿m³。此后，小浪底水库仍需按控制花园口10000m³/s泄洪，水库继续蓄洪。当预报花园口洪水流量小于10000m³/s，仍按控制花园口10000m³/s泄流，直至泄空蓄水。

②水库按控制花园口8000m³/s运用的过程中，水库蓄洪量虽未达到7.9亿m³，而小花间的洪水流量已达7000m³/s，且有上涨趋势，反映了该次洪水为"下大洪水"。此时，小浪底水库按下泄发电流量1000m³/s控制运用；当水库蓄洪量达7.9亿m³后，开始按控制花园口10000m³/s泄洪。但在控制过程中，水库下泄流量不小于发电流量1000m³/s。

2）三门峡水库的调洪运用方式。

①对三门峡以上来水为主的"上大洪水"，水库按"先敞后控"方式运用，即水库先按敞泄方式运用；达本次洪水的最高蓄水位后，按入库流量泄洪；当预报花园口洪水流量小于10000m³/s时，水库按控制花园口10000m³/s退水。

②对三花间来水为主的"下大洪水"，三门峡水库的运用方式为：小浪底水库未达到花园口百年一遇洪水的蓄洪量26亿m³前，三门峡水库不承担蓄洪任务，按敞泄运用。小浪底水库蓄洪量达26亿m³，且有增大趋势，三门峡水库开始投入控制运用，并按小浪底水库的泄洪流量控制泄流，直到蓄洪量达本次洪水的最大蓄量。此后，控制已蓄洪量，按入库流量泄洪；直到小浪底水库按控制花园口10000m³/s投入泄洪运用时，三门峡水

库可按小浪底水库的泄洪流量控制泄流，在小浪底水库之前退水。

3) 陆浑、故县水库调洪运用方式。当预报花园口洪水流量达到 12000m³/s 且有上涨趋势时，水库关闸停泄。当水库蓄洪水位达到蓄洪限制水位时，按入库流量泄洪。当预报花园口洪水流量小于 10000m³/s，按控制花园口 10000m³/s 泄洪。

(2) 工程运用后黄河下游洪水情况及设防流量。按照以上水库联合调度运用方式，对各级各典型设计洪水进行防洪调度计算，经过河道洪水演进，计算的韩墩引黄闸邻近断面的各级洪水流量见表 16.4-4。根据《黄河近期重点治理开发规划》，近期应确保防御花园口站洪峰流量 22000m³/s 堤防不决口。从该表中可以看出，花园口 22000m³/s 设防流量相应的重现期为近千年。

表 16.4-4　　　　　　　　工程运用后黄河下游各级洪水流量表　　　　　　　单位：m³/s

断面名称 ＼ 洪水重现期	30 年	100 年	300 年	1000 年	设防流量
花园口	13100	15700	19600	22600	22000
夹河滩	11200	15070	18100	21000	21500
高村	11000	14400	17550	20300	20000
苏泗庄	10700	14100	17100	19800	19400
孙口	10000	13000	15730	18100	17500
艾山	10000	10000	10000	10000	11000
泺口	10000	10000	10000	10000	11000
利津	10000	10000	10000	10000	11000

16.5　径流泥沙

韩墩闸处来水来沙借用利津水文站资料进行分析。据 1952 年 7 月至 2006 年 6 月（54 年）实测资料统计，黄河利津水文站实测多年平均水量为 312.4 亿 m³，多年平均输沙量为 7.77 亿 t，多年平均含沙量为 24.87kg/m³，其中，汛期（7～10 月）水量占全年水量的 61.6%，汛期沙量占全年沙量的 85.1%。该站最大年水量为 904.4 亿 m³（1964 年），最小年水量为 19.1 亿 m³（1997 年）；最大年输沙量为 21.09 亿 t（1958 年），最小年输沙量为 0.09 亿 t（2001 年）。

20 世纪 80 年代中后期以来，随着黄河流域工农业用水的增加、水库调节的影响以及气候因素造成的天然水量的变化，使得黄河水沙量普遍减少，并改变了水沙量在年内分配，汛期水量进一步减少。据统计，利津站 1952～1986 年实测水沙量为 411.1 亿 m³ 和 10.41 亿 t，1986～2000 年平均只有 147.6 亿 m³ 和 3.97 亿 t，水沙量较 1986 年以前减少了 64.1% 和 61.8%。2000 年以来，年平均水沙量减少更多，水量、沙量分别减少至 137.7 亿 m³ 和 1.66 亿 t，与 1986 年以前相比，减少了 66.5% 和 84.0%。汛期水量占全年水量的比例也由 1986 年以前的 62.1%，减少至 2000 年以来的 49.0%。利津站不同时期来水来沙情况见表 16.5-1。

时段/年	径流量/亿 m³			输沙量/亿 t			含沙量/(kg/m³)		
	汛期	非汛期	全年	汛期	非汛期	全年	汛期	非汛期	全年
1952～1986	255.4	155.6	411.1	8.85	1.56	10.41	34.63	10.03	25.32
1986～2000	92.7	55.0	147.6	3.52	0.45	3.97	38.00	8.26	26.93
2000～2006	67.4	70.2	137.7	1.14	0.53	1.66	16.89	7.49	12.09
1952～2006	192.4	120.0	312.4	6.61	1.16	7.77	34.36	9.65	24.87

16.6　河道冲淤

小浪底水库运用以来，黄河下游各个河段均发生了冲刷，截至 2010 年 10 月白鹤至利津河段累计冲刷 19.40 亿 t。下游河道各河段断面法冲淤量见表 16.6－1。

表 16.6－1　　　　　小浪底水库运用以来下游河道累计冲淤量（断面法）　　　　单位：亿 t

时段 ＼ 河段	花园口以上	花园口—高村	高村—艾山	艾山—利津	利津以上
汛期	－3.54	－3.65	－2.56	－3.53	－13.28
非汛期	－2.62	－4.21	－0.10	0.81	－6.12
全年	－6.16	－7.86	－2.66	－2.72	－19.40

从冲刷量的沿程分布来看，高村以上河段冲刷较多，高村以下河段冲刷相对较少。其中高村以上河段冲刷 14.02 亿 t，占冲刷总量的 72.3%；高村至艾山河段冲刷 2.66 亿 t，占下游河道冲刷总量的 13.7%；艾山至利津河段冲刷 2.72 亿 t，占冲刷总量的 14.0%。

从冲刷量的时间分布来看，冲刷主要发生在汛期。汛期下游河道共冲刷 13.28 亿 t，占年总冲刷量的 68.5%，河段呈现出全线冲刷；非汛期下游河道共冲刷 6.12 亿 t，占年总冲刷量的 31.5%，艾山以上河段呈现出冲刷，其中冲刷主要发生在花园口至高村河段，冲刷量 6.83 亿 t，冲刷向下游逐渐减弱，艾山至利津则淤积 0.81 亿 t。

16.7　设计水位

16.7.1　正常设计引水位

（1）设计引水相应大河流量。设计引水相应大河流量，应遵循上、下游统筹兼顾的原则，按表 16.7－1 采用。泺口站和利津站设计引水相应大河流量分别为 200m³/s 和 100m³/s，韩墩引黄闸取水口位于泺口水文站下游约 142.4km，利津水文站上游约 25.4km，因此，引黄闸处设计引水相应大河流量采用泺口站和利津站流量的内插值，约为 115m³/s。

表 16.7－1　　　　　　　　　　设计引水相应大河流量表

控制站	花园口	夹河滩	高村	孙口	艾山	泺口	利津
流量/(m³/s)	600	500	450	400	350	200	100

(2) 设计引水位。设计引水相应大河流量的水位即为设计引水水位。设计引水水位采用工程除险加固时前三年平均值。

根据利津站实测流量成果，点绘 2009~2011 年利津水文站实测水位流量关系见图 16.7-1。

图 16.7-1 利津水文站水位流量关系图

设计引水位推算采用以下两种方法。

方法一：利用利津 2009~2011 年实测水位流量关系曲线，查出大河流量 115m³/s时，相应的水位平均值 $\overline{h}_{利津}=9.99$m，根据 2009~2011 年实测大断面测量的水边点高程求得韩墩至利津河段比降的平均值为 0.114‰，推算至韩墩闸引水口处大河的水位为 12.89m。

方法二：麻湾水位站位于韩墩引黄闸下游约 9.3km，可根据麻湾水位站 2009 年、2010 年日均水位资料和相应利津站流量推求。当利津水文站流量 115m³/s 时，相应的麻湾站水位为 11.32m，根据 2009~2011 年实测大断面测量的水边点高程求得韩墩至麻湾河段比降的为 0.115‰，推算至韩墩闸引水口处大河的水位为 12.39m。

综合考虑两种方法计算成果，从引水安全出发，选取韩墩引黄闸引水口处大河流量 115m³/s 时相应水位 12.39m 作为韩墩引黄闸的设计引水位。

16.7.2 设计和校核防洪水位

根据《黄河下游标准化堤防工程规划设计与管理标准（试行）》（黄建管〔2009〕53号），黄河下游水闸工程（包括新建和改建）防洪标准：以防御花园口站 22000m³/s 的洪水为设计防洪标准，设计洪水位加 1m 为校核防洪标准；设计防洪水位以小浪底水库运用后，黄河下游河道淤积恢复到 2000 年状态的设防水位作为起算水位。工程建成后第 30 年作为设计水平年。

韩墩引黄闸计划 2013 年完成除险加固，设计水平年以工程加固完成后的第 30 年作为设计水平年，即 2043 年为设计水平年。

（1）设计防洪水位的起算水位。小浪底水库投入运用以来，水库拦沙和调水调沙运用，黄河下游河道呈现冲刷态势。根据黄河水利委员会关于印发《黄河下游病险水闸除险加固工程设计水位推算结果》的通知（黄规计〔2011〕148 号），小浪底水库运用后下游河道 2020 年左右冲刷达到最大，2028 年左右淤积恢复到 2000 年状态，即以 2028 年设防水位作为起算水位。

韩墩闸位于道旭和麻湾断面之间，因此，引黄闸的设计防洪水位的起算水位可以根据道旭、麻湾断面的水位按照距离内插求出。道旭和麻湾站断面 2000 年设防水位分别为 20.69m、18.79m，插值计算得韩墩闸处设防水位为 19.76m，即 2028 年的设防水位。

（2）设计防洪水位。根据黄河水利委员会关于印发《黄河下游病险水闸除险加固工程设计水位推算结果》的通知（黄规计〔2011〕148 号），黄河下游河道 2028 年左右淤积恢复到 2000 年状态以后，艾山—利津河段年平均淤积抬升速率为 0.075m/a。2028～2043 年该河段共淤积抬升 1.13m，计算得韩墩闸 2043 年防洪水位为 20.89m。

另外，韩墩闸距离河口较近，受河口溯源淤积和河口改道影响，因此，需分析西河口水位达到改道标准时韩墩闸处设防水位。根据审查通过的《黄河河口近期治理防洪工程建设可行性研究报告》，黄河河口的改道控制条件为西河口 10000m³/s 时对应水位 12m，此时相应西河口和利津站设防流量水位分别为 12.16m 和 17.90m，上延至韩墩闸处为 20.72m。可见，韩墩闸前设防水位最高为 20.72m，即设计水平年设防水位。

（3）校核防洪水位。校核防洪水位为设计防洪水位加 1m，韩墩闸的校核防洪水位为 21.72m。

16.7.3 最高运用水位

根据黄河下游河道河势变化分析，当河道洪水流量达 5000m³/s 时，开闸引水可能引起河道主流变化，将大溜拉至引水口附近，造成大溜顶冲工程的危险局面，因此，在黄河流量达到 5000m³/s 以上时，不宜开闸引水。

根据黄河防总颁布的 2000 年黄河下游各控制站断面水位—流量关系成果，黄河下游道旭和麻湾断面 2000 年流量 5000m³/s 相应水位分别为 18.51m、16.73m，插值计算得韩墩闸处水位为 17.64m，2028 年以后河床水位的升高值可按照年平均升高 0.075m 计算，分析得出，设计水平年（2043 年）韩墩闸前 5000m³/s 水位抬升至 18.77m。

同样，需考虑河口改道影响。根据审查通过的《黄河河口近期治理防洪工程建设可行性研究报告》，西河口水位达到改道标准时，相应西河口和利津站流量 5000m³/s 水位分别为 11.13m 和 16.15m，上延至韩墩闸处为 18.57m。可见，韩墩闸前流量 5000m³/s 水位最高为 18.57m，即最高运用水位。

17 韩墩闸工程地质勘察研究

17.1 区域构造与地震

地区在区域地质构造上属济阳下第三系块断凹陷的一部分。构造部位在断陷盆地中南部。东、西半部凹陷，滨城镇凸起；北部属粘化凹陷内的流钟镇凹陷；南部在惠民凹陷内的里则镇凹陷。根据 2001 年中国地震局编制的 1：400 万《中国地震动参数区划图》（GB 18306—2001），该区的地震动峰值加速度为 0.10g（相应的地震基本烈度为Ⅶ度），地震动反应谱特征周期为 0.65s。

17.2 闸址工程地质条件

地层均系第四纪松散沉积物，主要由堤身土、砂壤土、壤土和粉砂组成。

原闸设计时，涵洞闸址共布置十个钻孔，总进尺 216m，自上游向下游依次为 1 号、2～4 号、5 号、6 号、7～9 号、10 号钻孔，平面布置见图 17.2－1。

图 17.2－1 韩墩闸钻孔平面布置示意图

试验原状土 39 组，散状土 5 个。闸基地质自上而下主要分为人工填筑土、砂壤土、壤土、粉砂 4 个土层。

17.2.1 闸址工程地质条件

在钻探深度范围内，场区地层主要由堤身人工填筑土（Q_4^r）、堤基第四系全新统河流冲积层（Q_4^{al}）组成，自上而下共分为 4 个主要地层。

表 17.2－1

韩墩闸物理力学性质指标建议表

层号	岩土名称	试验组数	颗粒百分比（%） 砂粒 0.5~0.25/mm	0.25~0.075/mm	粉粒 0.075~0.05/mm	0.05~0.005/mm	黏粒 <0.005/mm	含水量 ω/%	密度 ρ/(g/cm³)	干密度 ρ_d/(g/cm³)	比重 G_s	孔隙比 e_0	饱和度 S_r/%	液限 ω_{L17}/%	塑限 ω_{p17}/%	塑性指数 I_{p17}/%	液性指数 I_{L17}	压缩试验方法（天然） 压缩系数 a_{1-2}/MPa⁻¹	压缩模量 E_{s1-1}/MPa	饱和快剪 凝聚力 c/kPa	内摩擦角 φ/(°)	垂直渗透系数 K_v/(cm/s)
①层壤土		3		18.0	34.7	34.2	13.1	15.6	1.79	1.45	2.71	0.830	52	30.3	18.7	11.6	0.48	0.28	8.92	21.0	14.2	3.30E－05
②层壤土		6			48.1	37.4	14.5	22.5	1.95	1.68	2.72	0.768	87	31.3	17.8	13.5	0.39	0.23	7.50	20.5	13.4	1.38E－05
③层粉砂		6	14.1	42.3	34.4	6.1	3.1	20.3	1.96	1.69	2.70	0.681	95					0.14	12.07	0	26.0	5.24E－03
④层壤土		8			15.6	69.7	14.7	24.0	19.8	16.5	2.72	0.712	98	33.0	19.8	14.2	0.42	0.19	8.30	20.3	16.3	3.73E－05

191

各层分别叙述如下：

第①层人工填筑土：为黄河大堤的堤身土，堤身表面为混凝土硬化路面，厚度约20cm。土质总体上以轻粉质壤土为主，褐黄色，可塑状，层厚1.30～7.10m，层底高程11.20～14.80m。

第②层壤土：褐黄色—灰黄色，可塑，夹黏土薄层，该层在1孔尖灭，厚度分布不均，层厚1.80～7.60m，层底高程2.70～9.90m。

第③层粉砂：褐黄色—灰黄色，饱和，松散—稍密状，分布普遍，夹可塑状黏土透镜体，层厚9.20～20.15m，层底高程−6.50～−5.00m。

第④层壤土：褐黄色—灰黄色，分布普遍均匀，可塑状，该层未揭穿，揭露最大厚度约9.0m。

17.2.2 土的物理力学性质

室内对原状土样进行了颗分、比重、密度、天然含水率、液塑限、剪切、压缩及渗透试验。根据各土层实际的岩性特征并考虑取样试验过程的影响，提出物理力学指标建议值见表17.2-1，承载力特征值建议值表见表17.2-2。

表 17.2-2　　　　　　　　　　　地基土承载力特征值建议值表

层号	①	②	③	④
岩性	r	L	Sis	L
fak/kPa	90	100	120	120

17.2.3 水文地质条件

闸址区的地下水类型主要为松散岩类孔隙水。地下水含水层主要为砂壤土层。壤土属弱含水层，砂壤土属中等透水层。地下类型为孔隙潜水，其补给来源主要为大气降水及黄河水补给，由于黄河为地上悬河，河水常年补给两岸地下水，地下水随着河水位升降而升降。勘察期间地下水稳定水位高程10.00m左右，高于闸底板高程。

17.3 主要工程地质问题

17.3.1 渗透变形

根据《堤防工程地质勘察规程》（SL 188—2005），从闸基土的渗透变形判别与计算情况来看，闸基土的渗透变形类型为流土。经计算，流土的允许渗透坡降（因黄河下游堤防为一级堤防，安全系数取2.5）一般在0.35～0.45之间，结合黄河下游建设经验，闸基土的允许渗透比降地质建议值为：黏土0.40～0.45、壤土0.35～0.40、粉砂0.25～0.35。

17.3.2 地震液化

根据《水利水电工程地质勘察规范》（GB 50487—2008）地震液化初判和复判的原则，闸基第③层粉砂5m以上在大于或等于Ⅶ度烈度情况下易发生地震液化，液化等级轻微。

17.3.3 沉降变形

拟建闸基持力层为层壤土和粉砂层，在闸址区分布不稳定，属稍不均匀地基，存在一定的不均匀沉降变形。从闸基各土层100～200kPa压力段压缩系数和压缩模量看，均为中等压缩性土。

17.3.4　抗冲刷淘刷

闸基土主要为壤土、粉砂，从颗分试验成果看，闸基土抗冲刷、淘刷能力低，可能存在闸底板、边墙、岸坡等部位的冲刷、淘刷问题，应进行适当的工程处理。闸基与持力层壤土间的摩擦系数建议采用 0.35，与粉砂间的摩擦系数建议采用 0.41。

17.3.5　环境水的腐蚀性

现场在闸前闸后取水样 2 组进行了水质分析，其主要离子含量见表 17.3－1。

表 17.3－1　　　　　　　　　　　苏泗庄闸水质分析成果表

项目	闸　前　水　样			闸　后　水　样		
	mg/L	mol/L	mol%	mg/L	mol/L	mol%
$K^+ + Na^+$	13.53	0.541	8.6	22.35	0.894	14.7
Ca^{2+}	65.51	3.269	52.0	57.24	2.856	47.1
Mg^{2+}	30.12	2.479	39.4	28.23	2.323	38.3
Cl^-	60.31	1.701	27.0	58.31	1.645	27.1
SO_4^{2-}	70.52	1.468	23.3	60.52	1.260	20.7
HCO_3^-	190.32	3.120	49.6	193.27	3.168	52.2
CO_3^{2-}	0	0	0	0	0	0
侵蚀性 CO_2	0.33			1.73		
游离 CO_2	8.64			7.48		
矿化度	335.15			323.29		
pH 值	8.25			8.28		

由表 17.3－1 知，闸址区环境水类型均为闸前水为 $HCO_3^- \cdot Cl^- —Ca^{2+} \cdot Mg^{2+}$ 型水。综合判定，环境水对混凝土无腐蚀性，对钢筋混凝土中的钢筋具微腐蚀性，对钢结构具弱腐蚀性。

17.4　结论与建议

（1）闸址区地震加速度值为 $0.10g$，地震动反应谱特征周期 $0.65s$。相应的地震基本烈度Ⅶ度。

（2）闸址区在地貌单元上属黄河冲积平原区，黄河在该区为地上悬河。

（3）闸址区在深度内主要为第四系全新统河流相冲积层，岩性主要为砂壤土、壤土、黏土和粉砂，均为中压缩性土。

（4）闸址区地下水主要为松散岩类孔隙水。其补给来源主要为大气降水及黄河水径流补给，由于黄河为地上悬河，河水常年补给两岸地下水，地下水随着河水位升降而升降。勘察期间地下水稳定水位约为 10.0m。

（5）闸址区存在的主要工程地质问题有闸基土的渗透变形、地震液化、冲刷淘刷、沉降变形和环境水的腐蚀性问题。

18 韩墩闸工程任务及规模

18.1 工程建设的必要性

18.1.1 存在的问题

通过现场检查，发现存在的主要问题有：

（1）闸室洞身出现较多裂缝，混凝土质量较差，有较多的蜂窝麻面和剥蚀现象，钢筋外露；洞室内部存在裂缝渗水现象；4号洞室入口处顶板混凝土局部脱落，产生剥离，现用木板支撑。

（2）闸室各节之间的止水铁件严重锈蚀，部分已经蚀穿，失去功效，橡胶止水老化。

（3）闸墩混凝土冻融剥蚀现象严重，质量较差；机架桥横梁混凝土出现裂缝，钢筋锈蚀。

（4）由于黄河河床淤积抬高，上下游河道、消力池严重淤积，影响水闸的正常引水能力。

（5）闸门槽及闸门滚轮锈蚀严重；6号闸门底部混凝土剥落漏筋。

（6）观测设施不完备，部分沉陷点由于堤顶硬化或压盖等原因未挖出而不能使用，测压管由于堵塞得不到恢复不能使用。

（7）上下游翼墙存在轻微裂缝，护坡塌陷。

18.1.2 工程建设的必要性

韩墩引黄闸设计流量 $60m^3/s$，加大流量 $100m^3/s$，设计引黄水位 12.86m。底板高程 10.50m，堤顶高程 22.37m，设计防洪水位 22.80m。1982 年建设，1983 年建成投入使用。已经运行 29 年。

韩墩闸灌溉面积 75 万亩，灌区主输水渠道长 29km，设计过流量 $60m^3/s$。近几年平均放水量在 1.5 亿 m^3 左右，主要供滨州、沾化、东营的利津共两县一区 15 个乡镇，504 个自然村的农村灌溉和滨州市区（东郊水厂）、沾化县城（思源湖水库）的城市生活用水和工业供水。

由于韩墩水闸承担着 75 万亩的灌溉任务，同时还担负着滨州市区（东郊水厂）、沾化县城（思源湖水库）的城市生活用水和工业供水，工程非常重要。由于水闸存在以上问题，不仅影响了水闸的正常运行，而且严重威胁着黄河大堤的安全，因此对韩墩引黄闸闸进行除险加固是十分必要的。

18.2 工程建设任务

本次除险加固设计的工程任务是通过除险加固，恢复水闸枢纽的原标准和原功能。在批准的水闸安全鉴定报告和规划报告的基础上，通过设计复核，确定闸室、涵洞、启闭机房、及上下游联接建筑物的除险加固方案，完善水闸管理设施，确保水闸的正常引水功能。

金属结构设备除险加固的内容主要包括闸门和启闭设备的更新，对旧门槽的去除和改建等。电气设备的设计内容主要为金属结构配套的供电系统等。

18.3 工程规模

18.3.1 特征水位、流量等

韩墩引黄闸工程建筑物等级按 1 级设计，设计地震烈度为 7 度。设计引水流量 60m³/s，最大设计引水量 100m³/s。灌溉面积 75 万亩。近几年平均放水量在 1.5 亿 m³ 左右，主要供滨州、沾化、东营的利津共两县一区 15 个乡镇，504 个自然村的农村灌溉和滨州市区（东郊水厂）、沾化县城（思源湖水库）的城市生活用水和工业供水。

设计防洪水位（以 2011 年为准）：22.8m。

校核防洪水位：23.8m。

闸前设计引水位：12.88m（大河相应水位 13.24m，流量 117m³/s）；设计引水流量：60m³/s。

闸前最大设计引水位：13.70m，（大河相应水位 14.06m，流量 400m³/s），最大设计引水量：100m³/s。

闸前最高运用水位：20.32m（相应于 2011 年大河 5000m³/s 的水位）。

闸前设计淤沙高程：20.80m。

闸前校核淤沙高程：21.80m。

闸底板设计高程：10.50m。

堤顶设计高程：24.9m。

闸前启门运用最大淤沙高程：18.32m。

18.3.2 除险加固的主要内容

（1）闸室混凝土表面缺陷修复。对混凝土表面因冻融破坏引起的剥落、麻面等缺陷，加固措施为凿除原混凝土保护层，使用丙乳砂浆进行补强加固；处理范围闸墩及底板流道表面。

（2）洞身裂缝修复。对混凝土表面裂缝，对宽度不超过 0.3mm 的非贯穿性裂缝进行表面封闭处理，宽度大于 0.3mm 的非贯穿性裂缝裂缝采取化学灌浆进行加固。

（3）防渗长度恢复。由于在 6 号洞室的第 5 段 5.8m 处产生一条渗水裂缝，分析表明，该条裂缝应为贯穿性裂缝，设计采取化学灌浆进行加固。

（4）洞身混凝土剥落部位修复。洞身混凝土剥落部位处理方法同样采用凿除原混凝土保护层，使用丙乳砂浆进行补强加固。

（5）启闭机房重建。经过方案比选，新建启闭机房采用轻钢结构房屋。

（6）启闭机排架及便桥加固。原启闭机排架不满足抗震要求和钢筋混凝土构造要求，同时启闭机房宽度也不满足启闭机设备布置和电气设备布置的要求，需对启闭机排架进行改建。

由于新建启闭机房的布置要求，需要拆除临近启闭机房的一跨人行便桥，经初步分析，将连接启闭机房的一跨拆除重建可满足工作便桥的功能要求。为此需要对连接启闭机房的人行便桥重建。

（7）观测设施修复。本次除险加固设计恢复已经失效的部分观测设施，清理堵塞的测压管和掩埋的沉陷观测点，恢复其功能。

（8）止水加固处理。依据《水闸安全鉴定报告书》（黄河水利委员会山东黄河河务局2009年3月），闸室各节之间的止水铁件严重锈蚀，部分已经蚀穿，失去功效，橡胶止水老化，为此需要修复止水设施。

（9）上下游翼墙等其他项目加固。水闸上下游翼墙存在轻微裂缝，干砌石护坡存在不同程度的塌陷；上下游河道和下游消力池淤积严重，影响水闸的引水能力。

采用对上下游翼墙和浆砌石护坡进行加固，水泥砂浆抹面，对上下游河道和下游消力池淤积部位进行清淤。

19 韩墩闸除险加固处理措施研究

19.1 设计依据及基本资料

19.1.1 工程等别及建筑物级别

韩墩引黄闸的除险加固设计，工程等级仍采用安全鉴定复核的标准，主要建筑物级别为1级。

19.1.2 设计依据规程规范及文件

主要依据的规程规范有：

(1)《水利水电工程等级划分及洪水标准》（SL 252—2000）。

(2)《水闸设计规范》（SL 265—2001）。

(3)《水工混凝土结构设计规范》（SL/T 191—2008）。

(4)《混凝土结构设计规范》（GB 50010—2010）。

(5)《混凝土结构加固设计规范》（GB 50367—2006）。

(6)《水工建筑物荷载设计规程》（DL 5077—1997）。

(7)《冷弯薄壁型钢结构技术规程》（GB 50018—2002）。

(8)《轻型钢结构住宅技术规程》（JGJ 209—2010）。

(9)《堤防工程设计规范》（GB 50286—98）。

(10)《建筑抗震设计规范》（GB 50011—2010）。

(11) 其他国家现行有关法规、规程和规范。

技术要求、设计文件有：

(1)《韩墩引黄闸安全评价总报告》（山东大学土建与水利学院测时中心等单位2008年12月）。

(2)《水闸安全鉴定报告书》（黄河水利委员会山东黄河河务局2009年3月）。

(3)《韩墩引黄闸工程现状调查分析报告》（山东大学土建与水利学院测时中心，2008年11月）。

(4)《黄河下游引黄涵闸、虹吸工程设计标准的几项规定》（黄工字（1980）第5号文）。

(5) 黄河水利委员会《关于印发山东黄河西双河等八座引黄闸安全鉴定报告书的通知》（黄建管〔2009〕13号，2009年4月）。

(6) 黄委会《关于印发黄河下游病险水闸除险加固工程设计水位推算结果的通知》（黄规计〔2011〕148号）。

19.1.3 设计基本资料

(1) 水位及流量。

1）原设计水位及流量。韩墩引黄闸原设计水位流量关系，系利用1977年汛后利津站洪水水面线进行推算得到。

设计防洪水位（以2011年为准）：22.8m。

校核防洪水位：23.8m。

闸前设计引水位：12.88m（大河相应水位13.24m，流量117m³/s）；设计引水流量：60m³/s。

闸前最大设计引水位：13.70m，（大河相应水位14.06m，流量400m³/s），最大设计引水量：100m³/s。

闸前最高运用水位：20.32m（相应于2011年大河5000m³/s的水位）。

闸前设计淤沙高程：20.80m。

闸前校核淤沙高程：21.80m。

闸底板设计高程：10.50m。

堤顶设计高程：24.90m。

闸前启门运用最大淤沙高程：18.32m。

2）2043年设计防洪水位：20.72m，校核防洪水位：21.72m。

3）现行闸前设计引水位为12.39m 。

（2）地震烈度

根据《中国地震动参数区划图》（GB 18306—2001），闸址超越概率为10%的地震动峰值加速度为0.10g，地震动反应谱特征周期值为0.65s，对应地震基本烈度为7度，设计地震烈度为7度。

19.2 水闸渗流稳定计算复核

依据黄河水利委员会《关于印发山东黄河西双河等八座引黄闸安全鉴定报告书的通知》（黄建管〔2009〕13号，2009年4月）有关韩墩引黄闸的安全分析评价内容及水闸安全鉴定结论等，水闸的过流能力、消能防冲、地基承载力、地基应力不均匀系数、地基抗滑稳定等均满足规范要求，但防渗长度及渗透坡降不满足要求。针对除险加固后的防渗布置情况，对水闸的渗流稳定进行了计算复核。

19.2.1 闸基防渗排水布置分析

根据韩墩闸1982年竣工资料，闸首上游黏土铺盖35m，闸首长10m，洞身60m，，浆砌块石消力池长15m，故该闸原防渗总长度为120m。

闸基持力层为砂壤土，按《水闸设计规范》（SL 265—2001）中渗径系数法初估基础防渗轮廓线长度，即：

$$L = C\Delta H$$

式中　　L——基础防渗轮廓线长度，m；

ΔH——上、下游水位差，m；

C——渗径系数。

在校核防洪水位下，其上下游水位差为$\Delta H = 13.3m$，渗径系数$C = 7$（壤土层），基础防渗长度应为93.1m。

原设计防渗长度大于要求的防渗长度，满足设计要求。

在 6 号洞室的第 5 段 5.8m 处产生一条渗水裂缝，防渗长度不满足规范要求。但修复裂缝后基础防渗长度仍为 120m，满足设计要求。

19.2.2　闸基渗流稳定计算

计算方法采用《水闸设计规范》（SL 265—2001）中的改进阻力系数法。

（1）土基上水闸的地基有效深度计算。按如下公式计算：

当 $\dfrac{L_0}{S_0} \geqslant 5$ 时 $\qquad\qquad\qquad T_e = 0.5 L_0$

当 $\dfrac{L_0}{S_0} < 5$ 时 $\qquad\qquad\qquad T_e = \dfrac{5 L_0}{1.6 \dfrac{L_0}{S_0} + 2}$

式中　T_e——土基上水闸的地基有效深度，m；

$\qquad$ L_0——地下轮廓的水平投影长度，m；

$\qquad$ S_0——地下轮廓的垂直投影长度，m。

当计算的 T_e 值大于地基实际深度时，T_e 值应按地基实际深度采用。

由地层剖面图可知，Ⅵ层为本区较厚的黏土层，可作为本区的相对隔水层，故地基实际深度应采用 14m。

（2）分段阻力系数计算。分段阻力系数的计算采用如下公式：

进出口段： $\qquad\qquad\qquad \zeta_0 = 1.5 \left(\dfrac{S}{T}\right)^{3/2} + 0.441$

内部垂直段： $\qquad\qquad\qquad \zeta_y = \dfrac{2}{\pi} \ln \mathrm{ctg} \dfrac{\pi}{4} \left(1 - \dfrac{S}{T}\right)$

水平段： $\qquad\qquad\qquad \zeta_x = \dfrac{L_x - 0.7(S_1 + S_2)}{T}$

式中　ζ_0、ζ_y、ζ_x——进出口段、内部垂直段、水平段的阻力系数；

$\qquad\qquad$ S——齿墙或板桩的入土深度，m；

$\qquad\qquad$ T——地基有效深度或实际深度，m；

$\qquad\qquad$ L_x——水平段的长度，m；

$\qquad$ S_1、S_2——进出口段齿墙或板桩的入土深度，m。

（3）各分段水头损失的计算。各分段水头损失按下式计算：

$$h_i = \dfrac{\zeta_i}{\sum \zeta_i} \Delta H$$

式中　h_i——各分段水头损失值，m；

$\qquad$ ζ_i——各分段的阻力系数。

当内部水平段的底板为倾斜，其阻力系数

$$\zeta_s = \alpha \zeta_x$$

$$\alpha = 1.15 \dfrac{T_1 + T_2}{T_2 - T_1} \lg \dfrac{T_2}{T_1}$$

式中　α——修正系数；

T_1、T_2——小值一端和大值一端的地基深度。

（4）各分段水头损失值的局部修正。进出口段修正后的水头损失值按下式计算：

$$h_0' = \beta' h_0$$

$$\beta' = 1.21 - \cfrac{1}{\left[12\left(\cfrac{T'}{T}\right)^2 + 2\right]\left(\cfrac{S'}{T} + 0.059\right)}$$

式中 h_0'——进出口段修正后水头损失值，m；

$\quad\quad h_0$——进出口段水头损失值，m；

$\quad\quad \beta'$——阻力修正系数，当计算的 $\beta' \geqslant 1.0$ 时，采用 $\beta' = 1.0$；

$\quad\quad S'$——底板埋深与板桩入土深度之和，m；

$\quad\quad T'$——板桩另一侧地基透水层深度，m。

修正后水头损失的减小值 Δh 按下式计算：

$$\Delta h = (1 - \beta')h_0$$

故进、出口各修正后水头损失的减小值分别为：

水平段及内部垂直段水头损失值的修正

由于 h_{x1}、h_{x4} 均大于 Δh，故内部垂直段水头损失值可不加修正，水平段的水头损失值按下式修正：

$$h_x' = h_x' + \Delta h$$

式中 h_x——水平段的水头损失值，m；

$\quad\quad h_x'$——修正后的水平段水头损失值，m。

（5）闸基渗透稳定计算。水平段及出口段渗流坡降值按下式计算：

水平段：
$$J_x = \frac{h_x'}{L_x}$$

出口段：
$$J_0 = \frac{h_0'}{S'}$$

式中 J_x、J_0——水平段和出口段的渗流坡降值；

$\quad\quad h_x'$、h_0'——水平段和出口段的水头损失值，m。

计算水位采用水闸原设计水位，经计算，$J_{x\max} = 0.101$，$J_{0出} = 0.351$。

本工程闸基坐落在砂壤土 I3 层上，由《水闸设计规范》（SL 265—2001）表 6.0.4 的水平段和出口段的允许渗流坡降值，可知：

$[J_x] = 0.15 \sim 0.25$，$[J_0] = 0.40 \sim 0.50$。

故本工程现有闸基的水平段、出口段渗流坡降值均能满足规范要求，闸基抗渗稳定满足要求。

19.2.3　闸基渗流稳定结论

（1）涵洞裂缝修复后基础防渗长度为 120m，满足设计要求。

（2）涵洞裂缝修复后闸基的水平段、出口段渗流坡降值均能满足规范要求，闸基抗渗稳定满足要求。

19.3　地基沉降分析

19.3.1　现状情况

韩墩引黄闸工程观测项目有沉陷观测。沉陷缝显示沉陷不均匀，部分（12/56）沉陷点由于堤顶硬化或压盖等原因未挖出而不能使用。表 19.3-1～表 19.3-3 为韩墩引黄闸沉陷观测报表。各点的最终沉降值在 29.5～32.8cm 之间，最大沉降值 32.8cm 出现在闸首段，超过推荐值（15cm）。整体沉陷量较大，其等级评定为 C 级。

表 19.3-1　　　　　　　　　　韩墩引黄闸沉陷观测报表（Ⅰ）

上次日期		1998 年 9 月 25 日	本次观测日期	2006 年 5 月 12 日	间隔时间	92 个月
测点		上次观测高程/m	本次观测高程/m	间隔沉陷量/mm	累计沉陷量/mm	备注
部位	编号					
右	c右1	14.515	14.222	293	293	
	c右2	16.138	15.846	292	292	
	c右3	16.247	15.953	294	294	1. 本表高程为 1956 年黄海高程系高程； 2. 本次测量采用的引据点为Ⅱ滨海 4，位于西刘村十字路口，北屋西侧，东至北屋西北角 2.8m，东南至北屋西南角 8.5m，高程为 11.454m，黄河水利委员会测绘总队 2003 年测量成果。原引据点鲁-黄Ⅱ-28 及原二等水准基点因放淤工程遗失，由于新、老引据点之间缺乏必需的校测，不能形成统一的高程控制网，计算"间隔沉陷量"及在原"累计沉陷量"上继续累计沉陷量是妥当的，因此"间隔、累计沉陷量"本次不计算； 3. 1998 年测量资料由滨州黄河河务局防汛办公室提供
	c右4	17.729	压盖未挖出			
	c右5	17.688	17.393	295	295	
	c右6	17.710	17.411	299	299	
	c右7	17.656	17.359	297	297	
	c右8	17.697	17.391	306	306	
	c右9	17.650	17.352	298	298	
	c右10	20.497	堤顶硬化未挖出			
	c右11	20.514				
	c右12	18.509	18.212	297	297	
	c右13	18.115	17.819	296	296	
	c右14	16.966	16.654	312	312	
中右	c中1	14.480	14.193	287	287	
	c中右2	15.899	15.608	291	291	
	c中右3		15.618			
	c中右4	17.760	17.467	293	293	
	c中右5	17.720	压盖未挖出			
	c中右6	17.712	17.417	295	295	
	c中右7	17.716	17.407	309	309	
	c中右8	17.692	17.381	311	311	
	c中右9	17.725	17.428	297	297	
	c中右10	20.509	堤顶硬化未挖出			
	c中右11	20.521				
	c中右12	18.704	18.406	298	298	
	c中右13	18.176	17.878	298	298	
	c中右14	16.971	16.678	293	293	

上次日期	1998 年 9 月 25 日		本次观测日期	2006 年 5 月 12 日	间隔时间	92 个月
测点		上次观测高程 /m	本次观测高程 /m	间隔沉陷量 /mm	累计沉陷量 /mm	备 注
部位	编号					

部位	编号	上次观测高程 /m	本次观测高程 /m	间隔沉陷量 /mm	累计沉陷量 /mm	备注
中左	c 中左 1	14.562	14.272	290	290	
	c 中左 2	15.893	15.598	295	295	
	c 中左 3		15.428			
	c 中左 4	17.695	17.397	298	298	
	c 中左 5	17.725	17.427	298	298	
	c 中左 6	17.729	17.422	307	307	
	c 中左 7	17.678	17.371	307	307	
	c 中左 8	17.749	17.440	309	309	
	c 中左 9	17.715	17.404	311	311	
	c 中左 10	20.503	堤顶硬化未挖出			
	c 中左 11	20.551				
	c 中左 12	18.724	18.425	299	299	
	c 中左 13	18.054	17.756	298	298	
	c 中左 14	16.959	16.666	293	293	
左	c 左 1	14.502	14.210	292	292	
	c 左 2	15.905	15.611	294	294	
	c 左 3	16.077	15.782	295	295	
	c 左 4	17.676	17.376	300	300	
	c 左 5	17.729	17.429	300	300	
	c 左 6		占压			
	c 左 7	17.742				
	c 左 8	17.735	17.436	299	299	
	c 左 9	17.759	17.464	295	295	
	c 左 10	20.483	堤顶硬化未挖出			
	c 左 11	20.294				
	c 左 12	18.807	18.507	300	300	
	c 左 13	18.208	17.906	302	302	
	c 左 14	17.001	16.676	325	325	

1. 本表高程为 1956 年黄海高程系高程；

2. 本次测量采用的引据点为Ⅱ滨海 4，位于西刘村十字路口，北屋西侧，东至北屋西北角 2.8m，东南至北屋西南角 8.5m，高程为 11.454m，黄河水利委员会测绘总队 2003 年测量成果。原引据点鲁一黄Ⅱ—28 及原二等水准基点因放淤工程遗失，由于新、老引据点之间缺乏必需的校测，不能形成统一的高程控制网，计算"间隔沉陷量"及在原"累计沉陷量"上继续累计沉陷量是妥当的，因此"间隔、累计沉陷量"本次不计算；

3. 1998 年测量资料由滨州黄河河务局防汛办公室提供

上次日期	2006 年 5 月 12 日		本次观测日期	2007 年 6 月 8 日	间隔时间	13 个月

测点		上次观测高程 /m	本次观测高程 /m	间隔沉陷量 /mm	累计沉陷量 /mm	备　　注
部位	编号					
右	c 右 1	14.222	14.220	2	295	
	c 右 2	15.846	15.842	4	296	
	c 右 3	15.953	15.950	3	297	1. 本表高程为 1956 年黄海高程系高程；
	c 右 4	17.729	压盖未挖出			2. 本次测量采用的引据点为Ⅱ滨海 4，位于西刘村十字路口，北屋西侧，东至北屋西北角 2.8m，东南至北屋西南角 8.5m，高程为 11.454m，黄河水利委员会测绘总队 2003 年测量成果；
	c 右 5	17.393	17.390	3	298	
	c 右 6	17.411	17.409	2	301	
	c 右 7	17.359	17.356	3	300	
	c 右 8	17.391	17.393	—2	304	3. 2006 年测量结果由滨州黄河河务局防汛办公室提供；
	c 右 9	17.352	17.349	3	301	4. 累计沉陷量自 2006 年 5 月起计算
	c 右 10	20.497	堤顶硬化未挖出			
	c 右 11	20.514				
	c 右 12	18.212	18.210	2	299	
	c 右 13	17.819	17.818	1	297	
	c 右 14	16.654	16.649	5	317	
中右	c 中右 1	14.193	14.187	6	293	
	c 中右 2	15.608	15.605	3	294	
	c 中右 3	15.618	15.615	3		
	c 中右 4	17.467	17.464	3	296	
	c 中右 5	17.720	压盖未挖出			
	c 中右 6	17.417	17.414	3	298	
	c 中右 7	17.407	17.403	4	313	
	c 中右 8	17.381	17.378	3	314	
	c 中右 9	17.428	17.425	3	300	
	c 中右 10	20.509	堤顶硬化未挖出			
	c 中右 11	20.521				
	c 中右 12	18.406	18.406	0	298	
	c 中右 13	17.878	17.877	1	299	
	c 中右 14	16.678	16.674	4	297	

上次日期	2006 年 5 月 12 日		本次观测日期		2007 年 6 月 8 日	间隔时间	13 个月

测点		上次观测高程 /m	本次观测高程 /m	间隔沉陷量 /mm	累计沉陷量 /mm	备 注
部位	编号					
中左	c 中左 1	14.272	14.269	3	293	
	c 中左 2	15.598	15.595	3	298	
	c 中左 3	15.428	15.425	3		
	c 中左 4	17.397	17.392	5	303	
	c 中左 5	17.427	17.424	3	301	
	c 中左 6	17.422	17.418	4	311	
	c 中左 7	17.371	17.368	3	310	
	c 中左 8	17.440	17.436	4	313	
	c 中左 9	17.404	17.401	3	314	
	c 中左 10	20.503	堤顶硬化未挖出			
	c 中左 11	20.551				
	c 中左 12	18.425	18.423	2	301	
	c 中左 13	17.756	17.754	2	300	
	c 中左 14	16.666	16.663	3	296	
左	c 左 1	14.210	14.207	3	295	
	c 左 2	15.611	15.608	3	297	
	c 左 3	15.782	15.778	4	299	
	c 左 4	17.376	17.371	5	305	
	c 左 5	17.429	17.428	1	301	
	c 左 6		占压			
	c 左 7	17.742				
	c 左 8	17.436	17.432	4	303	
	c 左 9	17.464	17.457	7	302	
	c 左 10	20.483	堤顶硬化未挖出			
	c 左 11	20.294				
	c 左 12	18.507	18.504	3	303	
	c 左 13	17.906	17.905	1	303	
	c 左 14	16.676	16.673	3	328	

1. 本表高程为 1956 年黄海高程系高程；

2. 本次测量采用的引据点为Ⅱ滨海 4，位于西刘村十字路口，北屋西侧，东至北屋西北角 2.8m，东南至北屋西南角 8.5m，高程为 11.454m，黄河水利委员会测绘总队 2003 年测量成果；

3. 2006 年测量结果由滨州黄河河务局防汛办公室提供；

4. 累计沉陷量自 2006 年 5 月起计算

表 19.3 - 3 韩墩引黄闸沉陷观测报表 （Ⅲ）

上次日期		2007 年 6 月 8 日		本次观测日期		2008 年 6 月 16 日	间隔时间	12 个月
测点		上次观测高程 /m	本次观测高程 /m	间隔沉陷量 /mm	累计沉陷量 /mm	备　　注		
部位	编号							
右	c 右 1	14.220	14.218	2	297			
	c 右 2	15.842	15.840	2	298			
	c 右 3	15.950	15.948	2	299			
	c 右 4	17.729	压盖未挖出					
	c 右 5	17.390	压盖未挖出					
	c 右 6	17.409	17.405	4	305			
	c 右 7	17.356	17.352	4	304			
	c 右 8	17.393	17.390	3	307			
	c 右 9	17.349	未挖出		301			
	c 右 10	20.497	堤顶硬化未挖出					
	c 右 11	20.514						
	c 右 12	18.210	18.208	2	301			
	c 右 13	17.818	17.815	3	300			
	c 右 14	16.649	16.648	1	318			
中右	c 中右 1	14.187	14.186	1	294			
	c 中右 2	15.605	15.603	2	296			
	c 中右 3	15.615	15.613	2				
	c 中右 4	17.464	17.461	3	299			
	c 中右 5	17.720	压盖未挖出					
	c 中右 6	17.414	17.411	3	301			
	c 中右 7	17.403	17.400	3	316			
	c 中右 8	17.378	17.374	4	318			
	c 中右 9	17.425	17.423	2	302			
	c 中右 10	20.509	堤顶硬化未挖出					
	c 中右 11	20.521						
	c 中右 12	18.406	18.404	2	300			
	c 中右 13	17.877	17.874	3	302			
	c 中右 14	16.674	16.674	0	297			

备注：
1. 本表高程为 1956 年黄海高程系高程；
2. 本次测量采用的引据点为Ⅱ滨海 4，位于西刘村十字路口，北屋西侧，东至北屋西北角 2.8m，东南至北屋西南角 8.5m，高程为 11.454m，黄河水利委员会测绘总队 2003 年测量成果；
3. 2007 年测量结果由滨州黄河河务局防汛办公室提供；
4. 累计沉陷量自 2006 年 5 月起计算

上次日期		2007年6月8日	本次观测日期	2008年6月16日	间隔时间	12个月
测点		上次观测高程/m	本次观测高程/m	间隔沉陷量/mm	累计沉陷量/mm	备 注
部位	编号					
中左	c中左1	14.269	14.267	2	295	
	c中左2	15.595	15.594	1	299	
	c中左3	15.425	15.422	3		
	c中左4	17.392	17.391	1	304	
	c中左5	17.424	17.420	4	305	
	c中左6	17.418	17.418	0	311	
	c中左7	17.368	17.365	3	313	
	c中左8	17.436	17.433	3	316	
	c中左9	17.401	17.398	3	317	
	c中左10	20.503	堤顶硬化未挖出			
	c中左11	20.551				
	c中左12	18.423	18.420	3	304	
	c中左13	17.754	17.752	2	302	
	c中左14	16.663	16.663	0	296	
左	c左1	14.207	14.205	2	297	
	c左2	15.608	15.606	2	299	
	c左3	15.778	15.776	2	301	
	c左4	17.371	17.369	2	307	
	c左5	17.428	未挖出		301	
	c左6		占压			
	c左7	17.742				
	c左8	17.432	17.430	2	305	
	c左9	17.457	17.455	2	304	
	c左10	20.483	堤顶硬化未挖出			
	c左11	20.294				
	c左12	18.504	18.502	2	305	
	c左13	17.905	17.902	3	306	
	c左14	16.673	16.673	0	328	

备注栏内容：

1. 本表高程为1956年黄海高程系高程；
2. 本次测量采用的引据点为Ⅱ滨海4，位于西刘村十字路口，北屋西侧，东至北屋西北角2.8m，东南至北屋西南角8.5m，高程为11.454m，黄河水利委员会测绘总队2003年测量成果；
3. 2007年测量结果由滨州黄河河务局防汛办公室提供；
4. 累计沉陷量自2006年5月起计算

图 19.3-1 累计沉陷量图

19.3.2 沉降原因分析

闸基下各土层地质年代为第四系，成因为河流冲积和湖积层，为新近沉积土，沉积时间短。闸基地质自上而下主要分为粉质壤土、粉土、粉质壤土三个土层。

从韩墩引黄闸地质钻孔资料和土工试验报告（1981 年 12 月，山东黄河河务局设计院）分析得出，各土层的压缩系数为 0.20～0.40，属于中压缩性土，厚度达 16m 左右；地下水位较高，接近地表。引起闸基沉降的原因是压缩土层比较厚，地基下地下水位高，孔隙水压力大，当地下水位下降后，随着孔隙水压力的释放，有效应力增大。

19.3.3 地基沉降复核结论

历史沉降资料分析：从观测点沉降资料能够看出，韩墩闸自 2007 年以后，各观测点每年的沉降量在 0～4mm 之间，表明地基土经过近 30 年的固结沉降，已趋于稳定。

从以上分析表明，目前地基沉降已稳定，在不增加基底应力的前提下，地基是安全的，不需要采取加固措施。

19.4 水闸加固工程

19.4.1 闸室混凝土表面缺陷修复

混凝土耐久性分析：闸室墩墙及底板混凝土标号 150 号，相当于 C14，低于现行规范中设计使用年限 50 年水工结构在二类环境混凝土最低强度等级 C25 的要求，混凝土抗冻标号低于 F150 要求，现场调查混凝土已发现不同程度冻融破坏；综合以上因素，原混凝土耐久性低于现行规范耐久性要求，需要采取加固措施。对混凝土表面因冻融破坏引起的剥落、麻面等缺陷，加固措施为凿除原混凝土保护层，使用丙乳砂浆进行补强加固；处理范围闸墩及底板流道表面。

丙乳砂浆是丙烯酸酯共聚乳液水泥砂浆的简称，属于高分子聚合物乳液改性水泥砂浆。丙乳砂浆是一种新型混凝土建筑物的修补材料，具有优异的黏结、抗裂、防水、防氯离子渗透、耐磨、耐老化等性能，和树脂基修补材料相比具有成本低、耐老化、易操作、施工工艺简单及质量容易保证等优点。在水利、公路、工业及民用建筑等钢筋混凝土结构的防渗、防腐护面和修补工程中应用十分广泛。

目前用于建筑工程中的修补材料主要有水泥基和树脂基两种。由于树脂基修补材料常用的主要是环氧树脂砂浆，该材料虽具有强度高、强度增长快、能抵抗多种化学物质的侵蚀等优点，但材料的力学性能与基底混凝土不相一致，存在如其膨胀系数大于基底混凝土而开裂脱落、不适合潮湿面黏结、不耐大气老化等缺点，且施工环境要求比较高，成本比较大；丙乳砂浆与传统环氧树脂砂浆相比，不仅成本低，而且施工与普通水泥砂浆相似，可人工涂抹，施工工艺简单，易操作和控制施工质量，并适合潮湿面粘结，与基础混凝土温度适应性好，使用寿命同普通水泥砂浆，克服了环氧树脂砂浆常因其膨胀系数大于基底混凝土而开裂、鼓包与脱落等缺点。

该闸缺陷混凝土的修补材料选用丙乳砂浆，丙乳砂浆与普通砂浆相比，具有极限拉伸率提高 1～3 倍，抗拉强度提高 1.35～1.50 倍，抗拉弹模降低，收缩小，抗裂性显著提高，与混凝土面、老砂浆及钢板黏结强度提高 4 倍以上，2 天吸水率降低 10 倍，抗渗性提高 1.5 倍，抗氯离子渗透能力提高 8 倍以上等优异性能，使用寿命基本相同，且具有基本无毒、施工方便、成本低，以及密封作用，能够达到防止老混凝土进一步碳化，延缓钢筋锈蚀速度，抵抗剥蚀破坏的目的。

水闸闸墩等部位混凝土表面的麻面和脱落，属于冻融剥蚀，采取的修补方法"凿旧补新"，即清除受到剥蚀作用损伤的老混凝土，浇筑回填能满足特定耐久性要求的修补材料。"凿旧补新"的工艺为：清除损伤的老混凝土→修补体与老混凝土接合面的处理→修补材料的浇筑回填→养护。

具体加固措施为：对缺陷混凝土进行凿毛，凿毛深度约等于保护层，用高压水冲洗干净，要求做到毛、潮、净；采用丙乳胶浆净浆打底，做到涂布均匀；人工涂刷丙乳砂浆，表面抹平压光；进行养护。

19.4.2 洞身裂缝修复

（1）现状裂缝情况。依据《韩墩引黄闸现场安全检测报告》（山东大学土建与水利学院测试中心，2008 年 11 月）该水闸 6 个洞室存在较多的裂缝，总数有 24 条，均垂直于水流方向。裂缝分布范围广；裂缝的宽度普遍较大，裂缝宽度最大 1.25mm，长 2.5m，最小 0.11mm，且洞室混凝土结构有较多的混凝土剥落。裂缝检测结果见表 19.4-1。

表 19.4-1　　　　　　裂　缝　检　测　结　果

孔别	节别	编号	裂缝长度/m	裂缝宽度/mm
1	4	1	2.5	0.32、0.60
	7	2	2.4	0.44、0.50、0.38、0.42
	6	3	2.3	0.32、0.20
	2	4	3.0	0.30、0.15、0.20
2	6	5	2.0	0.40、0.48
	6	6	2.5	0.20、0.30、0.50、0.46
	4	7	2.7	0.80、0.65
	7	8	3.1	0.25、0.45
	2	9	2.0	1.00、0.66
3	6	10	2.3	0.60、0.85、1.10、0.70
4	7	11	2.3	0.35、0.66
	6	12	2.2	0.60、0.50
	5	13	2.2	1.20、0.35
	3	14	1.5	0.11
	2	15	1.5	0.50、0.40

孔别	节别	编号	裂缝长度/m	裂缝宽度/mm
	2	16	2.5	0.93
5	5	17	2.4	0.40、0.38
	5	18	2.5	1.25、0.56
	6	19	2.3	0.31、0.32
	7	20	2.4	0.40、0.58
	7	21	2.4	0.36、0.80
6	7	22	2.3	0.57、1.25
	5	23	2.4	1.00、1.10
	7	24	2.2	0.87、0.69、0.86

（2）裂缝处理方案。根据该工程的特点，该工程发生裂缝的混凝土结构所处的环境条件应属三类环境，三类环境钢筋混凝土结构允许最大裂缝宽度为 0.25mm。

参考工程实例，混凝土裂缝修补的方法主要有表面封闭法（一般处理宽度不大于0.2mm）、注射法、压力注浆法、填充密封法等，

参考有关工程实例，对宽度大于 0.3mm 的非贯穿性裂缝和贯穿性裂缝可以采用化学灌浆法处理。

为此对混凝土表面裂缝，宽度不超过 0.3mm 的非贯穿性裂缝进行填充并密封处理（凿槽填充丙乳砂浆），宽度大于 0.3mm 的非贯穿性裂缝裂缝采取化学灌浆进行加固。裂缝加固见图 19.4-1 和图 19.4-2。

图 19.4-1　宽度不超过 0.3mm
裂缝加固示意图（单位：cm）

图 19.4-2　宽度超过 0.3mm
裂缝加固示意图（单位：cm）

（3）化学灌浆加固方案。具体方法如下：

1）表面处理。表面处理的目的是进行缝口封闭，防止渗漏和防止钢筋锈蚀。表面处理的方法是缝口凿槽嵌缝。顺着缝凿一条 10cm×5cm 的槽，清洗干净及吹干后用环氧砂浆回填，这样有利于裂缝化学灌浆时防止浆液从缝面流走。

2）化学灌浆处理。化学灌浆处理是混凝土裂缝内部补强最有效的方法，通过化学灌浆能恢复结构的整体性和设计的应力状态。

3）浆材。化学灌浆浆材采用高渗透性环氧系列浆材，采用改性环氧液，既有良好的

可灌性，又有良好的固结性能，并且具有良好的耐久性、耐化学腐蚀性，与基材粘结力好，有一定的亲水性，凝结后胶质稳定性好，有弹性，已在很多工程中应用。

4）灌浆方式及工艺流程。化灌的灌浆方式为纯压式，结合本工程的特点，布孔形式采用骑缝形式。每隔30～50cm布置一灌浆嘴，灌浆嘴骑贴在混凝土上，具体间距结合裂缝情况确定。

缝化学灌浆的工艺流程是：钻孔→洗孔→埋管→嵌缝→待凝试漏→灌浆→割管→效果检查。

5）化灌施工方法。

a）先清洗混凝土表面，辨清裂缝走向，沿缝两边凿槽10cm×5cm。

b）用喷气嘴、喷灯将槽内的尘碴吹净、烘干、检查裂缝贯通情况，埋设$\phi 10$透明胶管作为喷浆嘴。

c）化学灌浆：当检查发现裂缝可灌性较好时用电动泵灌注，否则可用手摇泵。灌浆压力为0.3～0.5MPa。

进浆程序为由低至高，由一侧向另一侧依次推进。当第一孔进浆时，邻孔作排水、排气孔，待该孔水气排尽出浆后，接上另一泵，依此类推，直到最后一孔。若邻孔不出浆，则表明其中至少一孔与缝面不通或裂缝不贯通，此时按标准结束灌浆。

灌浆结束的一般标准是该孔在15～30min内连续吸浆率小于10～20mL/min，而且压力不下降，则可结束。

19.4.3　防渗长度恢复

由于在6号洞室的第5段5.8m处产生一条渗水裂缝，分析表明，该条裂缝应为贯穿性裂缝，设计采取化学灌浆进行加固。

方法同洞身裂缝宽度大于0.3mm情况进行化学灌浆处理。

19.4.4　洞身混凝土剥落部位修复

洞身混凝土剥落部位处理方法同样采用凿除原混凝土保护层，使用丙乳砂浆进行补强加固。

方法参照闸室混凝土表面缺陷修复。

19.4.5　观测设施修复

（1）现状情况。原来共设有沉陷测点56个，测压管6个。12个沉陷观测点由于堤顶硬化或压盖等原因未挖出而不能使用，6个测压管由于堵塞无法使用。闸基整体沉陷值较大，最大沉降值32.8cm，超过规范允许值（15cm）。

（2）加固措施。渗压观测点的恢复：对于闸首顶部的测压管，用冲击钻疏通；对于堤顶和堤坡上的测压装置需重新设置，具体做法为：在接近原测压管位置，于涵洞的一侧钻孔至涵洞底部，放置测压计，用引线竖直引至地面后再引向位于启闭机房内的观测站。

鉴于目前地基沉降已稳定，沉降观测已显得不是十分迫切，且已损坏的金属沉陷点附近还设置有瓷壶沉陷观测点可以替代，因此不再对已损坏或掩埋的金属沉陷点进行恢复。

19.4.6　止水加固处理

（1）原止水方案及损坏情况。原止水采用两道止水，中间采用651型塑料止水，表面采用橡皮压板式止水。

依据《水闸安全鉴定报告书》（黄河水利委员会山东黄河河务局 2009 年 3 月），闸室各节之间的止水铁件严重锈蚀，部分已经蚀穿，失去功效，橡胶止水老化。

止水老化、铁件锈蚀图如图 19.4-3 所示。

图 19.4-3　止水老化、铁件锈蚀图

（2）止水加固处理方案。对止水损坏的部位进行加固处理，处理方法仍采用橡皮压板止水，凿除原损坏的止水，清除槽内灰尘碎渣等。止水槽宽与原布置方案一致，为 32cm，深度为 5～6cm（依据实际凿除深度尺寸而定，但不小于 5cm）。

该方法为在伸缩缝两侧预埋螺栓（采用植筋方法植入螺栓，螺栓直径 10mm，间距 20cm，单根长度 20cm），将橡胶止水带用扁钢通过拧紧螺母紧压在接缝处。扁钢宽度 6cm，厚度 6mm。橡胶止水带在原伸缩缝 3cm×7cm 矩形小槽处结合实际体型弯成抛物线形或椭圆形状，临水面凹槽内采用丙乳砂浆填充。

止水修复设计图，如图 19.4-4 所示。

图 19.4-4　止水修复设计图（单位：mm）

19.4.7 上下游翼墙等其他项目加固

（1）上下游河道和下游消力池淤积严重，影响水闸的引水能力，因此需对对上、下游河道和下游消力池淤积部位进行清淤。

（2）水闸上下游翼墙存在轻微裂缝，干砌石护坡存在不同程度的塌陷，因此需对上下游翼墙和浆砌石护坡进行加固，方法采用水泥砂浆抹面，厚度1cm，宽度10～20cm。

（3）加固工程施工过程中会对水闸周边环境造成一定的破坏，因此需考虑一定的环境恢复工程量，包括闸后护坡修复，周边环境绿化等。

19.5 启闭机排架及便桥加固

19.5.1 启闭机排架结构布置

（1）原启闭机排架结构布置。原启闭机排架为钢筋混凝土结构，排架柱混凝土强度等级为200号，相当于现行规范的混凝土强度等级C19，排架共2联，垂直水流向总长度为25.22m，顺水流向宽度为5.494m。启闭机房为砖混结构。启闭机平台板总宽度5.494m，在立柱两侧各挑出1.3m，厚度由0.4m渐变为0.15m。排架底部（墩顶）高程18.50m，启闭机房底部（排架顶部）高程24.90m，柱高6.4m，立柱断面为500mm×500mm。

（2）新建启闭机排架结构布置。根据本次加固工程新设计启闭机及电气、监控设备的尺寸和布置及防洪要求，启闭机平台顶部高程24.90m，总长度为25.14m、总宽度6.39m，顺水流方向临河侧在立柱以外挑出1.65m，背河侧挑出1.85m，，总宽度比原来增加了0.9m，排架共2联。

19.5.2 启闭机排架结构分析

（1）基本资料。根据新的启闭机房布置要求，拟定启闭机排架尺寸，见图19.5-1。

（a）排架顺水向横剖面图　　　　（b）排架上游立视图

图19.5-1　启闭机排架结构示意图（单位：cm）

（2）计算荷载及工况组合。排架所受的荷载包括排架的自重、启闭机梁传递的集中荷载以及地震荷载等。启闭机梁传递的集中荷载包括房屋重量、设备自重、启闭力、翼板自重、纵梁自重等。荷载组合见表19.5-1。

表 19.5-1　　　　　　　　　　　荷　载　组　合　表

荷载组合	自重	风荷载	楼面活荷载	屋面活荷载	机房及大梁重	提门力	地震作用
正常运用	√	√	√	√	√		
地震工况	√	√	√	√	√		√
提门工况	√	√	√	√	√	√	

（3）计算方法及内力计算结果。计算将排架上部板个荷载均分到梁上，顺水流向和垂直水流向均简化为杆件结构。采用 SAP84 软件进行计算。根据计算结果分析，启闭提门情况结构较为不利，以下仅列出提门工况、地震情况计算成果，内力计算结果见表19.5-2～表19.5-5。

表 19.5-2　　　　　　排架结构顺水流向最大内力组合表（提门工况）

排架部位	$M/(\mathrm{kN \cdot m})$	Q/kN	N/kN
排架柱	63.5	18.5	850
悬臂梁梁跨根部	120.5	97	16
悬臂梁梁跨中间	56.0	70	16
悬臂梁梁跨端部	0	30.5	16
中间梁上部左端	40	15	16
中间梁上部中间	60	27	16
中间梁上部右端	120.8	50	16

表 19.5-3　　　　　　排架结构垂直水流向最大内力组合表（提门工况）

排架部位	M/kN	Q/kN	N/kN
排架柱	160.6	39.5	970.0
中间梁 L3 上部左端	352.0	484.8	50
中间梁 L3 下部中间	201	80	50
中间梁 L3 上部右端	160.6	395.0	50

表 19.5-4　　　　　　排架结构顺水流向最大内力组合表（地震工况）

排架部位	$M/(\mathrm{kN \cdot m})$	Q/kN	N/kN
排架柱	115.2	34.53	116.0
悬臂梁梁跨根部	131	97	30
悬臂梁梁跨中间	55	70	30
悬臂梁梁跨端部	0	30.5	30
中间梁上部左端	20	57	30
中间梁上部中间	62	72	30
中间梁上部右端	148	96	30

表 19.5-5　　　　　　　排架结构垂直水流向最大内力组合表（地震工况）

排架部位	$M/(kN \cdot m)$	Q/kN	N/kN
排架柱 3	70	20	315
排架柱 4	96	30	186
中间梁 L2 上部左端	50	81	30
中间梁 L2 下部中间	25	35	30
中间梁 L2 上部右端	125	149	30

（4）原排架结构复核。原排架为钢筋混凝土结构，混凝土强度等级为 200 号，相当于现行规范的混凝土强度等级 C19。梁截面尺寸：顺水流向梁：$b \times h = 500mm \times 600mm$，梁净跨度 $l = 1.894m$；垂直水流向梁：$b \times h = 500mm \times 600mm$，梁净跨度 $l = 3.4m$。柱计算高度 $H = 6.4m$。排架抗震等级为三级。

根据上述内力计算成果，对机架桥排架承载力进行验算，验算结果见表 19.5-6。

表 19.5-6　　　　　　　机架桥排架承载力验算结果表

项　　目		排架梁	排架柱
正截面	受弯承载力 $M_u/kN \cdot m$	607.13	237.88
	弯矩设计值 $K_M/kN \cdot m$	475.2	216.81
	结论	满足要求	满足要求
斜截面	受剪承载力 V_u/kN	895.46	256.51
	剪力设计值 K_V/kN	654.48	39.71
	结论	满足要求	满足要求

计算表明，机架桥排架强度满足设计要求。

19.5.3　启闭机排架加固方案比选

对启闭机排架的加固方案包括：

方案 1：排架加固方案。

方案 2：排架拆除重建方案。

19.5.3.1　排架加固方案

（1）加固内容。对原排架的加固包括以下两个方面：

1）根据 5.5.2 结构分析，原排架柱配筋满足结构要求。原排架柱配置箍筋为Ⅰ级钢筋，柱通长配双肢箍 Φ9@200。根据《建筑抗震设计规范》（GB 50011—2010）中第 6.3.7 条规定，柱端 0.5m 范围内加密区配箍筋最低要求为 Φ8@150，底层柱柱根 0.87m 范围内为 Φ8@100，故原排架柱配筋不满足抗震规范要求；原排架混凝土强度等级为 200 号，相当于现行规范的混凝土强度等级 C19，主筋采用 HRB400。《混凝土结构设计规范》（GB 50010—2010）第 4.1.2 条规定：钢筋混凝土结构采用强度级别 400MPa 及以上的钢筋时，混凝土强度等级不应低于 C25，因此排架柱和梁混凝土强度不满足规范要求。

2）原排架顺水流向宽度为 5.494m，而根据本次加固工程新设计启闭机及电气、监控设备的尺寸和布置要求，启闭机平台总宽度为 6.37m，顺水流方向临河侧在立柱以外挑出 1.64m，背河侧挑出 1.84m，总宽度比原来增加了 0.88m，因此需对启闭机平台两侧帮宽。

（2）原排架梁、柱加固方法。混凝土结构的加固方法主要有增大截面加固法、外黏型钢加固法、外粘钢板法等，增大截面加固法对混凝土强度等级要求较低，现排架柱可以满足要求，但增大截面需要大量植筋，需要对混凝土排架表面凿毛等工艺处理以加强新老混凝土之间的连接。工期较长。

外黏型钢加固法适用于需要大幅度提高截面承载能力和抗震能力的钢筋混凝土梁、柱结构的加固，需要打磨柱的棱角、焊接钢板、封缝和灌浆等，对柱的上下两端又有特殊的连接要求，混凝土强度等级不小于 C25，目前的混凝土强度等级不到 C20，不能满足常规的型钢加固要求，且工艺复杂。

黏钢加固法被广泛应用于混凝土结构加固工程，与其他加固方法相比较，黏钢加固具有以下优点：

①基本不增加构件及结构的荷载，不改变原设计的结构体系和受力形式。

②胶粘剂硬化时间快，施工周期短，基本不影响正常运行。

③胶粘剂强度高于混凝土本体强度，可以使加固体与原构件共同工作，受力均匀。

④黏钢加固一方面补充了原构件钢筋的不足，有效提高原构件的承载力；另一方面还通过大面积的钢板粘贴，有效地保护了原构件的混凝土，限制裂缝的开展，提高了原构件的刚度和抗裂能力。

因此，该次排架加固考虑采用外黏钢板法。钢板采用 Q235A 钢，厚度 3mm，其外表面涂防锈漆一道，再涂面漆二道进行防锈蚀处理。为加强粘贴钢板与混凝土构件的连接，采用金属胀锚螺栓 M10×65 进行固定，沿构件长度方向布置间距 30cm。

胶粘剂必须采用专门配制的改性环氧树脂胶粘剂，其安全性检验指标应符合《混凝土结构加固设计规范》（GB 50367—2006）中要求。

（3）启闭机平台两侧的帮宽设计。启闭机平台两侧的帮宽带采用槽钢焊接支架支撑。支架焊接在钢锚板上，钢锚板通过胶锚螺栓锚固在机架桥柱子侧面，支架上现浇钢筋混凝土板带，板带通过插筋锚固在槽钢支架上，以增加混凝土板带的稳定性。

19.5.3.2 拆除重建方案

（1）方案布置。拟对现机架桥排架以及启闭机梁拆除重建，新建启闭机房机架桥为钢筋混凝土排架结构，混凝土强度等级为 C30，立柱断面为 500mm×500mm，柱高 6.4m；启闭设备大梁断面为 500mm×800mm，其他悬臂梁尺寸为 300mm×600mm。

（2）新建排架配筋计算。依据 19.5.2 排架结构内力计算成果，排架结构配筋计算结果见表 19.5-7。

表 19.5-7　　　　　　　　　　　　排架结构配筋计算成果表

钢筋规格：HRB335

排架部位	尺寸	计算面积/mm²	配筋率/%
排架柱	500×500	500	0.2（总配筋率不少于 0.6）
顺水向悬臂梁	300×600	1132	0.67
顺水流向跨中大梁	300×600	914	0.4
垂直水流向大梁	500×800	2220	0.58

注　表中所列配筋面积为构件单侧受力钢筋面积。

19.5.3.3 启闭机排架加固方案比选

对上述机架桥改建方案进行综合比选，见表 19.5 - 8。

　　　　　　　　　　　机架桥改建方案比选表

项目	方案 1：排架加固方案	方案 2：排架拆除重建方案
优点	1. 黏钢加固可有效提高原构件的承载力、刚度和抗裂能力； 2. 基本不增加构件及结构的荷载，不改变原设计的结构体系和受力形式； 3. 胶粘剂硬化时间快，施工周期短	1. 混凝土结构整体性好，可灌筑成各种形状和尺寸的构件； 2. 施工技术与施工设备简单； 3. 耐久性和耐火性好； 4. 建筑工程投资 21.2 万元，投资较低
缺点	1. 耐腐蚀性能和耐火性差； 2. 排架中间横梁的存在影响老闸门的吊出和新闸门的就位，需将中间横梁敲掉，待新闸门就位后再恢复，施工过程容易影响其他部位结构安全； 3. 建筑工程投资 21.7 万元，投资稍高	新老混凝土结合部位对施工要求高
结论	不推荐	推荐

经过对结构性能、施工、造价等因素进行综合比选，机架桥改建方案推荐采用方案 2：拆除重建方案。

19.5.4 便桥加固

机架桥改建后宽度加大，对原通往启闭机房的便桥及支撑柱有影响，因此需将原临近启闭机房的一跨桥板和支撑柱拆除，并在背河距离原柱 1.55m 的位置重新修建便桥支承柱，并新设一跨桥板。

19.6 启闭机房重建

根据改建后的启闭机和电气设备布置要求，新建启闭机房宽度不满足设计要求需加宽，启闭机平台外挑长度加大，对抗震不利。为了减少上部荷载，设计采用轻钢结构房屋。

（1）轻型房屋特点。轻型房屋在用材上多用冷弯薄壁型钢，具体有 C 形钢、Z 形钢、U 形钢、带钢、镀锌带钢、镀锌卷板、镀锌 C 形钢、镀锌 Z 形钢、镀锌 U 形钢等；房屋结构形式由梁、柱、檩、龙骨等组成，轻钢结构房屋见图 19.6 - 1。

轻钢结构房屋是在重钢结构和木结构房屋的基础上发展起来的，既继承了重钢结构的牢固，快捷，又继承了木结构的自重轻，外观可变性强等特点，是目前最具有发展潜力的环保节能型房屋结构。轻钢房屋的优点概括起来有下列几点。

1）结构稳定性高，抗震和抗风性能好。

2）地基及基础的处置非常简单，且由于主体和基础中设有防潮层，防潮效果会更加突出。

3）工业化生产，施工周期短。

4）房屋外形美观，使用空间大。

图 19.6-1 轻钢结构房屋

5）保温隔热隔音效果突出。

6）综合经济效益好。

（2）轻型房屋体系

1）地基与基础：本次设计房屋基础是建立在机架桥钢筋混凝土平台上。

2）辅材：采用预制构件，不允许现场钻孔、焊接。主钢架（梁、柱）为焊接型钢或热轧型钢，以充分发挥高强度钢材的力学性能。次构件（檩条）为高强度的、经防腐处理的冷弯薄壁 C 形钢或 Z 形钢，和主钢架采用螺栓连接。

3）围护系统：围护系统分为彩钢压型板和彩钢夹芯板，采用自攻螺栓和檩条（屋面檩条或沿墙檩条）连接。压型钢板是以彩色涂层钢板或镀锌钢板为基材，经辊压冷弯成型的建筑用围护板材，其保温及隔热层为离心超细玻璃丝棉卷毡。此种板材现场制作，有利于解决大范围内面板搭接易于出现的接缝不严的情况，现场复合使整个大面积的屋面成为一个整体，更加坚固、易排水、防漏、保温，而且建筑外形更加统一、协调、美观。而夹芯板是将彩色涂层钢板面板及底板与保温芯材通过黏结剂（或发泡）复合而成的保温复合围护板材，按保温芯材的不同可分为硬质聚氨酯夹芯板、聚苯乙烯夹芯板、岩棉夹芯板。夹芯板一般为工厂预制。本次设计为方便现场安装，选用彩钢夹芯板围护。连接方式为咬合连接或者搭接连接。

（3）启闭机房设计。启闭机房采用轻钢结构，建筑面积 157.60m²，长度 25.13m，宽度 6.27m。屋顶采用坡型屋顶，建筑总高度 6.45m。

19.7 主要工程量表

主要工程量表见表 19.7-1。

编号	项　　目		单位	工程量	备　　注
一	拆除工程				
1	土方开挖		m³	5.25	
2	土方回填		m³	5.25	
3	启闭机房		m²	145.65	砖混结构
4	启闭机机架桥	启闭机机架桥梁板	m³	43.01	
		启闭机架桥16根柱子	m³	46.10	
5	便桥	柱子	m³	9.48	
		便桥梁板	m³	3.36	
		钢管栏杆	m	20.16	
6	门槽混凝土凿毛		m²	141.12	
7	清淤	上游铺盖	m³	43.08	
		下游消力池	m³	50.01	
8	凿除混凝土		m³	0.54	
9	原止水拆除		m	434	
10	拆除闸顶混凝土		m³	17.72	
11	拆除浆砌石		m³	37.56	
二	重建加固工程				
1	渗压计	渗压观测计	套	6	
		钻孔数	个	6	钻孔直径0.2m，深度6～11m
2	启闭机房		m²	165.45	轻钢结构
3	C30混凝土梁板柱	启闭机机架桥大梁C30	m³	46.10	
		启闭机机架桥板C30	m³	24.40	
		启闭机机架桥柱C30	m³	24.77	
4	柱子C30		m³	9.48	
5	便桥板C30		m³	3.36	
6	门槽二期混凝土C40		m³	21.17	
8	钢管栏杆		m	20.16	
9	水泥砂浆M15表面修补	上下游翼墙	m³	0.21	裂缝长度10.2m
10	丙乳砂浆修补	洞身修补裂缝修复	m³	0.15	
11		闸墩及洞身表面修补	m³	17.77	
12	止水	沥青砂浆	m³	5.83	
		橡胶止水带	m	455.70	厚10mm
		不锈钢扁钢	t	2.58	
		不锈钢膨胀螺栓螺母M10	套	4559	单根长20cm，间距20cm

编号	项　　　目	单位	工程量	备　　注
13	裂缝环氧树脂灌浆（裂缝0.3mm以上）	m³	0.11	灌浆长度约55m
14	浆砌石护坡	m³	37.56	
15	混凝土预制板	m³	17.72	54块，每块尺寸 4m×0.5m×0.15m
16	钢筋	t	25.49	
17	铜字	个	5	
18	柴油发电机房	m²	30	
三	景观绿化			
1	早熟禾，黑麦草	m²	2600	
2	白蜡	棵	50	
3	毛泡桐	棵	50	
4	栾树	棵	50	

19.8　水闸除险加固后运用情况分析

19.8.1　设防能力分析

韩墩闸原设计防洪水位为22.80m，2043年防洪水位为20.72m，水位降低了2.08m，因此水闸稳定满足要求。

19.8.2　引水能力分析

韩墩原闸前设计引水位：12.88m（大河相应水位13.24m）；现行设计引水位采用工程除险加固时前三年平均值，由此推得韩墩引黄闸引水口处大河流量115m³/s时相应水位为12.39m，闸前引水位12.03m，比原设计水位低0.85m。经复核，现行引水流量为51.5m³/s，小于原设计60m³/s的引水流量。

20 韩墩闸电气与金属结构

20.1 电气

20.1.1 电源引接方式

韩墩闸位于山东省滨州市滨城区梁才乡韩墩，位于黄河左岸大堤桩号 286+925 处，水闸为箱式涵洞结构，两联 6 孔，主要供滨州、沾化、东营的利津共两县一区 15 个乡镇，504 个自然村的农村灌溉和滨州市区（东郊水厂）、沾化县城（思源湖水库）的城市生活用水和工业供水。

该闸始建于 1982 年，目前已运行 30 多年。原闸门由 6 台 80t 单吊点固定式卷扬启闭机（生产日期：1982 年），由于建筑物结构及金属结构运行年限已久，建筑物结构破损，金属结构设备和电气设备老化，工程已不能正常使用，需要进行改造。

工程主要负荷为 6 台引黄闸闸门启闭机、照明负荷、检修负荷、计算机监控等负荷，根据《供配电系统设计规范》（GB 50052—2009）的规定，工程按三级负荷设计。此类负荷需要一回电源，供电电源利用原有 10kV 电源，从终端杆处引接至水闸箱式变电站，原有电源目前运行正常，不在本期改造范围内。但因此地电网属于农村电网，供电可靠性不高，停电后闸门启闭机将无法进行操作。并且给涵闸监控系统和视频监视系统失电时供电的 UPS 电源供电时间也有限，因此需增加柴油发电机 1 台，以提高供电可靠性。

20.1.2 电气接线

工程供电负荷电压等级为 0.4kV，其主要设备用电负荷见表 20.1-1。

表 20.1-1　　　　　　　　　　　主要设备用电负荷表

序号	设备名称	台数	运行台数	容量/kW	总容量/kW	运行方式
1	卷扬式启闭机	6	6	26	156	不经常、短时
2	控制室电源				20	经常、连续
3	照明				10	经常、连续
4	检修				40	不经常、短时
5	其他				10	不经常、短时

经常、连续运行设备的同时系数 K_1 取 0.9，不经常、短时运行设备的同时系数 K_2 取 0.7。

0.4kV 总负荷 $S = K_1 \sum + K_2 \sum = 0.9(20+10) + 0.7(156+40+10) = 171.2$ kW

由表 20.1-1 所得其计算负荷约为 171.2kW，由于电机容量较小，其启动方式均为直接启动，其最大负荷运行方式为 2 台 26kW 同时运行，1 台启动，为了满足所需容量，同时考虑变压器的经济运行，设变压器一台，容量为 200kVA。

工程 10kV 侧采用线路－变压器组接线，0.4kV 侧采用单母线接线，考虑到负荷功率不大，距离较近，在低压母线上采用集中补偿装置补偿。

20.1.3　主要电气设备选择

韩墩闸设箱式变电站 1 座，设 SC10－200/10 型变压器 1 台，高压侧设 1 台负荷开关、限流熔断器及避雷器。低压单元设 14 回出线，供动力负荷 6 回、照明负荷 2 回、检修负荷 2 回及计算机控制负荷 1 回，其他 3 个回路作为备用。设无功补偿装置 1 套，补偿容量为 60 kvar。另设 1 台柴油发电机组作为主供电源失去时的备用电源。

主要设备型号及参数如下：

（1）箱式变压站。

型式：	YB－10/0.4－200　户外型；
额定电压：	10/0.4kV；
变压器额定容量：	200 kVA、干式；
高压负荷开关：	160A、SF$_6$；
高压熔断器：	RN1－10/50、30A；
0.4kV 并联电容器：	60kvar；
箱体防护等级：	IP33。

使用条件：海拔不超过 2000m、环境温度 ＋40～－30℃、相对湿度不超过 90%（25℃）。

（2）户外氧化锌避雷器。

型号：	Y5WS5－17/50；
系统额定电压：	10kV；
避雷器额定电压：	17kV；
避雷器持续运行电压：	13.6kV；
雷电冲击残压：	50kV；
爬电比距：	＞2.4cm/kV。

（3）跌落式熔断器。

型号：	RW9－10；
额定电压：	10kV；
额定电流：	100A；
额定断流容量：	100kVA。

（4）柴油发电机：按单台 26kW 卷扬机运行，并考虑部分照明负荷，选择柴油发电机容量为 150kW。

主要参数如下：

额定输出功率：	150kW；
额定电压：	400V 三相四线；
额定频率：	50Hz；
额定功率因数：	0.8；
噪音水平（dB）：	≤86。

20.1.4　主要电气设备布置

箱式变电站布置在闸管所院内，地势较高、不易积水、便于巡视。柴油发电机布置在柴油发电机房内，柴油发电机房与箱变相邻。箱式变电站至各用电设备电缆通过电缆沟或穿管直埋连接。

20.1.5　照明

为降低损耗，工程采用节能型高效照明灯具。管理房采用荧光灯，启闭机房照明采用工矿灯，事故照明灯采用带蓄电池灯具，蓄电池连续供电时间不少于60min。柴油发电机房照明灯具选用防爆型灯具。

20.1.6　过电压保护及接地

为防止雷电波侵入，在10kV电源进线终端杆上各装设一组氧化锌避雷器。建筑屋顶设避雷网带保护。

接地系统以人工接装置（接地扁钢加接地极）和自然接装置相结合的方式；人工接地装置包括：闸室、管理房等处设的人工接地装置。自然接装置主要是利用结构钢筋等自然接地体，人工接装置与自然接装置相连，所有电气设备均与主接地网连接。

防雷保护接地、工作接地及电子系统接地共用一套接地装置，其接地电阻按不大于1Ω设计。若接地电阻达不到要求时，采用高效接地极或降阻剂等方式有效降低接地电阻，直至满足要求。

20.1.7　电缆防火

根据《水利水电工程设计防火规范》（SDJ 278—90）的要求，所有电缆孔洞均应采取防火措施，根据电缆孔洞的大小采用不同的防火材料，比较大的孔洞选用耐火隔板、阻火包和有机防火堵料封堵，小孔洞选用有机防火堵料封堵。电缆沟主要采用阻火墙的方式将电缆沟分成若干阻火段，电缆沟内阻火墙采用成型的电缆沟阻火墙和有机堵料相结合的方式封堵。

20.1.8　涵闸监控系统

20.1.8.1　控制范围

山东涵闸除险加固工程韩墩闸闸门自动控制系统的控制范围包括箱式涵洞工作闸门6扇，配套6台800kN固定卷扬式启闭机，单台启闭机用电负荷为26kW。利用新建光纤通道实现现地控制单元与上位机监控系统的通信。设1套视频监视系统，可在闸管所集控室内实现对闸门和启闭机的视频监视。

20.1.8.2　控制方式及系统组成

闸门控制拟采用由上位计算机系统及现地控制单元组成的分层分布式控制系统。

现地控制单元设于启闭机房，由控制屏、自动化元件构成。预留有和上位计算机监控系统的通讯接口，可通过新建光纤通道与上位机相连。

上位计算机系统由监控计算机、不间断UPS电源、以太网交换机、打印机等设备组成，上位机放于闸管所集控室内。本期接入黄河水利委员会统一的黄河下游引黄涵闸远程监控系统内。

每1台闸门设1面闸门控制屏，控制屏内装设可编程序逻辑控制器（PLC）、触摸屏、信号显示装置、网络服务器和主回路控制器件，主要包括空气开关、接触器、热继电器等。PLC 具有网络通讯功能，采用标准模块化结构。PLC 由电源模块、CPU 模块、I/O 模块、通信模块等组成。

为了配合实施闸门控制系统的功能要求，实现闸门的远方监控，启闭机均装设闸门开度传感器、荷重传感器，将闸门位置信号、荷载信号传送至现地控制单元和上位机系统，为闸门控制提供重要参数。

设 1 套视频监视系统，可在闸管所集控室内实现对闸门和启闭机的视频监视。

20.1.8.3 上位计算机系统的功能

（1）数据采集和处理。

模拟量采集：闸门启闭机电源电流、电压、闸门开度、闸门荷载；

状态量采集：闸门上升或下降接触器状态、闸门启闭机保护装置状态、动力电源、控制电源状态、有关操作状态等。

（2）实时控制。通过监控计算机对闸门实施上升或下降的控制，所有接入闸门控制系统的闸门均采用现地控制与远方控制两种控制方式，互为闭锁，并在现地切换。

（3）安全运行监视。

1）状态监视。对电源断路器事故跳闸、运行接触器失电、保护装置动作等状态变化进行显示和打印。

2）过程监视。在控制台显示器上模拟显示闸门升降过程，并标定升降刻度。

3）监控系统异常监视。监控系统中硬件和软件发生故障时立即发出报警信号，并在显示器显示记录，同时指示报警部位。

4）语音报警。利用语音装置，按照报警的需要进行语言的合成和编辑。当事故和故障发生时，能自动选择相应的对象及性质语言，实现汉语语音报警。

（4）事件顺序记录。当供电线路故障引起启闭机电源断路器跳闸时，电气过负荷、机械过负荷等故障发生时，应进行事件顺序记录，进行显示、打印和存档。每个记录包括点的名称、状态描述和时标。

（5）管理功能。

1）打印报表。闸门启闭情况表，闸门启闭事故记录表。

2）显示。以数字、文字、图形、表格的形式组织画面在显示器上进行动态显示。

3）人机对话。通过标准键盘、鼠标可输入各种数据，更新修改各种文件，人工置入各种缺漏的数据，输入各种控制命令等，实现各涵闸运行的监视和控制。

（6）系统诊断。主控级硬件故障诊断：可在线和离线自检计算机和外围设备的故障，故障诊断应能定位到电路板。

主控级软件故障诊断：可在线和离线自检各种应用软件和基本软件故障。

（7）软件开发。应能在在线和离线方式下，方便地进行系统应用软件的编辑、调试和修改等任务。

20.1.8.4 现地控制单元的功能

（1）实时数据采集和处理。

模拟量采集：闸门启闭机电源电流、电压、闸门开度、闸门荷载。

状态量采集：闸门行程开关状态、启闭机运行故障状态等。

涵闸监控系统通过在不同点安装一定数量的传感器进行以上数据的信号采集，并对数据进行整理、存储与传输。

（2）实时控制。

1）可实现远方/现地控制，采用现地控制时，运行人员通过触摸屏在现场对所控制的闸门进行上升、下降、局部开启等操作。闸门开度实时反映，出现运行故障能及时报警并在触摸屏上显示。

2）采用远方控制时，通过通信网络接受上位机系统的控制指令，自动完成闸门的上升、下降、局部开启。

3）在上位机系统故障或通信网络故障时，可独立完成闸门的控制。

（3）安全保护。闸门在运行过程中，如果发生电气回路短路电源断路器跳闸，当发生电气过负荷，电压过高或失压，启闭机荷重超载或欠载时，保护动作自动断开闸门升/降接触器回路，使闸门停止运行。如果由于继电器、接触器接点粘连，或发生其他机械、电气及环境异常情况时，应自动断开闸门电源断路器，切断闸门启闭机动力电源。

（4）信号显示。在 PLC 控制屏上通过触摸屏反映闸门动态位置画面、电流、电压、启闭机电气过载、机械过载、故障等信号。

（5）通信功能。现地控制单元将采集到的数据信息上传到上位机系统，并接收远程控制命令。

20.1.8.5 监控系统主要技术要求

（1）集中控制级设备。

1）操作员工作站。采用工业控制计算机，双机热备，基本配置如下：

处理器：≥3GHz Intel 酷睿双核。

标准内存容量：≥4GB。

硬盘：≥500G。

显示器：22″TFT 型宽屏。

显示内存：≥512MB。

1 个标准键盘、1 个鼠标。

光驱：DVD。

接口：2 个串行口，1 个并行口，4 个 USB 接口、1 个 10/100M 以太网接口。

应有成熟的实时多任务、多用户操作系统的支持，并应满足用户要求。具有电源故障保护和电源恢复后自动重新启动的自动恢复功能。

2）打印机。提供 1 台激光打印机，用以打印各报警信号，运行状态和实时记录、报表以及打印任何一个彩色显示器上显示的图像等，性能至少满足：

分辨率：≥600×600dpi。

幅面：A3。

打印速度：≥15ppm。

带有汉字库，符合《信息交换用汉字编码字符集》（GB 2312—80）。

（2）以太网交换机。不少于 8 个 10/100Base-T 和 2 个 10/100Base-FX 接口。支持标准 IEEE 802.1s MSTP、RSTP 备援机制，符合复杂网络架构备援需求。支持 VLAN、

Private VLAN、QinQ、GVRP、QoS、IGMP Snooping V1/V2/V3、Rate Control、Port Trunking、LACP、在线多端口监控。

外壳满足 IP31 工业防护标准。

（3）UPS 电源。设 1 台在线式 UPS，给集控室内的主控级设备供电。UPS 电源应配置隔离变压器、蓄电池组、控制保护装置，当 UPS 故障时，应有告警信号引出。UPS 切换时，不能造成用电设备（如计算机、显示器等）的损坏。UPS 的基本性能要求如下：

输入电压：380VAC/220VAC±15％，50Hz±5％

容量：不小于 4kVA。

容量裕度：＞50％。

输出电压：220VAC±2％，50Hz±0.1％。

波形失真：＜3％。

UPS 在失去交流输入电源时，应能保证其全部负载不少于 1 小时供电。

（4）现地控制单元硬件要求。闸门现地控制单元至少应包括下列设备：

1）1 台可编程序控制器（PLC）。

a. CPU 特性。可编程序控制器 CPU 字长 16 位或以上。应具有固态晶体控制的实时时钟，其工作频率不应低于 25MHz。

b. 存储器特性。直接存储器存储容量不应少于 32KB，寻址容量不应少于 16KB；并具有错误检测功能和保护特性；至少应有 50％的存储容量留作备用；其存储时间应小于 120ns。

c. 输入、输出电路。每套闸门现地控制单元输入、输出回路，请卖方根据系统控制要求配置相应的数字量输入、输出及模拟量输入、输出点数。

数字输入电路应具有光电隔离；隔离电压不应小于有效值 2000V；每一个输入通道应能单独选择常开触点或常闭触点的接收；应具有接点防抖过滤措施，以防止因触点抖动造成误操作；每一路数字输入均应有 LED 状态显示。

PLC 应具有与闸门开度荷重仪的接口，接口方式 4～20mA。

每一路信号输出都应有 LED 显示，其绝缘耐压水平不应小于有效值 2000V。

2）触摸屏。每套现地控制单元设 1 面 10″真彩触摸控制屏。

3）通信接口。每个闸门现地控制单元 LCU 均设置与集控级相连的以太网接口，以及与编程便携式个人计算机的通信接口。

4）现地控制单元 LCU 上预留开度荷重仪等测量装置的安装位置。

5）主回路设备：每扇闸门启闭机的主回路相对独立，通过控制两组交流接触器使启闭机电动机正/反转或开启/关闭相应阀门，实现闸门的提升或下降；电气过负荷保护由热保护继电器实现；主回路自动空气开关带分励脱扣线圈，可通过手动或自动实现故障时紧急断电。通过电流、电压变送器（或多功能电表）采集主回路电流和电压转换成 4～20mA 的模拟量送至 PLC，可实现启闭机运行时电流、电压的远方监视。

20.1.8.6 视频监视系统的技术要求

（1）系统功能要求。视频监视系统具有下列主要功能：

1）数字图像记录功能。

2）控制功能。

3）键盘控制。

4）系统管理功能。

5）录像及回放功能。

6）多级监控功能。

7）时间同步功能。

8）方便的扩充和升级。

（2）设备性能要求。

1）数字视频服务器和硬盘录像机，配接22寸宽屏显示器。

图像清晰度：在MPEG—4或MPEG—2的编码方式下，每路编码、传输、录像、回放均可实现D1图像分辨率（752×576）。

网络能力：支持E1、光纤（单纤双向、双纤双向）、802.11b、GPRS等多种传输网络，只传输系统调看图像码流，轻松构建大型数字化监控系统。

文件备份功能：支持USB2.0本地备份及远程网络备份。

用单一的PC键盘和遥控器可本地集中控制多台堆叠编码设备。

性能不低于下列要求：

视频压缩标准：H.264；

视频处理芯片：DSP处理器；

主CPU：嵌入式MPU处理器；

视频输入：1～16路（NTSC，PAL制式自动识别），BNC（电平：1.0Vp—p，阻抗：75Ω）；

视频输出：1路（NTSC，PAL可选），BNC（电平：1.0Vp—p，阻抗：75Ω），可切换，支持1/4/9/16画面分割。

2）数字视频解码设备。模拟视频输出，视频信号不小于480电视线。

3）摄像机。应选用适合水闸工业环境要求的彩色摄像机，其扫描制式应根据不同功能区别对待，符合相应的国家标准。

对室内宜选用低照度彩色摄像机。室内、室外摄像机应具有防震、防盗、防雾、防尘功能。涵闸配6台摄像机，4台监视闸门的摄像机采用具有红外夜视功能。闸前、闸后设2台一体化彩色球形摄像机用于监视闸前、闸后的情况。

a. 红外摄像机。

成像元件：1/4″ Interline CCD；

像数：752（H）×582（V）：PAL/CCIR；

扫描系统：2：1 Interlace；

水平解析度：Color：480TVL B/W：600TVL；

最低照度：Color：0.5Lux；红外开启时：0Lux；

红外距离：50m；

同步系统：Internal/External；

信噪比：≥50dB；

视频输出：$1.0V_{p-p}$ 750hm；

镜头接口：C \ CS；

自动光圈：Video/DC；

环境温度：$-10\sim+50℃$。

设在室外的摄像机应能防高温、防低温、防尘、防雨、防镜头结露。

所有摄像机应有防雷、防高电压感应措施。

b. 一体化彩色摄像机及镜头。

有效像素：752（水平）×582（垂直）；

成像元件：$1/4''$ Interline CCD；

信号模式：PAL；

扫描制式：2：1隔行扫描；

清晰度：480线；

最低照度：<0.1LUX；

信噪比：>48dB（AGC=OFF）；

背光补偿：自动；

电子快门：$1/50\sim1/10000s$；

焦距：$4\sim64mm$ 30倍；

光圈：自动；

旋转范围：360°连续旋转；

旋转速度左右：$0.8°/s\sim240°/s$；

旋转速度上下：$0.8°/s\sim120°/s$；

工作温度：$0\sim50℃$；

环境湿度：<90%。

所有摄像机应有防雷、防高电压感应措施。

20.1.9 主要电气工程量表

主要电气工程量见表20.1-2。

表 20.1-2 主 要 电 气 工 程 量 表

序号	名　　称	型 号 规 格	单位	数量	备注
1	10kV 箱式变电站	200 kVA	套	1	
2	照明		项	1	
3	检修动力箱		面	2	
4	钢管		t	1	
5	接地装置		t	3	
6	电缆封堵防火材料		t	1	
7	柴油发电机	150kW，0.4 kV	台	1	
8	氧化锌避雷器	Y5WS5-17/50	组	1	
9	跌落式熔断器	RW9-10，10kV，100A	套	1	

序号	名　称	型号规格	单位	数量	备注
10	户外三芯电缆终端	5601PST-G1，15kV	套	1	
11	户内三芯电缆终端	5623PST-G1，15kV	套	1	
12	电缆（8.7/10kV）	ZR-YJV22-3×50	m	50	
13	电缆（0.6/1kV）	ZR-YJV22	m	1500	
14	监控计算机及其网络设备（含软件）		套	1	
15	控制屏		面	6	
16	UPS电源		台	1	
17	控制电缆		km	1.0	
18	光缆		km	0.5	
19	打印机		台	1	
20	视频监视系统		套	1	

20.2　金属结构

20.2.1　概述

韩墩引黄闸为钢筋混凝土箱式涵洞结构，共6孔，每3孔为一联，共两联。洞身为3m×3m正方形断面，每孔设1扇工作闸门，共6扇。闸门现为钢筋混凝土板梁式平板闸门，重17t，每扇闸门采用1台QPQ800kN固定卷扬式启闭机操作。

该金属结构设备除险加固的内容主要包括闸门和启闭设备的更新，对旧门槽的去除和改建。主要内容包括拆除旧闸门及拉杆6套，门槽6套和固定卷扬式启闭机6台，新建平面闸门6扇、门槽6套、长拉杆6根和短拉杆6根，固定卷扬启闭机6台。总工程量约为130.5t。

20.2.2　金属结构现状与处理措施

韩墩引黄闸的金属结构设备自建成后运行已有30多年，根据《水利建设项目经济评价规范》（SL 72—94）中规定的水利工程固定资产分类折旧年限：即压力钢管50年；大型闸、阀、启闭设备30年；中小型闸、阀、启闭设备20年。以及《水工钢闸门和启闭机安全检测技术规程》（SL 101—94）的规定，容量在1000kN以下的固定卷扬启闭机属于中小型启闭机的范围，其折旧年限应为20年。韩墩引黄闸的金属结构设备均已超出折旧年限。

20.2.2.1　闸门现状与处理措施

韩墩引黄闸原闸门为混凝土闸门，由于年久失修，经现场检测，普遍存在下列问题：

（1）闸门背面面板混凝土浇筑质量较差，有较多的蜂窝麻面。

（2）闸门底部混凝土剥落，钢筋暴露于大气中，发生锈蚀。

（3）闸门止水全部老化，固定止水的钢板和螺栓严重锈蚀，漏水严重。

（4）滚轮严重锈蚀，不能灵活转动。

（5）闸门金属铁件锈蚀严重，强度降低，经复核计算，滚轮支座处钢筋混凝土板的抗剪强度不满足要求。

对于闸门存在的上述问题，若进行修复，实施难度较大，难以彻底解决问题，有些缺陷甚至无法修复。如更换闸门止水橡皮，由于固定螺栓是在混凝土浇筑之前预埋在门体内，现在大部分已经锈蚀甚至断裂，必须把这些螺栓全部凿出，再将新螺栓进行浇筑。这样处理，不仅工艺复杂，费时费力，还会削弱修复后的闸门强度。再如滚轮不能转动的问题，由于闸门是下游止水，运行时淤沙高程高于门顶，泥沙进入滚轮轴承内，必然会影响滚轮转动，长期淤积导致滚轮不能转动。即使更换新的滚轮及轴承，运行一段时间仍会出现锈死不能转动的情况。而上述第（5）条所列出的滚轮支座处混凝土板抗剪强度不满足要求的缺陷，根本无法进行修复。

鉴于上述原因，闸门修复的工程量较大，修复后仍然存在缺陷并可能产生安全隐患。在本次改造中，对老闸门进行报废处理，新建6孔闸门。考虑到钢闸门自重轻、检修维护方便、技术成熟且应用广泛，因此本次改造方案决定新建钢闸门。

20.2.2.2　埋件现状与处理措施

韩墩引黄闸门槽埋件锈蚀严重，有些已经锈穿，对闸门的运行存在很大的安全隐患。根据《水利水电工程金属结构报废标准》（SL 226—98）第3.5条闸门埋件报废标准规定，埋件已达到报废条件，本次改造决定结合闸墩表面处理，对埋件进行更新。

20.2.2.3　启闭机现状与处理措施

6台启闭机已超过规定的折旧年限，且均存在不同程度的漏油现象，线路老化。部分启闭系统操作不灵活，无法控制启闭高度，已影响闸门正常启闭。启闭机的运行存在较大的安全隐患。

总体来说，启闭机技术落后，耗能高，效率低，且多数配件已不再生产，已不便实行技术改造，设备本身也以超过水利工程固定资产规定的折旧年限。虽然通过对设备上已破损、老化的部件进行修整、更换或大修后能使部分启闭机继续使用，但这些补救措施并不能从根本上长远性地解决问题，仍然存在安全隐患。因此，本次改造方案决定结合启闭机房的更新改造，对启闭机设备全部进行更新。

根据上述的现状分析和规范规定，本次金属结构设备除险加固决定对所有的闸门和启闭设备进行更新，对旧门槽进行去除和改建。

20.2.3　金属结构设计

新设计的工作闸门共6孔，为潜孔式平面钢闸门。孔口尺寸3m×3m（宽×高），底坎高程10.50m，门槽尺寸（宽×深）为0.6m×0.35m。设计防洪水位为22.8m，校核防洪水位为23.8m。运用方式为动水启闭，最大操作水位为20.32m。

原布置闸门采用下游止水，若改成上游止水需在上游增加胸墙，不宜实施，故新方案仍采用下游止水。由于门前泥沙淤积严重，如果采用原来的定轮支撑形式，滚轮仍会被泥沙淤死，不能转动，新方案改为滑块支撑，滑块采用自润滑复合材料，以减少磨损。门体材料采用Q235B，流道内埋件表面采用免维护复合钢板，基层钢板采用Q235B，复层采用0Cr18Ni9。

每扇闸门采用一台固定卷扬启闭机操作，容量为800kN，扬程10m，布置在24.9m高程的工作桥上。因闸门门前淤沙高过门顶，为防止启闭机动滑轮被淤死，在启闭机吊头和闸门间采用拉杆连接，动滑轮不进入门槽内。启闭机装有荷载限制器，具有动态显示荷载、报警和自动切断电路功能。当荷载达到90％额定荷载时报警，达到110％额定荷载时自动切断电路，以确保设备运行安全。启闭机装有闸门开度传感器，可以实时测量闸门所处的位置开度，并将信号输出到现地控制柜和远方控制中心，通过数字仪表显示闸门所处的位置。传感器可预置任意位置，实现闸门到位后自动切断电路，启闭机停止运行。启闭机上还装有主令控制器，控制闸门提升的上、下限位置，起辅助保护作用，与开度传感器一起，对启闭机上下极限和重要的开度位置实现双重保护。启闭机要求既可现地控制又可实现远方自动化控制。

20.2.4 防腐涂装设计

20.2.4.1 表面处理

门体和门槽埋件采用喷砂除锈，喷射处理后的金属表面清洁度等级为：对于涂料涂装应不低于《涂装前钢材表面锈蚀等级和除锈等级》（GB 8923—88）中规定的 Sa2.5 级，与混凝土接触表面应达到 Sa2 级。机械设备采用手工动力除锈，表面除锈等级为 Sa3 级。

20.2.4.2 涂装材料

（1）闸门采用金属热喷涂保护，金属喷涂层采用热喷涂锌，涂料封闭层采用超厚浆型无溶剂耐磨环氧树脂涂料。

（2）所有埋件埋入部分与混凝土结合面，涂刷特种水泥浆（水泥强力胶），既防锈又与混凝土黏结性能良好。

（3）启闭机按水上设备配置 3 层涂料防护，由内向外分别为环氧富锌底漆、环氧云铁防锈漆和氯化橡胶面漆。

表 20.2-1　　　　　　　　　　　金属结构主要工程量表

序号	名　称	单位	数量	重量/t		备注
				单重	共重	
1	工作闸门	扇	6	7.5	45	含配重3.5t
2	工作门槽埋件	套	6	4	24	
3	长拉杆	根	6	0.2	1.2	
4	短拉杆	根	6	0.05	0.3	
5	800kN固定卷扬机	台	6	10	60	

20.3　消防设计

20.3.1　消防设计原则

工程建筑物虽然可燃物少，耐火等级高，但消防设计不能掉以轻心，需坚持"以防为主、防消结合"和"确保重点，兼顾一般，便于管理，经济实用"的工作方针，在重点部位设置必要的消防设备，安装防雷装置等，布置必要的疏散通道，以自防自救为主，外援为辅，采取积极可靠的措施预防火灾的发生，一旦发生火灾则尽量限制其范围，并尽快扑灭，减少人员伤亡和财产损失。

20.3.2　消防设计规程、规范

《水利水电工程设计防火规范》（SDJ 278—90）。

《建筑设计防火规范》（GB 50016—2006）。

《建筑灭火器配置设计规范》（GB 50140—2005）。

20.3.3　消防总体设计方案

（1）枢纽防火设计。工程防火项目主要是启闭机室，启闭机房内布置有卷扬式启闭机及控制设备，根据《建筑设计防火规范》（GB 50016—2006）的规定，启闭机房的火灾危险性类别为戊类，耐火等级为三级。可能发生火灾为带电物体燃烧引起的火灾，属轻危险级，建筑构件的耐火等级不低于三级，不设消火栓，灭火器选用磷酸铵盐干粉灭火器MF/ABC4 型 4 具和一套灭火沙箱。

（2）电器防火设计。为防止雷电波侵入，在 10kV 电源终端杆处装设一组氧化锌避雷器；在建筑屋顶设避雷带并引下与接地网连接，作为建筑物防雷。根据《水利水电工程设计防火规范》（SDJ 278—90）的要求，所有电缆孔洞、电缆桥架均应采取防火措施；根据电缆孔洞的大小采用不同的防火材料，比较大的孔洞选用耐火隔板、阻火包和有机防火堵料封堵，小孔洞选用有机防火堵料封堵。电缆沟主要采用阻火墙的方式将电缆沟分成若干阻火段，电缆沟内阻火墙采用成型的电缆沟阻火墙和有机堵料相结合的方式封堵，电缆沟层间采用防火隔板等方式。

（3）闸室启闭机房的建筑物采用自然排（风）烟的方式。

20.3.4　主要消防设备表

韩墩闸除险加固工程主要消防设备见表 20.3－1。

表 20.3－1　　　　　韩墩闸除险加固工程主要消防设备工程量清单

序号	名称	型号规格	单位	数量	备注
1	手提式干粉灭火器	MF/ABC4 型	具	4	
2	砂箱	1m³	个	1	包括使用工具

21 韩墩闸施工组织设计

21.1 施工条件

21.1.1 工程条件

（1）工程位置、场地条件、对外交通条件。韩墩引黄闸位于滨城区梁才乡韩墩，位于黄河左岸大堤桩号 286＋925 处，水闸处黄河大堤堤顶为沥青路面，并有多条城乡公路穿堤而过，对外交通条件便利，机械设备及人员进场运输方便。

（2）天然建筑材料和当地资源。项目建筑材料主要为石料。多年黄河治理和抢险加固工程，形成了较为固定的石料场，工程所需石料从滨州购买，能够满足工程建设需要。

工程所用其他材料，如水泥、砂石料、钢材、油料等均可就近从县城采购。

（3）施工场地供水、供电条件。根据黄河防洪工程建设经验，工程施工水源可直接从河槽中取用。黄河水引用方便，只是含沙量大，需经沉淀澄清之后使用。其他生活用水结合当地饮水方式或自行打井解决。

由于工程为原闸的改建，原闸已有供电线路，工程施工用电 97％采用原供电线路供电，3％采用自备发电机供电。

（4）工程组成和工程量。本次设计水闸加固工程由启闭机机架桥、交通桥、闸室段和消力池等组成。

水闸主要工程量见表 21.1－1。

表 21.1－1　　　　　　　　水闸主要工程量表

序号	工程项目	单位	工程量
一	土方		
1	混凝土拆除	m³	120.21
2	土方开挖、清淤	m³	98.33
3	土方回填		5.25
二	混凝土		
1	混凝土	m³	129.27
2	钢筋	t	25.49

21.1.2 自然条件

（1）水文气象。黄河下游属温带大陆性季风气候，多年平均气温 12.4℃；极端最高气温 40℃，出现于 7 月；极端最低气温为 −22.8℃，出现于 1 月。全年平均风速 3m/s，最大风速达 25m/s，为 4 月。平均年降水量 589.7mm，降水量年内分配不均，以 7～9 月最多，约占全年的 58%，1 月最少，仅占全年的 0.01%。7～10 月为汛期，12 月至次年 2 月为凌汛期。

（2）地形地质条件。韩墩引黄闸所在区地质构造上属济阳下第三系块断凹陷的一部分，地层均系第四纪松散沉积物，主要由堤身土、砂壤土、壤土和粉砂组成。闸基地质自上而下主要为 4 个土层，各层分别叙述如下：

第①层人工填筑土：为黄河大堤的堤身土，堤身表面为混凝土硬化路面，厚约 20cm。土质总体上以轻粉质壤土为主，褐黄色，可塑状，层厚 1.30～7.10m，层底高程 11.20～14.80m。

第②层壤土：褐黄色—灰黄色，可塑，夹黏土薄层，该层在 1 孔尖灭，厚度分布不均，层厚 1.80～7.60m，层底高程 2.70～9.90m。

第③层粉砂：褐黄色—灰黄色，饱和，松散—稍密状，分布普遍，夹可塑状黏土透镜体，层厚 9.20～20.15m，层底高程 −6.50～−5.00m。

第④层壤土：褐黄色—灰黄色，分布普遍均匀，可塑状，该层未揭穿，揭露最大厚度约 9.0m。

21.2 施工导流及度汛

21.2.1 导流方式

韩墩引黄闸除险加固工程主要内容是加固启闭机、交通桥，修补闸墩、翼墙裂缝。工程在一个枯水期内完工，施工期无特别的引水要求，因此在闸前修建围堰一次拦断。韩墩引黄闸枯水期设计流量 2300m³/s，相应水位 14.9m。

21.2.2 导流建筑物

引黄闸上下游围堰均为土围堰。上游围堰施工水位为 14.9m，堰顶高程 15.50m；围堰堰顶宽 3.0m，最大高度 4.2m，围堰背水面边坡 1∶2.5，迎水面边坡为 1∶2，为了防止渠首闸引水时对上游围堰的冲刷，在上游围堰堰前迎水面采用编织袋装土护坡，并采用土工膜防渗。下游围堰堰顶高程 14.80m，堰顶宽度 3m，最大高度 3.3m，施工导流临建工程量见表 21.2 - 1。

表 21.2 - 1　　　　　　　　　　　　施工导流临建工程量

序号	项目名称	单位	工程量
1	围堰土料填筑	m³	3480
2	编织袋装土	m³	275
3	土工膜（200/0.5）	m²	890
4	围堰拆除	m³	3755

围堰填筑从韩墩土料场取料，10t自卸汽车运输，运距3km，74kW推土机摊铺、压实，边角部位2.8kW蛙式打夯机补夯。

工程完成后，围堰应拆除，以免影响水闸过流。用1m³反铲挖掘机装10t自卸汽车运到指定的弃土地点。

21.2.3 基坑排水

21.2.3.1 初期排水

在进行初期排水时，应严格控制水位降幅，以每天50cm左右为宜，以防降水过快危及两岸的边坡安全。基坑初期排水选用两台型号为IS80-65-125的水泵，单台流量为50m³/h，扬程20m。

21.2.3.2 经常排水

经常性排水主要包括围堰渗水、降雨及施工废水，拟在基坑内设置排（截）水沟，并与集水井相连，选用离心泵及时将水抽排至外江两台型号为IS80-65-125的水泵，单台流量为50m³/h，扬程20m。

21.3 主体工程施工

21.3.1 施工程序

施工程序：围堰施工→基坑排水→拆除工程→清淤、土方开挖→闸混凝土浇筑→闸门、启闭机安装→启闭机房。

21.3.2 拆除工程

原闸拆除工程主要包括：启闭机房、启闭机机架桥和公路桥拆除。

启闭机房拆除先用风镐破碎，再采用1m³反铲拆除，人工辅助，10t自卸车运输，运往弃渣场，运距约8.0km。

启闭机机架桥大和便桥梁、板、柱拆除先用风镐破碎，再采用QY25汽车吊装车，人工辅助，10t自卸车运输，运往弃渣场，运距约8.0km。

21.3.3 清淤、土方开挖

开挖采用1m³挖掘机开挖，10t自卸车运输，运至堤防放淤区，用于改良土地，运距2.0km。

21.3.4 混凝土浇筑

混凝土浇筑包括机架桥排架、公路桥、混凝土预制构件浇筑等。钢筋及模板的制作材料质量要求，制作、安装允许偏差必须按《水闸施工规范》（SL 27—91）的规定执行，钢筋及模板加工均以机械为主，人工立模和绑扎钢筋。

混凝土浇筑分联间隔穿插进行，混凝土采用0.4m³拌和机拌和，水平运输采用人力推斗车运输至仓面，垂直运输采用吊斗配合卷扬机运输至仓面。垫层浇筑采用人工摊平，平板振捣器振捣密实，其他部位混凝土浇筑均采用2.2kW振捣器人工振捣密实。底板浇筑振捣完成后混凝土表面人工找平、压光。

工程混凝土预制构件工程主要包括公路桥板、机架桥大梁等构件，所有预制件均采用QY20型汽车起重机吊装。

预制构件移运应符合下列规定：

（1）构件移运时的混凝土强度，如设计无特别要求时，不应低于设计标号的70%。

（2）构件的移运方法和支承位置，应符合构件的受力情况，防止损伤。

预制构件堆放应符合下列要求：

（1）堆放场地应平整夯实，并有排水措施。

（2）构件应按吊装顺序，以刚度较大的方向稳定放置。

（3）重叠堆放的构件，标志应向外，堆垛高度应按构件强度、地面承载力、垫木强度和堆垛的稳定性确定，各层垫木的位置，应在同一垂直线上。

预制构件起吊应符合下列规定：

（1）吊装前，对吊装设备、工具的承载能力等应作系统检查，对预制构件应进行外形复查。

（2）预制构件安装前，应标明构件的中心线，其支撑结构上也应校测和标划中心线及高程。

（3）构件应按标明的吊点位置和吊环起吊。

（4）如起吊方法与设计要求的不同时，应复核构件在起吊过程中产生的内力。

（5）起吊绳索与构件水平面的夹角不宜小于45°，如小于45°，应对构件进行验算。

21.3.5 混凝土闸门止水施工

止水更换的施工顺序为：施工设备→拆除老化橡胶止水→安装止水橡皮→防腐。

（1）施工准备。将闸门提至检修平台，清除表面附着物，准备好止水橡皮、压板和相应安装工具。

（2）拆除老化橡胶止水。做好施工准备后，将固定止水橡皮的螺栓去除，对绣死的螺栓可直接割除，取下老化止水橡皮，并清理埋件和焊接件表面锈迹。对预埋铁件锈蚀严重的混凝土闸门，在止水安装前应先加固更新埋件。

（3）安装止水橡皮。止水橡皮的安装顺序为：先安装侧止水再安装底止水和顶止水。将止水橡皮用钢板压紧，紧固螺栓时应注意从中间向两端依次拧紧，侧止水与顶止水、底止水通过角止水橡皮连接。连接时应注意止水橡皮连接部位的连续性和严密性。

（4）防腐。根据设计要求应对埋件、压板、焊接构件进行防腐处理。其应符合《水工金属结构防腐蚀规范》（SL 105—2007）的要求。

21.3.6 钢闸门制作、安装

闸门、启闭机安装应统一考虑，如条件允许，应先安装启闭机后装闸门，以利于闸门安装。闸门安装包括埋件埋设和闸门安装，启闭机的安装应在其承载机架桥完工并达到设计强度后进行。

（1）基本要求。

1）钢闸门制安要由专业生产厂家进行，要求在工厂内制作，由生产厂家在工地进行拼装并经初步验收合格后，进行安装。

2）钢闸门制安材料、标准、质量要符合设计图纸和文件，如需变更，必须经设计监理和建设单位认可。

3）钢闸门制安必须按《水利水电工程钢闸门制造安装及验收规范》（DL/T 5018—2004）的规定。

（2）钢闸门制作、组装精度要求。

1）钢闸门制作、组装，其公差和偏差应符合《水利水电工程钢闸门制造安装及验收规范 DL/T 5018—2004》。

2）滑道所用钢铸复合材料物理机械性能和技术性能，应符合设计文件要求，滑动支撑夹槽底面和门叶表面的间隙应符合规范的规定。

3）滑道支撑组装时，应以止水底座面为基准面进行调整，所有滑道应在同一平面内，其平面度允许公差，应不大于 2.0mm。

4）滑道支撑与止水座基准面的平行度允许公差应不大于 1mm。

5）滑道支撑跨度的允许偏差不大于 ±2.0mm，同侧滑道的中心线偏差不应大于 2.0mm。

6）在同一横断面上，滑动支撑的工作面与止水座面的距离允许偏差不大于 ±1.5mm。

7）闸门吊耳的纵横中心线的距离允许偏差为 ±2.0mm，吊耳、吊杆的轴孔应各自保持同心，其倾斜度不应大于 1/1000。

8）闸门的整体组装精度除符合以上规定外，且其组合处的错位应不大于 2.0mm。其它件与止水橡皮的组装应以滑块所确定的平面和中心为基准进行调整和检查，其误差除符合以上规定外，且其组合处的错位应不大于 1.0mm。

（3）钢闸门埋件安装要求。

1）植入在一期混凝土中的埋体，应按设计图纸制造。土建施工单位在混凝土开仓浇筑之前应通知安装单位对预埋件的位置进行检查和核对。

2）二期混凝土在施工前，应进行清仓、凿毛，二期混凝土的断面尺寸及预埋件的位置应符合设计图要求。

3）闸门预埋件安装的允许公差和偏差应符合规范的规定，主轨承压面接头处的错位应不大于 0.2mm，并应作缓坡处理。两侧主轨承压面应在同一平面内，其平面度允许公差应符合《水电水利工程钢闸门制造安装及验收规范》（DL/T 5018—2004）的规定。

（4）钢闸门安装要求。

1）闸门整体组装前后，应对各组件和整体尺寸进行复查，并要符合 DL/T 5018—2004 的规定。

2）止水橡皮的物理机械性能应符合 DL/T 5018—2004 附录 J 中的有关规定，其表面平滑、厚度允许偏差为 ±1.0mm，其余尺寸允许偏差为设计尺寸的 2%。

3）止水橡皮螺孔位置应与门叶或压板上的螺孔位置一致，孔径应比螺栓直径小 1.0mm，并严禁烫孔，当均匀拧紧后其端部应低于橡皮自由表面 8mm。

4）橡皮止水应采取生胶热压的方法胶合，接头处不应有错位、凹凸不平和疏松现象。

5）止水橡皮安装后，两侧止水中心距和顶止水中心至底止水底缘距离的允许偏差为 ±3.0mm，止水表面的平面度为 2.0mm。闸门工作时，止水橡皮的压缩量其允许偏差为 +2.0～−1.0mm。

6）平面钢闸门应作静平衡试验，试验方法为：将闸门吊离地面 100mm，通过滑道中心测量上、下游与左右向的倾斜，要求倾斜不超过门高的 1/1000，且不大于 8mm。

21.3.7 机电设备及金属结构工程施工

启闭机及配电设备安装采用机械吊运、辅以人工定位安装的方法施工。要求定位准确、安装牢固，电气接线正确，保证安全可靠。

启闭机安装技术要求：

（1）启闭机安装，应以闸门起吊中心为基准，纵、横向中心偏差应小于 3mm；水平偏差应小于 0.5/1000；高程偏差宜小于 5mm。

（2）启闭机安装时应全面检查。开式齿轮、轴承等转动处的油污、铁削、灰尘应清洗干净，并加注新油；减速箱应按产品说明书的要求，加油至规定油位。

（3）启闭机定位后，机架底脚螺栓应即浇灌混凝土，机座与混凝土之间应用水泥砂浆填实。

电器设备安装技术要求：

（1）电器线路的埋件及管道敷设，应配合土建工程及时进行。

（2）接地装置的材料，应选用钢材。在有腐蚀性的土壤中，应用镀铜或镀锌钢材，不得使用裸铝线。

（3）接地线与建筑物伸缩缝的交叉处，应增设 Ω 形补偿器，引出线并标色保护。

（4）接地线的连接应符合下列要求：

1）宜采用焊接，圆钢的搭接长度为直径的 6 倍，偏钢为宽度的 2 倍。

2）有震动的接地线，应采用螺栓连接，并加设弹簧垫圈，防止松动。

3）钢管接地与电器设备间应有金属连接，如接地线与钢管不能焊接时，应用卡箍连接。

（5）电缆管的内径不应小于电缆外径的 1.5 倍。电缆管的弯曲半径应符合所穿入电缆弯曲半径的规定，弯扁度不大于管子外径的 10%。每根电缆管最多不超过 3 个弯头，其中直角弯不应多于 2 个。

金属电缆管内壁应光滑无毛刺，管口应磨光。

硬质塑料管不得用在温度过高或过低的场所；在易受机械损伤处，露出地面一段，应采取保护措施。

引至设备的电缆管管口位置，应便于与设备连接，并不妨碍设备拆装和进出，并列敷设的电缆管管口应排列整齐。

（6）限位开关的位置应调整准确，牢固可靠。

21.4 施工交通运输

21.4.1 对外交通运输

根据对外交通运输条件，工程施工期间外来物资运输主要采用公路运输。由工程区至当地县市，可利用堤顶公路及四通八达的当地公路，不再新修对外交通道路。

21.4.2 场内交通运输

施工期间工程场内运输以混凝土料的运输为主，兼有施工机械设备及人员的进场要求，因此设计修建施工干线道路连接工区、料场区和淤区等；场内干线公路路基能利用村间现有道路的应尽量利用，不能利用的考虑新建或改建。

施工道路布置详见工程施工总布置图，本次设计场内施工道路利用村间现有道路，场内施工道路长 1.70km。

21.5 施工工厂设施

工程施工工厂设施主要由机械停放场，水、电设施等组成。

21.5.1 机械停放场

由于工程施工项目单一，且距当地县市较近，市、县内均可为工程提供一定程度的加工、修理服务。在满足工程施工需要的前提下，本着精简现场机修设施的原则，不再专设修配厂。

在工地现场各施工区内配设的机械停放场内可增设机械修配间，配备一些简易设备，承担施工机械的小修保养。

21.5.2 施工供水

根据工程施工总布置，施工供水分区安排。施工管理及生活区都布置在村庄附近，因此生活用水可直接在村庄附近打井取用或与村组织协商从村民供水井引管网取得；主体工程施工区生产用水量较小，水质要求不高，可直接抽取黄河水。工程用水量见表 21.5-1。

表 21.5-1   工 程 用 水 量 表

工程名称	用水量/(m³/h)		
	生产用水	生活用水	小计
韩墩引黄闸	5.47	1.42	6.89

21.5.3 施工供电

施工用电包括工程生产用电和生活照明用电等，用电可从原闸已有电网引接，考虑部分自备发电机供电。本次设计总用电负荷为 112.60kW。

21.5.4 施工通信

工程施工期通信不设立专门的通信系统，管理区对外通信可接当地市话，工区之间可采用移动通信联络。

21.6 施工总布置

21.6.1 施工布置

施工总布置方案应遵循因地制宜、方便施工、安全可靠、经济合理、易于管理的原则。

针对本工程的特点，水闸工程施工区相对集中，生产及生活设施根据水闸附近地形条件就近布置。施工道路最大限度地利用现有道路，施工设施尽量利用社会企业，减少工区内设置的施工设施的规模。根据施工需要，工区内主要布置综合加工厂、机械停放场、仓库、堆场及现场施工管理用房等。

经初步规划，本工程施工占地见表 21.6-1。

表 21.6 - 1	工程施工占地汇总表	单位：亩
序号	名称	韩墩闸
1	办公、生活区	0.74
2	机械停放场	0.30
3	施工仓库	0.15
4	混凝土拌和站	0.45
5	混凝土预制场	3.00
6	土料场	8.84
合计		13.47

21.6.2 土石方平衡及弃渣

工程土方开挖总量约 98m³，混凝土拆除约 120m³，利用开挖土方 5m³，弃渣量约 208m³，弃土量约 93m³。

由于工程所在地区的特殊性，清淤、开挖土方沿临黄堤背河淤区范围内堆弃，拆除的混凝土运往 8.0km 外弃渣场弃置。

21.7 施工总进度

21.7.1 编制原则及依据

（1）编制原则。根据工程布置形式及规模等，编制施工总进度本着积极稳妥的原则，施工计划留有余地，尽可能使工程施工连续进行，施工强度均衡，充分发挥机械设备作用和效率，使整个工程施工进度计划技术上可行，经济上合理。

（2）编制依据。

1）《堤防工程施工规范》（SL 260—98）。

2）《水利水电工程施工组织设计规范》（SL 303—2004）。

3）机械生产率计算依据部颁定额，并参考国内类似工程的统计资料。

4）人工定额参照《水利建筑工程概算定额》（2002 年）。

5）黄河水利委员会《黄河下游防洪基建工程施工定额》。

21.7.2 施工总进度计划

根据工程布置、工程规模、气候特点及导流方案，工程施工期分为施工准备期和主体工程施工工期。

工程总工期 4.5 个月，其中施工准备期 1 个月，主体工程施工期 3 个月，工程完建期 0.5 个月。

（1）施工准备期。主要有以下准备工作：临时生活区建设、水电设施安装、场内施工道路修建及施工设备安装调试等。

准备期安排 1 个月，即第一年 9 月进行上述几项工作，完成后即可开始进行主体工程施工。

（2）主体工程施工期。水闸工程基本施工程序为：围堰施工→基坑排水→拆除工程→清淤、土方开挖→闸混凝土浇筑→闸门、启闭机安装→启闭机房。围堰及基坑排水施工安排 10 月初进行，安排工期 10d，完成土方填筑 3755m³。老闸拆除在基坑抽水完成后进行，安排工期 16d，完成混凝土拆除 208m³。土方开挖、清淤在基坑抽水完成后进行，安排工期 16d，完成土方开挖 98m³。水闸混凝土浇筑 129m³，安排工期 16d，日均浇筑强度 8.06m³/d。闸门、启闭机安装安排在混凝土浇筑到安装高程，且混凝土强度达到设计要求后进行，工期安排 31d。水闸安装，安排工期 31d。

（3）工程完建期。工程完建期安排 15d，进行工区清理等工作。

本次设计项目工程主要施工技术指标见表 21.7-1。

表 21.7-1　　　　　　　　　工程主要施工技术指标表

序号	项目名称		单位	数量
1	总工期		月	4.5
2	土方开挖	最高日均强度	m³/d	6.13
3	混凝土浇筑	最高日均强度	m³/d	8.06
4	施工期高峰人数		人	50
5	总工日		万工日	0.39

21.8　主要技术供应

21.8.1　建筑材料及油料

水闸所需主要建筑材料包括商品水泥约 24t、钢筋约 25.49t，均可到距工程就近市、县等地采购。

21.8.2　主要施工设备

工程所需主要施工机械为中小型机械设备，工程主要施工机械设备见表 21.8-1。

表 21.8-1　　　　　　　　　工程主要施工机械设备表

序号	机械名称	型号及特性	数量
1	挖掘机	1m³	1台
2	推土机	74kW	1台
3	自卸汽车	10t	2辆
4	插入式振捣器		3台
5	汽车吊	25t	1台
6	混凝土拌和机		2台

22 韩墩闸工程占压及移民安置规划

韩墩引黄闸位于滨城区梁才乡韩墩，位于黄河左岸大堤桩号286＋925处。该闸主要供滨州、沾化、东营的利津共两县一区15个乡镇，504个自然村的农村灌溉和滨州市区（东郊水厂）、沾化县城（思源湖水库）的城市生活用水和工业供水。

工程占地处理是工程建设的重要组成部分。根据《水利水电工程建设征地移民设计规范》（SL 290—2009）、《水利水电工程建设征地移民实物调查规范》（SL 442—2009）的规定，工程占压区的实物调查以黄河勘测规划设计有限公司为主，地方有关部门配合共同完成的。

22.1 实物调查

22.1.1 实物调查范围、内容

实物调查范围为工程临时占压区，临时占压区主要指办公、生活、机械停放、施工仓库和混凝土拌和站等临时占用的地区。

工程占压实物包括占压区土地、人口、房屋、附属物、农副业及专项等，本工程不涉及人口和房屋等。

按照SL 442—2009要求，在工程设计提供资料基础上，按照工程占压区地形图对工程占压区的实物进行全面调查。

22.1.2 实物调查成果

韩墩闸改建施工临时占地13.47亩，影响零星树94棵。

22.2 移民安置规划

根据实物调查成果，本工程无永久占地，临时占地仅有13.47亩，待工程结束后，临时占地给与复耕，恢复耕种条件，还给农民耕种，为此本工程不再进行移民安置规划。

22.3 投资概算

22.3.1 编制依据

（1）《中华人民共和国土地管理法》（2004年8月28日）。

（2）《大中型水利水电工程建设征地补偿和移民安置条例》（2006年国务院471号令）。

（3）《山东省实施〈中华人民共和国土地管理法〉办法》（2004年11月25日）。

（4）山东省人民政府办公厅《关于调整征地年产值和补偿标准的通知》（鲁政办发〔2004〕51号）。

（5）国家及山东省有关行业规范和规定等。

22.3.2 编制原则

（1）凡国家或地方政府有规定的，按规定执行，地方政府规定与国家规定不一致时，以国家规定为准；无规定或规定不适用的，依工程实际调查情况或参照类似标准执行。

（2）各类补偿标准一律按2011年3季度物价水平计算。

22.3.3 补偿标准确定

本工程无永久占地，临时占地的补偿标准，根据施工组织设计安排，按1年补偿。

年产值按照山东省人民政府办公厅《关于调整征地年产值和补偿标准的通知》执行，另考虑近年来的物价上涨因素，适当上调，标准为1965元/亩。

零星树和土地复垦费，按照黄河下游标准计算，零星树中的中树、大树分别按40元/株、55元/棵，土地复垦费中的挖、压地分别按1000元/亩和600元/亩，临时占地复垦期减产补助按1年产值计算。

22.3.4 其他费用

包括前期工作费，勘测设计科研费，实施管理费，技术培训费，监理、监测费。

（1）前期工作费：按2.5万元计列。

（2）勘测设计科研费：按3万元计列。

（3）实施管理费：按直接费的2万元计列。

（4）技术培训费：按农村移民补偿费的0.5%计列。

（5）监理、监测费：按直接费的1.5%。

22.3.5 基本预备费

按直接费和其他费用之和的8%计列。

22.3.6 概算投资

根据工程占压影响实物调查成果，按以上确定的补偿标准计算，韩墩闸改建占压处理投资共计13.02万元。其中农村移民费6.92万元，其他费用5.14万元，基本预备费0.96。

投资概算见表22.3-1。

表22.3-1　黄河下游近期防洪工程建设韩墩闸改建工程占压投资概算表

序号	项　　目	单位	数量	单价/元	概算/万元
A	农村移民安置补偿费				6.92
一	征用土地补偿费和安置补助费				2.65
（一）	临时占地		13.47		2.65
	挖地	亩	8.84	1965	1.74
	压地	亩	4.63	1965	0.91
二	其他补偿				4.27
1	零星树木补偿		94		0.46
	中树	株	42	40	0.17

序号	项　　目	单位	数量	单价/元	概算/万元
	大树	株	52	55	0.29
2	土地复垦费				1.16
	挖地	亩	8.84	1000	0.88
	压地	亩	4.63	600	0.28
3	临时占地复垦期减产补助	亩	13.47	1965	2.65
B	其他费用				5.14
1	前期工作费				2.50
2	勘测设计科研费				3.00
3	实施管理费				2.00
4	技术培训费			0.5%	0.035
5	监督费			1.5%	0.10
C	基本预备费			8%	0.96
	总投资				13.02

23 韩墩闸环境保护评价

23.1 设计依据

23.1.1 法律法规和技术文件

(1)《中华人民共和国环境保护法》（1989 年 12 月）。

(2)《中华人民共和国环境影响评价法》（2003 年 9 月）。

(3)《中华人民共和国水法》（2002 年 10 月）。

(4)《中华人民共和国水污染防治法》（2008 年 6 月）。

(5)《中华人民共和国大气污染防治法》（2000 年 4 月）。

(6)《中华人民共和国环境噪声污染防治法》（1996 年 10 月）。

(7)《中华人民共和国固体废物污染环境防治法》（2005 年 4 月）。

(8)《中华人民共和国水土保持法》（1991 年 6 月）。

(9)《中华人民共和国防洪法》（1997 年 8 月）。

(10)《中华人民共和国土地管理法》（2004 年 8 月）。

(11)《建设项目环境保护管理条例》（1998 年 11 月）。

(12)《环境影响评价技术导则—水利水电工程》（HJ/T 88—2003）。

(13)《环境影响评价技术导则—总纲、水环境》（HJ/T 2.1—1993）。

(14)《环境影响评价技术导则—大气环境》（HJ/T 2.2—2008）。

(15)《环境影响评价技术导则—水环境》（HJ/T 2.3—1993）。

(16)《环境影响评价技术导则—生态影响》（HJ 19—2011）。

(17)《环境影响评价技术导则—声环境》（HJ 2.4—2009）。

(18)《地表水和污水监测技术规范》（HJ/T 91—2002，国家环境保护总局）。

(19)《水利水电工程环境保护设计规范》（SL 492—2011）。

(20)《水利水电工程初步设计报告编制规程》（DL 5021—93）。

23.1.2 设计原则

环境保护设计针对工程建设对环境的不利影响，进行系统分析，将工程开发建设和地方环境规划目标结合起来，进行环境保护措施设计，力求项目区工程建设、社会、经济与环境保护协调发展。为此，环境保护设计遵循以下原则：

(1) 预防为主、以管促治、防治结合、因地制宜、综合治理的原则；

(2) 各类污染源治理，经控制处理后相关指标达到国家规定的相应标准；

(3) 减少施工活动对环境的不利影响，力求施工结束后项目区环境质量状况较施工前有所改善；

（4）环境保护措施设计切合项目区实际，力求做到：技术上可行，经济上合理，并具有较强的可操作性。

23.1.3 设计标准

（1）环境质量标准。

1）《生活饮用水卫生标准》（GB 5749—2006）。

2）《地表水环境质量标准》（GB 3838—2002）Ⅲ类标准。

3）《环境空气质量标准》（GB 3095—1996）二级标准。

4）《声环境质量标准》（GB 3096—2008）2类标准。

（2）污染物排放标准。

1）《建筑施工场界噪声限值》（GB 12523—90）。

2）《污水综合排放标准》（GB 8978—1996）一级排放标准。

3）《大气污染物综合排放标准》（GB 16297—1996）二级标准。

23.1.4 环境保护目标及环境敏感点

工程的环境保护目标为：

（1）生态环境：项目区生态系统功能、结构不受到影响。

（2）黄河下游水体不因工程修建而使其功能发生改变。

（3）最大程度减轻施工区废水、废气、固废和噪声对环境敏感点的影响。

（4）施工技术人员及工人的人群健康得到保护。

施工道路距离谷家村 20m，谷家村是主要的声环境和大气环境敏感点。

23.1.5 环境影响分析

（1）有利影响。工程建设有利于提高该地区的防洪排涝能力、消除下游防洪安全隐患、提高下游用水保证率、促进经济社会发展。

（2）主要不利影响。

1）水环境影响。施工期间的废污水主要是施工人员生活污水和生产废水。生活污水主要来自施工人员的日常生活产生的污水，污水量很小。生产废水主要来自混凝土拌和系统，冲洗废水 pH 值较高，悬浮颗粒物含量较高，直接排放会对水环境造成一定不利影响，但经过中和、沉淀处理后回用对水环境影响较小。

2）环境空气影响。施工期间大气污染物主要是施工机械、车辆排放的 CO、NO_x、SO_2、碳氢化合物以及车辆运输产生的扬尘，施工扬尘将对距离施工道路 20m 的谷家村居民造成一定影响，宜做好洒水等环境空气保护措施。

3）噪声环境影响。工程施工期，噪声源主要有施工机械噪声和交通噪声，施工道路距离谷家村 20m，施工期间的交通噪声将对谷家村的居民造成一定影响，宜采取设置临时隔声屏障等措施。

4）固体废物影响。工程固体废物有生产弃渣和施工人员生活垃圾。弃渣处置详见水土保持部分，生活垃圾及时清运，采取这些措施后，固体废物对环境影响很小。

5）占地影响。工程共占压土地 48.25 亩，全部为临时占地，影响零星树木 338 棵。占地将按规定给予补偿，当地政府进行土地调整，保证占地影响人口的生活水平不会降低。

6）生态环境影响。工程施工开始后，工程永久占地和临时占地上的植被将被铲除。工程区均为人工植被，因此施工仅造成一定的生物量损失，不影响当地的生物多样性。

水闸施工涉及的范围小，水闸施工对水生生物影响很小。

7）人群健康。在施工期间，由于施工人员相对集中，居住条件较差，易引起传染病的流行。施工期间易引起的传染病有：流行性出血热、疟疾、流行性乙型脑炎、痢疾和肝炎等。应加强卫生防疫工作，保证施工人员的健康。

（3）综合分析。工程对环境的不利影响主要集中在施工期。施工活动对施工区生态、水、大气、声环境将产生一定的不利影响；工程建设对提高防洪能力、提高下游用水保证率、保证周围居民生命财产安全有积极的作用。

工程建设对环境的影响是利弊兼有，且利大于弊。工程产生的不利影响可以通过采取措施进行减缓。从环境保护角度出发，没有制约工程建设的环境问题，工程建设是可行的。

23.2 环境保护设计

23.2.1 水污染控制

工程施工期间废水主要包括排放的生产废水和生活污水。

在水闸施工中，设 1 座混凝土拌和站，冲洗废水以 $1.0m^3$/次，高峰期一天产生废水量约为 $3m^3/d$，类比同类工程，废水 pH 值约为 11，废水中悬浮物浓度约 5000mg/L，废水具有悬浮物浓度高、水量少、间歇集中排放的特点。为避免混凝土拌和冲洗废水污染周围水体，采取设置沉淀池，混凝土拌和冲洗废水经沉淀后排放的处理方式，其工艺流程见图 23.2 - 1。

图 23.2 - 1　混凝土拌和冲洗废水处理工艺流程图

生活污水包含有粪便污水和洗涤废水，主要污染物是 COD、BOD_5、氨氮等。工程施工区高峰期人数为 70 人，按高峰期用水量每人每天 $0.08m^3$ 计，排放率以 80％计，每天产生生活污水约 $4.5m^3$。本工程采用机械化施工，由于施工人数较少，为保证黄河水体水质不受污染，在生活营地和施工区设立环保厕所，生活污水经一体化生活污水处理设施处理达到《污水综合排放标准》（GB 8978—1996）一级排放标准后排放，其工艺流程见图 23.2 - 2。

图 23.2 - 2　生活废水处理工艺流程图

23.2.2 大气环境保护

施工期大气污染主要来自机械车辆、施工机械排放的尾气、道路扬尘，污染物主要为 CO、SO_2、NO_X、TSP、PM_{10} 等。为控制大气污染需采取以下措施：

（1）进场设备尾气排放必须符合环保标准，应选用质量高有害物质含量少的优质燃料，减少机械设备尾气的排放。

（2）加强机械、运输车辆管理，维护好车况，尽量减少因机械、车辆状况不佳造成的污染。临近谷家村及生活区路段车辆实行限速行驶，以防止扬尘过多。

（3）物料运输时应加强防护，避免漏撒对沿线环境造成污染。

（4）道路、施工现场要定期洒水。一般情况下，每两个小时洒水一次，洒水次数可根据季节和具体情况进行增减。施工过程中，在瓜果开花季节，应增加洒水次数，尽量避免漂尘的影响。

23.2.3 噪声控制

施工区噪声主要来源于交通车辆和施工机械噪声。控制噪声污染，需作好以下几个方面的工作：

（1）临近谷家村路段设置临时隔声屏障，采用直立式百叶板隔声屏障，高 2m，长 50m。

（2）进场设备噪声必须符合环保标准，并加强施工期间的维修与保养，使其保持良好的运行状态。

（3）合理进行场地布置，高噪声设备尽量远离施工生活区、居民区，使施工场地达到《建筑施工场界噪声限值》（GB 12523—90）规定的标准。

（4）施工场地内噪声对施工人员的影响是不可避免的，对施工人员实行轮班制，控制作业时间，并配备耳塞等劳保用品，减轻噪声危害。

（5）合理安排作业时间，避免夜间施工，减少噪音对周围居民的影响。

23.2.4 生态环境保护措施

（1）工程应该根据建筑物的布置、主体工程施工方法及施工区地形等情况，进行合理规划布置，尽可能地减少工程占压对植物资源产生的不利影响。加强施工期间的环境管理和宣传教育工作，防止碾压和破坏施工范围之外的植被，减少人为因素对植被的破坏。

（2）工程结束后，临时占地应按要求及时进行施工迹地清理，恢复原有土地功能或平整覆土恢复为农田或林草地。

（3）加强施工期环境管理，各施工单位应设专人负责施工期的管理工作。在施工区、生活区树立警示牌、公告栏，严禁施工人员捕捉野生动物。

23.2.5 固体废弃物处置

固体废弃物主要包括工程产生的弃渣和施工人员产生的生活垃圾，弃渣的处理处置详见水土保持部分。

生活垃圾的处理处置：施工期高峰人数 70 人，按照每人每天产生 1kg 生活垃圾计算，每天最多产生生活垃圾 0.07t，总工日 0.54 万个，约产生生活垃圾 5.4t。为防止垃圾乱堆乱倒，污染周围环境，在施工附属厂区、办公生活区及等处设置垃圾箱，对垃圾进行定期收集，垃圾集中堆放，与当地环卫部门签订合同，由环卫部门定期清运，纳入城市生活垃圾处理系统。

23.2.6 人群健康保护措施

（1）生活饮用水处理。工程生活用水可直接在村庄附近打井取用或与村组织协商从村民供水井引管网取得，对食堂的饮用水桶进行加漂白粉消毒，加漂白粉剂量为每立方水 8g。

（2）卫生防疫。施工单位应与当地卫生医疗部门取得联系，由当地卫生部门负责施工人员的医疗保健和急救及意外事故的现场急救与治疗。为保证工程的顺利进行，保障施工人员的身体健康，施工人员进场前应进行体检，传染病人不得进入施工区。施工过程中定期对施工人员进行体检，发现传染病人及时隔离治疗，同时还应加强流感、肝炎、痢疾等传染病的预防与监测工作。工程完工后需对场地进行消毒、清理。

施工区流行性疾病防治措施：

1）开展有计划有组织的灭鼠活动，可采用简便高效的毒饵法进行灭鼠，施工期内进行 3 次。

2）加强对食品的卫生监督，集体食堂要做到严格消毒，重视疫情监测，及早发现病人，防止疫情蔓延。

3）夏、秋蚊虫活动频繁的季节，施工人员应挂蚊帐、不露宿，减少蚊虫叮咬机会，服用抗疟药物。

23.3 环境管理

工程的环境保护措施能否真正得到落实，关键在于环境管理规划的制订和实施。

23.3.1 环境管理目标

根据有关的环保法规及工程的特点，环境管理的总目标为：

（1）确保本工程符合环境保护法规要求。

（2）以适当的环境保护措施充分发挥本工程潜在的效益。

（3）使不利影响得到缓解或减免。

（4）实现工程建设的环境、社会与经济效益的统一。

23.3.2 环境管理机构及其职责

23.3.2.1 环境管理机构设置

工程建设管理单位配环境管理工作人员，安排专业环保人员负责施工中的环境管理工作。为保证各项措施有效实施，环境管理工作人员应在工程筹建期设置。

23.3.2.2 环境管理工作人员职责

（1）贯彻国家及有关部门的环保方针、政策、法规、条例，对工程施工过程中各项环保措施执行情况进行监督检查。结合本工程特点，制定施工区环境管理办法，并指导、监督实施。

（2）做好施工期各种突发性污染事故的预防工作，准备好应急处理措施。

（3）协调处理工程建设与当地群众的环境纠纷。

（4）加强对施工人员的环保宣传教育，增强其环保意识。

（5）定期编制环境简报，及时公布环境保护和环境状况的最新动态，搞好环境保护宣传工作。

23.3.3 环境监理

为防止施工活动造成环境污染，保障施工人员的身体健康，保证工程顺利进行，应聘请 1 名环境监理工程师开展施工区环境监理工作。环境监理工程师职责如下：

（1）按照国家有关环保法规和工程的环保规定，统一管理施工区环境保护工作。

（2）监督承包商环保合同条款的执行情况，并负责解释环保条款。对重大环境问题提出处理意见和报告，并责成有关单位限期纠正。

（3）发现并掌握工程施工中的环境问题。对某些环境指标，下达监测指令。对监测结果进行分析研究，并提出环境保护改善方案。

（4）协调业主和承包商之间的关系，处理合同中有关环保部分的违约事件。

（5）每日对现场出现的环境问题及处理结果进行记录，每月提交月报表，并根据积累的有关资料整理环境监理档案。

23.4 环境监测

为及时了解和掌握工程建设的环境污染情况，需开展相应的环境监测工作，以便及时采取相应的保护措施。针对本项目特点，环境监测主要进行水质、大气、噪声及人群健康监测。

（1）地表水监测。

监测断面：上游 500m 处和下游 500m 处设 2 个监测断面。

监测因子：水温、pH 值、DO、COD_{Cr}、BOD_5、氨氮、总磷、石油类、阴离子表面活性剂、硫化物、大肠菌群。

监测频率：施工高峰期监测 1 次。

监测方法：按照《地表水环境质量标准》（GB 3838—2002）的规定执行。

（2）大气监测。

监测点位：谷家村。

监测因子：TSP、PM_{10}、SO_2、NO_2。

监测频率：施工初期监测 1 次，施工高峰期监测 1 次，每次连续监测 7 天，并根据需要进行不定期抽检。

监测方法：按《环境空气质量标准》（GB 3095—1996）的要求执行。

（3）噪声监测。

监测点位：谷家村。

监测频率：施工高峰期监测一次，每次连续监测一昼夜 24 小时连续监测。并根据需要进行不定期抽检。

监测方法：按《声环境质量标准》（GB 3096—2008）的要求执行。

23.5 环境保护投资概算

23.5.1 环境保护概算编制依据

（1）编制原则。

1）执行国家有关法律、法规，依据国家标准、规范和规程。

遵循"谁污染，谁治理，谁开发，谁保护"原则。对于为减轻或消除因工程兴建对环境造成不利影响需采取的环境保护、环境监测、环境工程管理等措施，其所需的投资均列入工程环境保护总投资内。

"突出重点"原则。对受工程影响较大，公众关注的环境因子进行重点保护，在环保经费投资上给予优先考虑。

2）首先执行流域机构水利建设有关的定额和规定，当国家和地方没有适合的定额和规定时，参照类似工程资料。

（2）编制依据。

1）《水利水电工程环境保护概估算编制规程》（SL 359—2006）。

2）《工程勘察设计收费标准》（2002 年修订本，国家发展计划委员会、建设部）。

3）《国家计委关于加强对基本建设大中型项目概算中"价格预备费"管理有关问题的通知》（国家发计委 计投资〔1999〕1340 号）。

4）《建设工程监理与相关服务收费管理规定》（发改价格〔2007〕670 号）。

23.5.2 环境保护投资概算

工程的环境保护投资包括环境监测费、环境保护临时措施、独立费用、基本预备费，工程环境保护投资为 18.45 万元，其中环境监测费 1.4 万元，环境保护临时措施费 6.92 万元，独立费用 8.15 元，基本预备费 1.98 万元，见表 23.5-1～表 23.5-4。

表 23.5-1 环境保护投资概算表 单位：万元

工程和费用名称	建筑工程费	植物工程费	仪器设备及安装费	非工程措施费	独立费用	合计
第一部分 环境保护措施						
第二部分 环境监测				1.40		1.40
一、水质监测				0.60		0.60
二、环境空气监测				0.60		0.60
三、噪声监测				0.20		0.20
第三部分 保护仪器设备						0.00
第四部分 环境保护临时措施	3.20			3.72		6.92
一、废污水处理	3.20					3.20
二、扬尘控制				1.80		1.80
三、生活垃圾处理				0.23		0.23
四、噪声控制				1.00		1.00
五、人群健康保护				0.51		0.51
六、生态环境保护				0.18		0.18
第五部分 独立费用					8.15	8.15
一、建设管理费					3.00	3.00
二、环境监理费					3.15	3.15
三、科研勘测设计咨询费					2.00	2.00
第一至第五部分合计						16.47
基本预备费						1.98
环境保护总投资						18.45

表 23.5－2 环境监测概算表

序号	工程或费用名称	数量	单价/元	合计/万元
一	水质监测			0.60
1	地表水	2	3000	0.60
二	环境空气监测	1	6000	0.60
三	噪声监测	1	2000	0.20
	合计			1.40

表 23.5－3 环境保护临时措施概算表

序号	工程或费用名称	单位	数量	单价/元	合计/万元
一	废污水处理				3.20
	施工期生活污水处理				2.60
1	环保厕所	个	1	6000	0.60
	一体化生活污水处理设施	个	1	20000	2.00
2	生产废水处理				0.60
	混凝土废水沉淀池	个	2	3000	0.60
二	扬尘控制				1.80
1	洒水水费	月	225	80	1.80
三	固体废物处理				0.23
1	垃圾箱	个	6	300	0.18
2	垃圾清运	t	5.4	100	0.05
四	噪声控制				1.00
	临时隔声屏障	m²	100	100	1.00
五	人群健康保护				0.51
1	施工区一次性清理和消毒	处	1	1000	0.10
2	施工人员健康保护	人	14	200	0.28
3	卫生防疫	m²	1288	1	0.13
六	生态环境保护				0.18
1	警示牌	个	4	200	0.08
2	公告栏	个	1	1000	0.10
	合计				6.92

表 23.5－4 环境保护独立费用概算表

序号	工程费用	单位	数量	单价/元	合计/万元
一	建设管理费				3.00
1	环境管理经常费				1.00
2	环境保护设施竣工验收费				1.00

序号	工程费用	单位	数量	单价/元	合计/万元
3	环境保护宣传费				1.00
二	环境监理费	人·月	4.5	7000	3.15
三	科研勘测设计咨询费				2.00
	环境保护勘测设计费				2.00
	合 计				8.15

23.6　存在问题和建议

（1）在招标设计阶段，必须将有关环境保护条款列入合同条款，明确承包商的责任和义务，为施工期环境保护工作顺利开展提供保证。

（2）由于设计阶段的制约，环境保护设计中某些不够具体的地方需随着工程设计的深入进一步细化，以便于操作实施。

24 韩墩闸水土保持评价

24.1 项目概况

韩墩引黄闸位于滨城区梁才乡韩墩,位于黄河左岸大堤桩号 286＋925 处,1983 年建成投入使用,本工程为对其进行除险加固。

24.1.1 水土流失概况

项目区位于黄河冲积平原区,地形平坦,土壤肥沃,农业生产条件得天独厚,是主要的农、副业生产基地。项目区的水土保持主要以人工植被栽培为主体,主要表现为农业植被和林业植被。植被覆盖调节了地表径流,达到固结土体的作用,同时植被覆盖也降低滩区风速,降低土壤沙化。随着项目区的经济林、果林、苗圃、蔬菜、花卉、药材等种植面积逐年增加及黄河下游堤防标准化建设的实施,包括堤防浪林、行道林、适生林、护堤林、护坡草皮种植等,起到了很好的水土保持作用,使区域的生态环境、水土流失明显得到改善。

根据全国第二次土壤侵蚀遥感调查成果,结合当地水土流失强度分级图及工程实地调查,项目区以轻度水力侵蚀为主。项目区多年平均土壤侵蚀模数约为 $300t/(km^2 \cdot a)$。根据《山东省人民政府关于发布水土流失重点防治区的通告》(1999 年 3 月 3 日),本项目所涉及的山东区域部分属于山东省水土流失重点治理区。

24.1.2 工程占地及施工

工程占地面积 $3.37hm^2$,其中永久占地 $0.14hm^2$,临时占地 $3.23hm^2$。主体工程永久占地为已征用的建设占地,弃渣场占地位于已征用的堤防护堤地内,其他临时占地为新征占地。工程建设占地情况见表 24.1－1。

表 24.1－1 　　　　　　　　　　工 程 占 地 表 　　　　　　　　　单位：hm^2

项 目 区	项目建设区		
	永久占地	临时占地	小计
主体工程区	0.14		0.14
取土场区		1.18	1.18
弃渣场区		0.01	0.01
施工道路区		1.70	1.70
施工生产生活区		0.34	0.34
合计	0.14	3.23	3.37

24.2 水土流失预测

24.2.1 预测时段

水土流失预测分为工程建设期和自然恢复期两个预测时段。根据主体工程设计，本工程建设施工总工期4.5个月，因此工程建设期水土流失预测时段确定为0.5年。施工结束后，表层土体结构逐渐稳定，气候湿润，在没有人工措施作用下植被亦能够自然恢复，水土流失逐渐减少，经过一段时间恢复可达到新的稳定状态。根据黄河下游防洪工程水土保持监测资料并结合当地自然因素分析确定，施工结束一年后项目区的植被能够逐渐恢复至原来状态。因此，自然恢复期水土流失预测时段定为1年。

24.2.2 预测范围及内容

预测范围为水土流失防治责任范围中的项目建设区。根据《开发建设项目水土保持技术规范》（GB 50433—2008）的规定，结合该工程项目的特点，水土流失分析预测的主要内容有：扰动原地貌和破坏植被面积预测；可能产生的弃渣量预测；损坏和占压的水土保持设施数量预测；可能造成的水土流失量预测；可能造成的水土流失危害预测。

24.2.3 扰动原地貌和破坏植被面积

根据主体工程设计，结合项目区实地踏勘，对工程施工过程中占压土地的情况、破坏林草植被的程度和面积进行测算和统计得出：工程建设扰动地表总面积3.37hm²，其中耕地3.23hm²、建设用地0.14hm²。

24.2.4 弃土弃渣量

工程弃土弃渣量的预测主要采用分析主体工程施工组织设计的土石方开挖量、填筑量、土石方调配、挖填平衡及水土保持专业的分析等，以充分利用开挖土石方为原则。本工程弃土弃渣主要来源于清基清淤、基础开挖料等，产生弃土弃渣约301m³。弃土平铺堆弃在相应施工堤段的护堤地内，弃渣运往业主指定的渣场，由业主负责另行防护。

主体工程清基及土方开挖土方98m³，开挖石方208m³，总填筑量为土方7515m³。经平衡计算，可利用量约土方5m³，总弃土、弃渣量约301m³，土石方平衡见表24.2-1。

表 24.2-1　　　　　　　　　　土 石 方 平 衡 表　　　　　　　　　　单位：m³

开挖方		填筑方		利用方		借调方		废弃方	
土方	石方	土方	石方	土方	石方	土方	石方	土方	石方
98	208	7515	0	5	0	7510	0	92	208

24.2.5 损坏水土保持设施面积

根据《山东省水土保持设施补偿费、水土流失防治费收取标准和使用管理暂行办法》，工程不涉及损坏和占压水土保持设施面积。

24.2.6 可能造成的水土流失量

可能造成水土流失量的预测以资料调查法和经验公式法进行分析预测为主。经验公式法所采用的参数通过与本工程地形地貌、气候条件、工程性质相似的工程项目类比分析中取得，其计算公式为：

$$W_0 = \sum_{j=1}^{2} \sum_{i=1}^{4} (F_{ji} M_{0ji} M_{ji})$$

$$W = \sum_{j=1}^{2} \sum_{i=1}^{4} (F_{ji} M_{ji} M_{ji})$$

$$\Delta W = \sum_{j=1}^{2} \sum_{i=1}^{n} (F_{ji} \Delta M_{ji} M_{ji})$$

式中　　W_0——水土流失背景值水土流失量，t；

　　　　W——水土流失总量，t；

　　　　ΔW——工程建设造成的新增水土流失量，t；

　　　　F_{ji}——某时段某单元的预测面积，km^2；

　　　　M_{0ji}——某时段某单元的背景土壤侵蚀模数，$t/(km^2 \cdot a)$；

　　　　M_{ji}——某时段某单元的土壤侵蚀模数，$t/(km^2 \cdot a)$；

　　　　ΔM_{ji}——某时段某单元的新增土壤侵蚀模数，$t/(km^2 \cdot a)$，只计正值，负值按 0 处理，$\Delta M_{ji} = M_{ji} - M_{0ji}$；

　　　　i——预测单元，$i = 1、2、3、4$，分别代表四个预测单元；

　　　　j——预测时段，$j = 1、2$，指施工期（包括施工准备期）和自然恢复期。

根据山东省第二次土壤侵蚀遥感调查成果，区域水土流失侵蚀类型主要以水力侵蚀为主，属于轻度水力侵蚀，侵蚀模数背景值平均为 $300t/(km^2 \cdot a)$ 左右。

工程扰动后的建设期土壤侵蚀模数和自然恢复期土壤侵蚀模数的确定，采取类比工程和实地调查相结合的方法，选择黄河下游防洪工程作为类比工程，其类比工程的地形、地貌、土壤、植被、降水等主要影响因子与本工程相似，具有可比性。

通过经验公式预测，工程建设可能产生的水土流失总量为 207t，其中水土流失背景值为 30t，新增水土流失总量为 177t。工程建设引起的水土流失中工程施工期水土流失 161t，占预测流失总量的 78%；自然恢复期 47t，占预测流失总量的 22%，新增水土流失量预测见表 24.2-2。

表 24.2-2　　　　　　　　　　　新增水土流失量预测表　　　　　　　　　　　单位：t

项　　目	背景流失量	工程建设期流失量			新增流失量	新增比例/%
		施工期	自然恢复期	小计		
主体工程区	1	7	1	8	7	3.68
土料场	11	77	21	98	87	49.20
弃渣场	0	0	0	0	0	0.09
施工道路	15	65	20	85	70	39.34
施工生产生活区	3	13	4	17	14	7.68
合计	30	161	47	207	177	100.00

24.2.7　水土流失危害预测

工程建设过程中不同程度的扰动破坏了原地貌、植被，降低了其水土保持功能，加剧了土壤侵蚀，对原本趋于平衡的生态环境造成了不同程度破坏，如果不采取有效的水土保持防治措施，将对区域土地生产力、生态环境、水土资源利用、防洪工程等造成不同程度的危害。

24.3 水土流失防治总则

24.3.1 防治原则

贯彻"预防为主，全面规划，综合防治，因地制宜，加强管理，注重效益"的水土保持工作方针，体现"谁造成水土流失，谁负责治理"的原则。将水土流失防治方案纳入工程建设的总体安排，便于水土保持工程与主体工程"同时设计、同时施工、同时投产使用"，及时、有效地控制工程建设过程中的水土流失，恢复和改善项目区生态环境。

24.3.2 防治目标

项目区位于山东省境内的重点治理区，根据《开发建设项目水土流失防治标准》（GB 50434—2008），确定该项目采用水土流失防治二级标准，目标值应达到扰动土地整治率95%、水土流失总治理度85%、土壤流失控制比1.0、拦渣率95%、林草植被恢复率95%和林草覆盖率20%。

24.3.3 防治责任范围

根据"谁开发、谁保护、谁造成水土流失、谁负责治理"的原则，凡在生产建设过程中造成水土流失的，都必须采取措施对水土流失进行治理；依据《开发建设项目水土保持技术规范》（GB 50433—2008）的规定，工程水土流失防治责任范围包括项目建设区和直接影响区。

（1）项目建设区。项目建设区范围包括建（构）筑物占地和施工临时占地，面积为 3.37hm²。

（2）直接影响区。直接影响区是指工程建设期间对未征、租用土地造成水土流失影响的区域。根据工程施工对周边的影响，且除险加固工程在主体工程区外无影响，确定本项目直接影响区范围是临时占地区周围外延 2m 范围，面积为 0.13hm²。

因此，工程水土流失防治责任范围面积 3.50hm²，其中项目建设区面积 3.37hm²，直接影响区面积 0.13hm²。项目建设水土流失防治责任范围见表 24.3-1。

表 24.3-1　　　　　　水土流失防治责任范围　　　　　　单位：hm²

项目区	项目建设区			直接影响区	合计
	永久占地	临时占地	小计		
主体工程区	0.14		0.14		0.14
取土场区		1.18	1.18	0.07	1.25
弃渣场区		0.01	0.01	0.00	0.01
施工道路区		1.70	1.70	0.05	1.75
施工生产生活区		0.34	0.34	0.01	0.35
合计	0.14	3.23	3.37	0.13	3.50

24.3.4 防治分区及防治措施

根据项目区地形地貌特点和工程类型及功能划分为五个分区，即主体工程区、施工生产生活区、施工道路区、取土场区和弃渣场区，水土流失防治分区及特点见表 24.3-2。

表 24.3-2　　　　　　　　　　　水土流失防治分区及特点

防治分区	区域特点
主体工程区	施工过程中基础开挖和填筑时开挖面和临时堆土容易产生水蚀
施工生产生活区	施工期生产工作繁忙，施工人员流动较大，施工活动对原地表扰动剧烈
施工道路区	车辆碾压及人为活动频繁，路面扰动程度较大，降雨后的水蚀作用明显
取土场区	临时堆土和料场边坡容易产生风蚀和水蚀
弃渣场区	临时堆土和弃渣表面容易产生风蚀和水蚀

通过对主体工程设计的分析，主体工程中具有水土保持功能的措施基本能够满足水保要求，为避免重复设计和重复投资，本方案根据主体工程施工情况，有针对性的新增表土剥离返还、土地整治、临时排水沟、袋装土临时拦挡、挡水土埂等水土保持措施。

24.4　水土保持措施设计

主体工程区设计的砌石护坡工程和绿化工程具有水土保持功能，满足水土保持要求。工程建设开挖及回填时需要加强管理，避免乱堆乱弃的现象，不新增水土保持措施。

施工道路临时占用耕地在施工完成后采用推土机平整至顶面坡度小于 5°，然后进行翻耕，恢复耕作功能。经计算，土地整治措施面积为 1.7hm²。

施工道路两侧设置临时排水沟，临时排水沟与周边沟渠相结合，对路面汇水进行疏导，防止道路两侧地面的侵蚀。临时排水沟采用土沟形式、内壁夯实，断面采用梯形断面，断面底宽 0.40m，沟深 0.40m，边坡比 1：1。经计算，临时排水沟措施工程量为 1554m³。

弃渣场在堆弃完成后采用推土机平整至顶面坡度小于 5°，然后进行翻耕，恢复至可绿化条件。经计算，土地整治措施面积为 0.01hm²。

弃渣场完成土地整治后采取撒播草籽方式进行绿化。草籽选用狗芽根，撒播密度为 65kg/hm²。经计算，撒播种草措施工程量为 0.01hm²，新增水土保持措施工程量汇总表 24.4-1。

表 24.4-1　　　　　　　　　　　新增水土保持措施工程量汇总表

分　区	措施名称	单位	工程量
取土场区	表土剥离返还	m³	2356
	袋装土临时拦挡	m³	260
	挡水土埂	m³	78
弃渣场区	土地整治	hm²	0.01
	撒播种草	hm²	0.01

分 区	措施名称	单位	工程量
施工道路区	土地整治	hm²	1.70
	临时排水沟	m³	1554
施工生产生活区	土地整治	hm²	0.34
	临时排水沟	m³	74

根据水土保持"三同时"制度，规划的各项防治措施应与主体工程同时进行，在不影响主体工程建设的基础上，尽可能早施工、早治理，减少项目建设期的水土流失量，以最大限度地防治水土流失。本项目水土保持工程施工主要遵循以下原则：①按照"三同时"原则，坚持预防为主，及时防治，实施进度和位置与主体工程协调一致。②永久性占地区工程措施坚持"先防护后施工"原则，及时控制施工过程中的水土流失。③工程弃渣场坚持"先防护，后堆放"及"防护并行"的原则。④临时占地区使用完毕后需及时拆除并进行场地清理整治的原则。⑤植物措施根据工程进度及时实施的原则。

参照主体工程施工进度及各项水保措施的工程量，安排本方案工程实施进度：工程措施措施和临时措施与主体工程同步实施；植物措施须根据植物的生物学特性，选择工程完工当年的适宜季节实施，滞后于主体工程。

24.5 水土保持管理

下阶段应做好施工图设计，施工过程中应落实施工责任及培训制度，做好水土保持监测、监理工作。监理单位应根据建设单位授权和规范要求，切实履行自己的职责，及时发现问题、及时解决问题，对施工单位在施工中违反水土保持法规的行为和不按设计文件要求进行水土保持设施建设的行为，有权给予制止，责令其停工，并作出整改。水土保持监测、监理单位在工作结束后，要提交相应的资料和报告，配合完成水土保持设施竣工验收。

24.6 水土保持监测

根据《水土保持监测技术规程》（SL 227—2002）的规定，该项目水土保持监测主要是对工程施工中水土流失量及可能造成的水土流失危害进行监测；方案实施后主要监测各类防治措施的水土保持效益。

24.6.1 监测时段与频率

水土保持监测时段分工程建设期和自然恢复期两个阶段，主要监测时段为工程建设期。工程建设期内汛期每月监测一次，非汛期每2个月监测1次，24小时降雨量不小于25mm增加监测次数。自然恢复期每年进行两次监测，原则上为汛前、汛后各监测一次。

24.6.2 监测内容

水土保持监测的具体内容要结合水土流失6项防治目标和各个水土流失防治区的特点，主要对建设期内造成的水土流失量及水土流失危害和运行期内水土保持措施效益进行监测。主要监测内容如下：

（1）项目区土壤侵蚀环境因子状况监测，内容包括：影响土壤侵蚀的地形、地貌、土壤、植被、气象、水文等自然因子及工程建设对这些因子的影响；工程建设对土地的扰动面积，挖方、填方数量及面积，弃土、弃石、弃渣量及堆放面积等。

（2）项目区水土流失状况监测，内容包括：项目区土壤侵蚀的形式、面积、分布、土壤流失量和水土流失强度变化情况，以及对周边地区生态环境的影响，造成的危害情况等。

（3）项目区水土保持防治措施执行情况监测，主要是监测项目区各项水土保持防治措施实施的进度、数量、规模及其分布状况。

（4）项目区水土保持防治效果监测，重点是监测项目区采取水保措施后是否达到了开发建设项目水土流失防治标准的要求。

为了给项目验收提供直接的数据支持和依据，监测结果应把项目区扰动土地整治率、水土流失总治理度、土壤流失控制比、拦渣率、林草植被恢复率和林草覆盖率等衡量水土流失防治效果的指标反映清楚。

24.6.3 监测点布设

根据本工程可能造成水土流失的特点及水土流失防治措施，初步拟定 2 个固定监测点，其中主体工程建设开挖区、取土场区的临时堆土点各布置 1 个监测点。

24.6.4 监测方法及设备

水土保持监测的主要方法是结合工程施工管理体系进行动态监测，并根据实际情况采用定点定位监测，监测沟道径流及泥沙变化情况，从中判断水土保持措施的作用和效果。其中对各项量化指标的监测需要选定不同区域具有代表性的地段或项目进行不同时段的监测。

简易监测小区建设尺寸按照《水土保持监测技术规程》标准小区规定根据实际地形调整确定。监测小区需要配备的常规监测设备包括自记雨量计、坡度仪、钢卷尺和测钎等耗材，调查监测需配备便携式 GPS 机。

24.6.5 监测机构

按照《水土保持监测技术规范》要求，建设单位应委托具备国家水利部颁发的水土保持监测资质证书的单位进行。监测报告应核定建设过程及完工后 6 项防治目标的实现情况，满足水土保持专项验收要求。监测结果要定期上报建设单位和当地水行政主管部门作为当地水行政主管部门监督检查和验收达标的依据之一。

24.7 水土保持投资概算

24.7.1 编制原则

水土保持投资概算按照现行部委颁布的有关水利工程概算的编制办法、费用构成及计算标准，并结合工程建设的实际情况进行编制。主要材料价格、工程单价及价格水平年与主体工程一致，水土保持补偿费按照山东省相关规定计算，人工费按六类地区计算。

24.7.2 编制依据

(1)《开发建设项目水土保持工程概（估）算编制规定》（水利部水总〔2003〕67号）。

(2)《开发建设项目水土保持工程概算定额》（水利部水总〔2003〕67号）。

(3)《关于开发建设项目水土保持咨询服务费用计列的指导意见》（水保监〔2005〕22号）。

(4)《工程勘察设计收费管理规定》（国家计委、建设部计价格〔2002〕10号）。

(5)《建设工程监理与相关服务收费管理规定》（发改办价格〔2007〕670号）。

(6)《山东省水土保持设施补偿费、水土流失防治费收取标准和使用管理暂行办法》（鲁价涉发〔1995〕122号）。

10.7.3 费用构成

根据《开发建设项目水土保持工程概（估）算编制规定》和《关于开发建设项目水土保持咨询服务费用计列的指导意见》，水土保持方案投资概算费用构成为：①工程费（工程措施、植物措施、临时工程）；②独立费用；③基本预备费；④水土保持设施补偿费组成。

独立费用包括建设管理费、工程建设监理费、勘测设计费、水土保持监测费和水土保持设施竣工验收费。

(1) 建设管理费。按工程措施投资、植物措施投资和临时工程投资三部分之和的2%计算。

(2) 工程建设监理费。本工程水土保持工程建设监理合并入主体工程监理内容，水土保持工程建设监理费与主体工程建设监理费合并使用，不再单独计列。

(3) 勘测设计费。勘测设计费参照《关于开发建设项目水土保持咨询服务费用计列的指导意见》（水保监〔2005〕22号）和《工程勘察设计收费管理规定》（国家计委、建设部计价格〔2002〕10号文）计取。

(4) 水土保持监测费。参照《关于开发建设项目水土保持咨询服务费用计列的指导意见》（水保监〔2005〕22号）和《开发建设项目水土保持工程概（估）算编制规定》适当计取。

(5) 水土保持设施竣工验收费。水土保持设施竣工验收费与主体工程竣工验收费合并使用，不再单独计列。

(6) 基本预备费。根据《开发建设项目水土保持工程概（估）算编制规定》，基本预备费按第一至第四部分之和的3%计算。

24.7.4 概算结果

结合工程情况，本次设计新增水土保持措施投资18.29万元，其中工程措施投资7.43万元，植物措施投资0.01万元，临时工程投资2.62万元，独立费用7.70万元，基本预备费0.53万元。新增水土保持措施投资概算见表24.7-1。

24.7.5 效益分析

水土保持各项措施的实施，可以预防或治理开发建设项目因工程建设造成的水土流失，这对于改善当地生态经济环境，保障防洪排涝工程安全运营都具有极其重要的意义。

水土保持各项措施实施后的效益，主要表现为生态效益、社会效益和经济效益。

表 24.7-1 新增水土保持措施投资概算表

序号	工程或费用名称		单位	工程量	单价/元	投资/万元
一	第一部分 工程措施					7.43
1	土地整治		hm²	2.05	28700	5.88
2	表土剥离返还		m³	2356	6.59	1.55
二	第二部分 植物措施					0.01
1	撒播种草	撒播	hm²	0.01	178	0.001
		草籽	kg	0.60	60	0.004
三	第三部分 临时工程					2.62
1	袋装土临时拦挡		m³	260	65.53	1.70
2	土排水沟		m³	1629	4.01	0.65
3	挡水土埂		m³	78	14.69	0.11
4	其他临时工程					0.15
	第一至第三部分总和					10.05
四	第四部分 独立费用					7.70
1	建设管理费					0.20
2	水土保持方案编制费					5.00
3	水土保持监测费					2.50
	第一至第四部分合计					17.76
五	基本预备费					0.53
	总投资					18.29

24.8 实施保证措施

为贯彻落实《中华人民共和国水土保持法》，建设单位应切实做好水保工程的招投标工作，落实工程的设计、施工、监理、监测工作，要求各项任务的承担单位具有相应的专业资质，尤其要注意在合同中明确承包商的水土流失防治责任，并依法成立方案实施组织领导小组，联合水行政主管部门做好水土保持工程的竣工验收工作。

水土保持工作实施过程中各有关单位应切实做好技术档案管理工作，严格按照国家档案法的有关规定执行。水土保持设施所需费用，应从主体工程总投资中列支，并与主体工程资金同时调拨。建设单位应按照水土保持工程分年投资计划将资金落实到位，并做到专款专用，严格控制资金的管理与使用，确保水土保持措施保质保量按期完成。

25 韩墩闸节能设计

25.1 工程概况

韩墩引黄闸位于滨城区梁才乡韩墩，位于黄河左岸大堤桩号 286＋925 处，该闸为两联六孔，每孔净宽宽 3m，净高 3m 的钢筋混凝土箱式涵洞，全长 70m。

韩墩引黄闸修建于 1982 年建设，1983 年建成投入使用。根据水利部颁发的《水闸安全鉴定规定》（SL 214—98）和《水闸安全鉴定管理办法》（水建管〔2008〕214 号）及相关规范要求，有关单位完成了韩墩引黄闸的各项调查、检测和安全复核工作。该闸评定为三类闸，需要进行除险加固。

除险加固工程为：

(1) 对涵闸洞身裂缝进行修补处理；

(2) 恢复闸基的防渗长度；

(3) 更换洞室老化的明止水橡皮和锈蚀的铁压板；

(4) 加固闸门，更换老化的启闭机和老化的电气设备；

(5) 对机架桥进行裂缝处理，对排架柱进行加固；

(6) 对其他缺陷部分进行处理。

25.2 设计依据和设计原则

25.2.1 设计依据

(1)《中华人民共和国节约能源法》。

(2)《工程设计节能技术暂行规定》（GBJ 6—85）。

(3)《电工行业节能设计技术规定》（JBJ 15—88）。

(4)《公共建筑节能设计标准》（GB 50189—2005）。

(5)《中国节能技术政策大纲》2006 修订，国家发展和改革委员会、科技部联合发布。

(6)《国家发展和改革委关于加强固定资产投资项目节能评估和审查工作的通知》（发改投资〔2006〕2787 号）。

(7)《国家发展和改革委关于印发固定资产投资项目节能评估和审查指南（2006）的通知》（国家发展和改革委员会文件：发改环资〔2007〕21 号）。

25.2.2 设计原则

节能是我国发展经济的一项长远战略方针。根据法律法规的要求，依据国家和行业有关节能的标准和规范合理设计，起到节约能源，提高能源利用率，促进国民经济向节能型发展的作用。

水利水电工程节能设计，必须遵循国家的有关方针、政策，并应结合工程的具体情况，积极采用先进的技术措施和设施，做到安全可靠、经济合理、节能环保。

工程设计中选用的设备和材料均应符合国家颁布实施的有关法规和节能标准的规定。

25.3 工程节能设计

25.3.1 工程总布置及建筑物设计

本次除险加固总体布置为闸墩混凝土表面缺陷混凝土修复，启闭机房拆除重建，防渗系统修复以及消能防冲设施加固。在加固方案设计时，力求做到结构尺寸合理，减小工程量和投资，降低能源消耗。启闭机房采用轻钢房屋，节能环保，并可循环利用。

25.3.2 金属结构设计

在金属结构设备运行过程中，操作闸门的启闭设备消耗了大量的电能，在保证设备安全运行的情况下降低启闭机的负荷，减少启闭机的电能消耗，实现节能。

25.3.3 电气设备设计

采用高效设备，合理选择和优化电气设备布置，以降低能耗；尽量使电气设备处于经济运行状态；灯具选用高效节能灯具并选用低损耗镇流器。

25.3.4 施工组织设计

（1）施工场地布置方案。在进行分区布置时，分析各施工企业及施工项目的能耗中心位置，尽量使为施工项目服务的设施距能耗（负荷）中心最近，工程总能耗最低。

规划的施工变电所位置尽量缩短与混凝土施工工厂、水厂等的距离，以减少线路损耗，节省能耗。

（2）施工辅助生产系统及其施工工厂设计。施工辅助生产系统的耗能主要是砂石料加工系统、混凝土拌和系统、供风、供水等。在进行上述系统的设计中，采取了以下的节能降耗措施：

1）供风系统。尽量集中布置，并靠近施工用风工作面，以减少损耗。

2）供水系统。在工程项目实施时，为节约能源，应根据现场情况，砂石料生产系统单独供水，其余施工生产和生活用水采用集中供水。

3）混凝土加工系统。在胶凝材料的输送工艺选择上，采用气力输送工艺比机械输送工艺能有效地降低能耗。混凝土生产系统的主要能耗设备为拌和机、空压机。在设备选型上，选择效率高能耗相对较低的设备。

（3）施工交通运输。由于工程对外交通便利，场内外交通运输均为公路运输，结合施工总布置进行统筹规划，详细分析货流方向、货运特性、运输量和运输强度等，拟定技术标准，进行场内交通线路的规划和布置，做到总体最优，减少运输能耗。

（4）施工营地、建设管理营地建筑设计。按照建筑用途和所处气候、区域的不同，做好建筑、采暖、通风、空调及采光照明系统的节能设计。所有大型公共建筑内，除特殊用途外，夏季室内空调温度设置不低于26℃，冬季室内空调温度设置不高于20℃。

建筑物结合地形布置，房间尽可能采用自然采光、通风；外墙采用厚240mm空心水泥砌块；窗户采用塑钢系列型材，双层中空保温隔热效果好；面采用防水保温屋面。

采用节能型照明灯具，公共楼梯、走道等部位照明灯具采用声光控制。

25.4 工程节能措施

25.4.1 设计与运行节能措施

（1）变压器选用低损耗产品。

（2）合理选用导线材料和截面，降低线损率。

（3）主要照明场所应做到灯具分组控制，以使工作人员可根据不同需要调整照度。

（4）合理确定运行方式，选用优化的管道直径和敷设，降低水头损失。

（5）对照明变压器应尽量避免运行电压波动过大，提高灯具的运行寿命。主要照明场所应做到灯具分组控制，根据不同工作环境的照明需要调整照度，不需要照明的时候应随时关掉电源，以达到全区节能运行。

（6）水泵设备选择效率高、耗能小的国家名优产品。

（7）选择水头损失小的，操作合理的阀门。

25.4.2 施工期节能措施

（1）主要施工设备选型及配套。为保证施工质量及施工进度，工程施工时以施工机械化作业为主，因此施工机械的选择是提高施工效率及节能降耗的工作重点。工程在施工机械设备选型及配套设计时，按各单项工程工作面、施工强度、施工方法进行设备配套选择，使各类设备均能充分发挥效率，降低施工期能耗。

（2）施工技术及工艺。推广节能技术，推广应用新技术、新工艺、利用科技进步促进节能降耗。

25.5 综合评价

25.5.1 分析

在工程施工期，对于土石方工程施工工艺与设备、交通运输路线与设备和砂石加工及混凝土生产系统布置与设备选型需进行细致研究，以便节省施工期能耗。

工程运行期通过合理选择运行设备，加强运行管理和检修维护管理，合理选择运行方案，加强节能宣传，最大限度降低运行期能耗。

25.5.2 建议

工程建设期间，以"创建节约型社会"为指导，树立全员节能观念，加大节能宣传力度，提高各参建单位的节能降耗意识，培养自觉节能的习惯。

工程运行期，合理组织，协调运行，加强运行管理和检修管理，优化检修机制，节约能源。

26 韩墩闸工程管理设计

26.1 管理机构

按照国务院、水利部及黄委会对基层单位"管养分离"改革的总体部署，建立职能清晰，权责明确的黄河工程管理体系。本期工程建成后，由原单位负责管理，并制定管理标准、办法和制度；具体工程、设施的维修、养护、运行操作、观测、巡查、管护等业务由专门的维修养护队伍承担。

韩墩闸除险加固工程竣工后交原管理单位管理，管理所人员编制为6人，不另增设机构。

1982年韩墩引黄闸建设时，未修建管理房，2005年水管体制改革后，闸管所管理人员一直借住管理段管理房，至今韩墩引黄闸仍无管理用房。

根据根据水利部《水利工程管理单位编制定员标准》（SLJ 705—81）及《水闸工程管理设计规范》（SL 170—96）中的规定，按管理所人员编制，管理房屋布置在管理段内，建筑面积282m²。

26.2 工程管理范围及保护范围

为保证管理机构正常履行职责，使水闸安全运行，需划定管理范围，并设立标志。

根据《水闸工程管理设计规范》（SL 170—96）的规定，划分韩墩引黄闸改建工程管理范围如下：

（1）水闸上游防冲槽至下游海漫段的水闸出口段以及建筑物上下游外轮廓线外50m范围内。

（2）两侧建筑物、渠道坡脚向外30m范围内。工程管理范围以内的土地及其上附属物归管理单位直接管理和使用，其他单位和个人不得擅入或侵占。

26.3 交通通信设施

韩墩引黄闸改建工程建设完成后利用堤顶道路作为对外交通公路。交通运输设备暂采用原管理单位的现有设备，以后根据需要配备。

26.4 工程监测与养护

（1）应经常对建筑物各部位、闸门、启闭机、机电设备、通信设施、管理范围内的河道、水流形态进行检查。每月一次，遇不利情况，应对易发生问题部位加强检查观测。

（2）每年汛前、汛后或引水期前后应对水闸部位及各项设施进行全面检查。

（3）当水闸遇强烈地震和发生重大工程事故时，必须及时对工程进行特别检查。

（4）砌石部位应检查有无塌陷、松动、隆起、底部淘空、垫层散失；排水设施有无堵塞、损坏。

（5）混凝土建筑物有无裂缝、腐蚀、剥蚀、露筋及钢筋锈蚀；伸缩缝有无损坏、漏水及填筑物流失等。

（6）水下工程有无破坏；消力池、门槽内有无砂石堆积；预埋件有无损坏；上下游引河有无淤积、冲刷。

（7）闸门表面涂层剥落情况、门体变形、锈蚀、焊缝开裂或螺栓、铆钉松动；支撑行走机构是否运转灵活。

（8）启闭机运转情况，机电设备运转情况。

（9）应对水位、流量、沉降、水流形态等进行观测。在发生特殊变化时进行必要的专门观测。

（10）应按有关规定对水闸进行养护、岁修、抢修和大修。

27 韩墩闸设计概算

27.1 编制原则和依据

（1）编制原则。设计概算按照现行部委颁布的有关水利工程概算的编制办法、费用构成及计算标准，并结合黄河下游工程建设的实际情况进行编制。价格水平年为 2011 年第三季度。

（2）编制依据。

1）水利部水总〔2002〕116 号文"关于发布《水利建筑工程预算定额》、《水利建筑工程概算定额》、《水利工程施工机械台时费定额》及《水利工程设计概（估）算编制规定》的通知"。

2）（水总〔2005〕389 号）《关于发布水利工程概预算补充定额的通知》。

3）《水建管〔1999〕523 号》关于发布《水利水电设备安装工程预算定额》和《水利水电设备安装工程概算定额》的通知。

4）其他各专业提供的设计资料。

27.2 基础价格

（1）人工预算单价。根据水总〔2002〕116 号文的规定，经计算工长 7.15 元/工时、高级工 6.66 元/工时、中级工 5.66 元/工时、初级工 3.05 元/工时。

（2）材料预算价格及风、水、电价格。价格水平年采用 2011 年第三季度，根据施工组织设计确定的材料来源地及运输价格计算主材预算价格。

砂石料、汽油、柴油、钢筋、水泥分别按限价 70 元/m^3、3600 元/t、3500 元/t、3000 元/t、300 元/t 进入单价计算，超过限价部分计取税金后列入单价中。

电价：根据施工组织设计，工程采用 3% 自发电和 97% 网电。

根据国家发改委（发改价格〔2011〕1101 号文）对于电价调整的文件，山东 1～10kV 电网电价滨州 0.7646 元/（kW·h），计算电价 0.94 元/（kW·h）。

水价：0.5 元/m^3。

风价：0.12 元/m^3。

27.3 建筑工程取费标准

（1）其他直接费：包括冬雨季施工增加费、夜间施工增加费及其他，建筑工程按直接费的 2.5% 计，安装工程按直接费的 3.2% 计。

（2）现场经费：

土方工程 占直接费 9.0%。

石方工程 占直接费 9.0%。

混凝土工程 占直接费 8.0%。

模板工程 占直接费 8.0%。

钻孔灌浆工程 占直接费 7.0%。

疏浚工程 占直接费 7.0%。

其他工程 占直接费 7.0%。

（3）间接费：

土方工程 占直接工程费 9.0%。

石方工程 占直接工程费 9.0%。

混凝土工程 占直接工程费 5.0%。

模板工程 占直接工程费 6.0%。

钻孔灌浆工程 占直接工程费 7.0%。

疏浚工程 占直接工程费 7.0%。

其他工程 占直接工程费 7.0%。

（4）企业利润：按直接工程费与间接费之和的 7% 计算。

（5）税金：按直接工程费、间接费和企业利润之和的 3.28% 计算。

27.4 概算编制

27.4.1 第一部分 建筑工程

（1）主体工程部分按设计工程量乘以工程单价计算。

其他建筑工程：按主体工程投资的 2% 计取。

（2）房屋建筑工程。

房屋（轻钢结构）2500 元/m²。

管理房屋 1500 元/m²。

房屋（砖混结构）1200 元/m²。

27.4.2 第二部分 机电设备及安装工程

设备费用按设计提供的设备数量乘以调研的价格，设备运杂费率为 5.93%。

安装工程费按设备数量乘以安装工程单价进行计算。

27.4.3 第三部分 金属结构设备及安装工程

设备费用按设计提供的设备数量乘以调研的价格，设备运杂费率为 5.93%。

安装工程费按设备数量乘以安装工程单价进行计算。

设备价格：闸门 13000 元/t，埋件 15000 元/t（水下为不锈钢），卷扬机 22000 元/t。

27.4.4 第四部分 施工临时工程

（1）导流工程按设计工程量乘以工程单价计算。

（2）施工仓库 按 200 元/m² 计算。

（3）办公、生活文化福利设施按第一至第四部分建安投资的 2.0% 计取。

（4）其他施工临时工程按第一至第四部分建安投资的 4.0% 计取。

27.4.5 第五部分 独立费用

（1）建设管理费。

1）建设单位人员经常费。

建设单位人员经常费：按定员数 12 人、工期 4.5 个月计算。

工程管理经常费：按建设单位人员经常费的 20％计取。

2）工程监理费。

按《建设工程监理与相关服务收费管理规定》（发改委、建设部发改价格〔2007〕670 号）计算。

（2）生产准备费。

1）备品备件购置费：按设备费的 0.5％计算。

2）工器具及生产家具购置费：按设备费的 0.2％计算。

（3）科研勘测设计费。勘测设计费根据国家计委、建设部计价格〔2002〕10 号《工程勘察设计收费标准》计算。

（4）其他。计列水闸安全鉴定费 33 万元。

工程保险费按 0.5％计算。

27.5 预备费

基本预备费：按第一至第五部分投资的 5％计算；不计价差预备费。

27.6 移民占地、环境保护、水土保持部分

按移民、环保、水保专业提供的投资计列。

27.7 概算投资

工程静态总投资 910.00 万元，建筑工程 163.85 万元，机电设备及安装工程 163.09 万元，金属结构设备及安装工程 249.49 万元，临时工程 36.69 万元，独立费用 206.16 万元，基本预备费 40.96 万元，场地征用及移民补偿费 13.02 万元，水土保持投资 18.29 万元，环境保护投资 18.45 万元。